技術大全シリーズ

射出成形大全

有方広洋 著

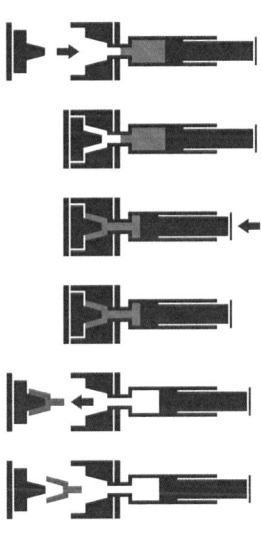

日刊工業新聞社

はじめに

　現在、我々の生活はプラスチックなしには考えられないものになっている。身の周りを見渡しただけでも、飲料用のPETボトルをはじめ、シャンプー、リンス、洗剤などの容器類、携帯電話の筐体など、家庭に目を向けると、パソコン、テレビや冷蔵庫、エアコンといった家電製品、自動車に乗れば、インストルメントパネル（インパネ）やドアなどの内装、メーター類、バンパーなど、デパートに足を運べば、おもちゃや家具、生活用品など、ありとあらゆるところにプラスチックが使われている。

　プラスチック製品を作ることを、「形を作る（成す）」という意味で、「成形」と言うが、プラスチック成形にもいろいろな成形法がある。ボトル状のものを得意とするブロー成形、スーパーマーケットやコンビニエンスストア（コンビニ）などで使われる袋類のインフレーション成形、同じ形状を押し出す押出成形もある。その他に、真空成形、注型、回転成形など数多くの成形方法がある。それらの中でも、最も一般的に使われている成形方法が射出成形なのである。

　その射出成形に係る本や解説書にはいろいろなものがあるが、その多くは、射出成形の技術的な面に関する新成形技術に関するもの、成形不良対策に関するもの、工場の設備、金型関係に関するもの、技能検定のための受検対策書など、射出成形のなかでも、それぞれ個別な専門分野のものが多く見受けられる。そういう著者も、これまで射出成形の不良対策を中心に何冊か出版している。しかし、もっと射出成形の全体像をまとめたものはなかなかないようである。全体像というのは、射出成形機の具体的な選択方法や、適切な成形サイクル、成形の賃率や売価などを含めたものを指す。プラスチック成形の特級成形技能士の学習用解説書として、生産管理や品質管理などの説明をしたものはあるが、これらはどちらかというと射出成形向けというよりも、管理監督者用の解説が内容の中心となっているので、新入社員や中堅社員のための射出成形の学習用資料としては適切ではないであろう。

　たとえば、顧客と射出成形品の打ち合わせをする場合を想定してみよう。製品が技術的に成形可能かどうかの打ち合わせの他に、顧客にとっては製品

1

の値段も重要なポイントになる。それは、顧客が技術者であっても変わりはない。その製品が、どの程度の大きさの機械で、どの程度の時間で成形できるのかということは、製品の値段にも直接関係するのである。そのため、その製品を成形するために必要な機械の大きさや、成形サイクルの長さの理由が説明できなければならない。型締め力が十分に足りていても、製品の形状が複雑なために、金型が大きくなることから選定機械が大きくなったのかも知れないし、肉厚が厚いために冷却のための時間が長く、成形サイクル自体も長くなっているのかも知れない。その理由や原因を説明できれば、相手からの信頼も厚くなる。

　また、成形不良についても、製品の形状が射出成形に適していないことが原因である場合もある。金型を作る前から予測できていれば、顧客と相談することもできよう。しかし、金型を作ってしまった後で、成形不良が発生し、その原因が製品形状によるものであることがわかったのでは遅過ぎる。金型の修正だけでなく、製品設計変更も必要となり、時間と費用の大きな損失ともなる。これは、顧客からの信頼を失ってしまうことにもなり兼ねない大きな問題になろう。

　本書では、このような射出成形の技術面だけでなく、全体像も含めて説明している。さらに、すでに日本国内だけを見て仕事をする時代ではなくなっており、射出成形機や金型も、世界の様子を見据えていく必要があろう。このあたりについても、世界の状況を紹介しながら説明を加えた。

　射出成形大全として、読者の知識拡大に役立てば幸いである。

　　　　　　　　　　　　　　　　　　　　2015年12月　　　有方　広洋

目　　次

はじめに …………………………………………………………………… 1

第 1 章　樹脂成形における射出成形の位置づけ

1.1　化学反応で高分子にする成形方法 ………………………………… 8
1.2　液体を含浸させた材料を使用する成形方法 ……………………… 14
1.3　シートを使った成形方法 …………………………………………… 17
1.4　粉の樹脂を使う成形方法 …………………………………………… 18
1.5　スクリューを使う成形方法 ………………………………………… 20
1.6　スクリューと吹き込みを使う成形方法 …………………………… 25
1.7　射出成形 ……………………………………………………………… 29

第 2 章　射出成形機の構造と動作

2.1　型締め装置 …………………………………………………………… 37
2.2　射出側の装置 ………………………………………………………… 46
2.3　駆動装置 ……………………………………………………………… 52
2.4　射出成形機の重要ポイント ………………………………………… 72

第 3 章　射出成形の樹脂挙動

3.1　可塑化・計量 ………………………………………………………… 80
3.2　射出・保圧 …………………………………………………………… 92
3.3　金型内での樹脂の挙動 ……………………………………………… 103
3.4　成形品の冷却 ………………………………………………………… 110

第4章　プラスチックと樹脂

4.1　樹脂と高分子 …………………………………………………… 114
4.2　熱硬化性樹脂と熱可塑性樹脂 ………………………………… 118
4.3　分子構造と樹脂の性質 ………………………………………… 121
4.4　射出成形と樹脂特性 …………………………………………… 130

第5章　射出成形用金型

5.1　どのような製品を作るのか …………………………………… 142
5.2　金型仕様 ………………………………………………………… 149
5.3　金型製作上での重要事項 ……………………………………… 160
5.4　金型の保守・点検 ……………………………………………… 163

第6章　機械の選定と成形サイクル

6.1　機械選定 ………………………………………………………… 169
6.2　射出成形サイクル ……………………………………………… 183

第7章　成形加工費および売価

7.1　成形加工費の考え方 …………………………………………… 196
7.2　機械と成形加工費 ……………………………………………… 205
7.3　射出成形品の売価 ……………………………………………… 208

第8章　金型費

8.1　なぜ金型費が違うのか ………………………………………… 216
8.2　金型費の概算計算 ……………………………………………… 222
8.3　金型費の予測の検証 …………………………………………… 234

第 9 章　射出成形の効率化

9.1　広義の成形サイクルの短縮 …………………………………… 238
9.2　段取り時間の短縮 ………………………………………………… 239
9.3　成形開始と機械停止後の再スタート ………………………… 246
9.4　狭義の成形サイクルの短縮 …………………………………… 253
9.5　成形時間短縮の手順 …………………………………………… 253

第 10 章　射出成形の不良とその対策方法

10.1　バリとその他の成形不良 ……………………………………… 272
10.2　寸法不良とその他の成形不良 ………………………………… 287
10.3　ヒケとその他の成形不良 ……………………………………… 299
10.4　糸引きと銀条 …………………………………………………… 306
10.5　その他の成形不良 ……………………………………………… 309

あとがき ……………………………………………………………………… 311
参考文献 ……………………………………………………………………… 313
索引 …………………………………………………………………………… 317

第1章

樹脂成形における射出成形の位置づけ

　樹脂とプラスチックの違いとは何かという説明は必要であるが、これについては、第4章で説明することとして、ここでは接着剤のような液体のものを含めた人工の高分子材料を樹脂として話を進めていこう。

　射出成形は、各種ある樹脂成形のなかでも最も一般的に使われている成形方法であるが、射出成形以外の成形方法も知っていないと、この理由はわからないであろう。まず、各種樹脂成形のなかでの、射出成形自体の位置づけを理解するために、各種の樹脂成形について概略説明していく。

　樹脂成形で作られたものは固体であり、常温である形を持っている。ゴムやフィルムなど、柔らかいものであっても固体であり、水のように流れ出して形がわからなくなるほど崩れることはない。ポリ袋であっても、潰して丸めれば形は崩れるが、広げれば元の袋に戻る。

　樹脂成形で使用される原料には、成形される前は液体であるものもあれば、粘土のようなものもあり、固体のものもあるが、出来上がった成形品は固体である。高分子についての説明はのちほど行うが、ここでは高分子となった材料が固体となって形を保持していると考えてほしい。

1.1 化学反応で高分子にする成形方法

　高分子は、低、中分子状態のものから化学反応して分子がつながることによって、高分子となる。樹脂成形にも、低分子状態で固化していない状態から化学反応させることで高分子として形を作る方法がある。

▶ 1.1.1　浸漬成形

　漬けるという意味で、塩化ビニルペーストなどのゾル状の液体に、たとえば図 1-1 のような、手の形の型を漬け入れると、その周囲に液体がまとわりつく。これを取り出して、熱を加えて反応させると、高分子になりながら架橋するので、ゴム手袋のようなものができる。これが浸漬成形法である。

▶ 1.1.2　3D プリンター方式

　すでに身近な成形方法となっている 3D（三次元）プリンターを使う成形方法である。この方法には、液体を使う方法、粉末を使う方法、押出を使う方法などがある。

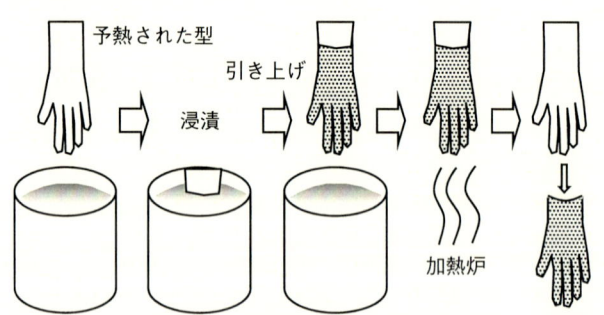

金型表面に塩化ビニルペーストなどのゾルを付着させて、加熱炉でゲル化させ、冷却して取り外す成形方法。

図 1-1　浸漬成形

製品の形状を、三次元としてデータ化する。ここでは、化学反応を使う方法以外も紹介しておく。
(1) 液体を使う方法
　紫外線を照射すると、そのエネルギーによって高分子化する液体がある。この紫外線硬化型の液体に、硬化させたい部分だけに紫外線を照射して薄い層として硬化させる。硬化させるとは、まだ低分子で液体状である状態に、紫外線のエネルギーを当てて、反応させることで分子をつないで高分子にすることである。その後、その部分を一段下げて新しい液面を出し、その上の次の層に紫外線を照射していくのである。これを**図 1-2** に示す。
(2) 粉末焼結方式
　これは、化学反応させて高分子化するものではなく、溶融固化を使う方法であるが、3D プリンター方式として、ここに加えた。液体の代わりに、樹

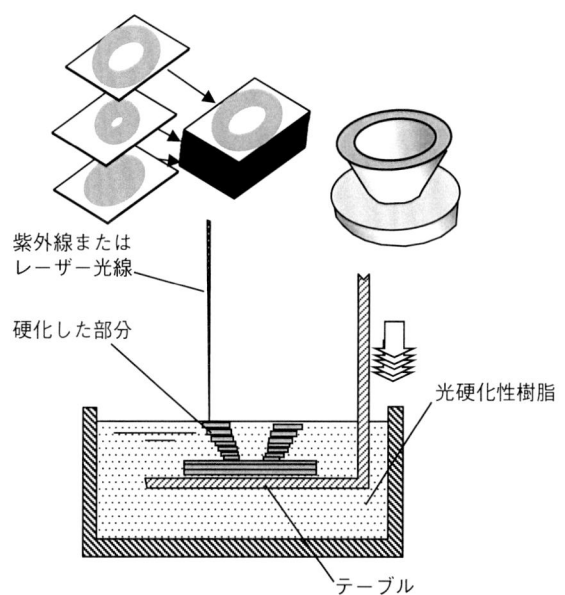

3D 成形の一例。液体状光硬化性樹脂の表面の、硬化させたい部分にレーザー光線や紫外線を照射して硬化させた後、テーブルを下げて次の層を硬化することを繰り返す。

図 1-2　3D 成形

脂の粉を台の上に層にして乗せる。その樹脂の粉にレーザーを照射して溶かすのであるが、固めたい部分だけに照射して、一種焼結させるような形で一層の形を作る。その後、その台を一段下げ、その上にまた樹脂粉末を乗せて、これを繰り返す。

（3）ノズルから溶融樹脂を押し出す方式

これも化学反応を使うものではなく、小さなノズルから溶けた樹脂を糸状に押し出しながら、ノズル先端をコンピュータで動かして、ひとつの層を作る。その後台を一段下げて同じことを繰り返しながら形を作る方式である。

ひとつのものを作る時間は、形状によっても異なるが、数時間から数十時間かかる。材料が限定されることと、量産のための成形方法ではないため、試作品用や、次に述べる注型などのマスター（元となるもの）として用いられることが多い。生産方法自体が量産向きではないので、高価となる。

▶ 1.1.3 注型

先に、3Dプリンター方式や切削などの方法で作ったモデルの周囲をシリコン樹脂で固め、それを切断して取り出す。そうすると、シリコン樹脂のなかに先の形状の空間ができる。これに、図1-3のように、液体の注ぎ口を

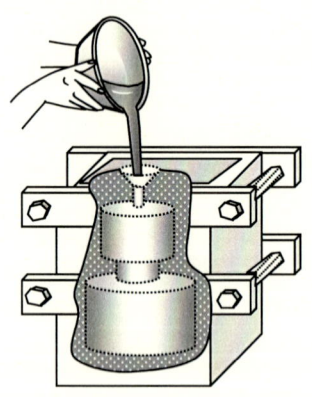

マスターモデルから反転して作ったシリコン製などの簡易型に、未硬化のプレポリマーを流し込んで硬化させ、硬化後にシリコン型から取り出す成形方法。

図1-3 注型

つけて、この空間に2液で硬化を始める樹脂を流し込み、硬化後、シリコン樹脂を開いてこれを取り出す。この方法も、使用される樹脂は限られるが、3Dプリンター方式と比較すると、同じ形状の成形品を繰り返し作れるので生産性はいいため安価ではある。その反面、シリコン樹脂型の寿命は長くはないので一型での総生産数量に限界がある。

▶ 1.1.4　反応射出成形（RIM）

これは、まさに Reaction Injection Molding と呼ばれる反応成形である。

この原理は注型に近いが、シリコン樹脂型のようなものではなく、金型はアルミや亜鉛合金などの金属を削って作る。この金型は、機械に取り付けられて型開閉する。ノズルから2液で反応して硬化する液体を混合して金型に射出注入する。液体なので注入のための圧力も低く、単位面積あたりの金型内圧力が $10\,\mathrm{kgf/cm^2}$ 以下程度である。反応成形用の金型は、成形内圧が低いので、アルミや亜鉛合金など、金属としては柔らかいものも使われる。材

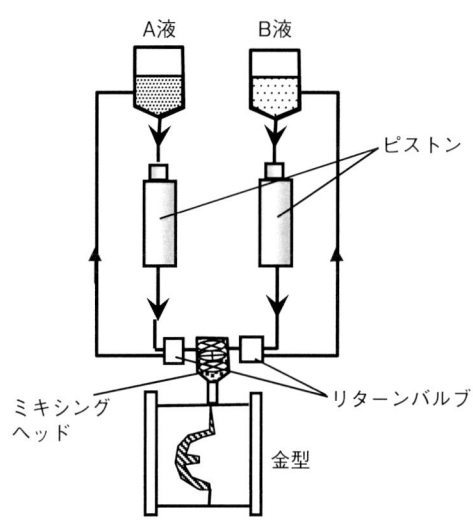

A液とB液をミキシングバルブで混合させて反応させながら金型へ注入する成形方法。注入しないときは、液の劣化を防ぐためにリターンさせている。

図 1-4　RIM

料としては、ウレタン樹脂やジシクロペンタジエンが使用される。金型や装置自体が安価で済むことから、ある程度の量産生産に使用される。この概念図を図1-4に示す。

　金型内に、ガラス繊維などを事前に敷いて、これに反応成形のための液体を混ぜ合わせる方法もあるが、詳しくは省略する。

▶ 1.1.5　ハンドレイアップ、スプレーアップ

（1）ハンドレイアップ

　型にガラス繊維などを敷いておいて、そこに刷毛で液体（樹脂）を染み込ませていき、その後液体が反応して硬化することを利用する図1-5のような原始的な方法である。小型ボートや浴槽などの成形に使用される。型は、射出成形用の金型のように閉じたものではなく、片側だけである。不飽和ポリエステルなどの熱硬化性樹脂が使われる。

（2）スプレーアップ

　ハンドレイアップを少し機械化して、図1-6のように、スプレーにて反応する液体とガラス繊維を型に吹き付ける方法である。

▶ 1.1.6　引き抜き成形

　これもガラス繊維や炭素繊維などを束め、図1-7のように、エポキシなどの硬化性樹脂を繊維などに含浸させる。その後、型を通して形を整えて熱を加えて早く硬化させながら引き抜いていく。束にロービングといって、糸

図1-5　ハンドレイアップ

第 1 章　樹脂成形における射出成形の位置づけ

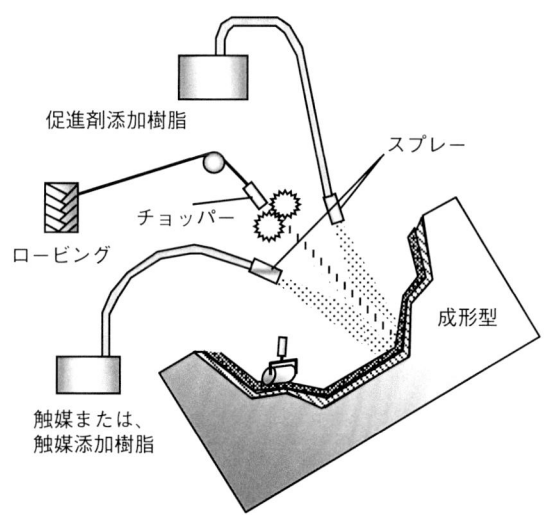

金型にマットなどを敷いた上に、ガラス繊維をチョッパーで切断しながら、プレポリマーと硬化剤をスプレーして吹き付けた後、硬化させる成形方法。

図1-6　スプレーアップ

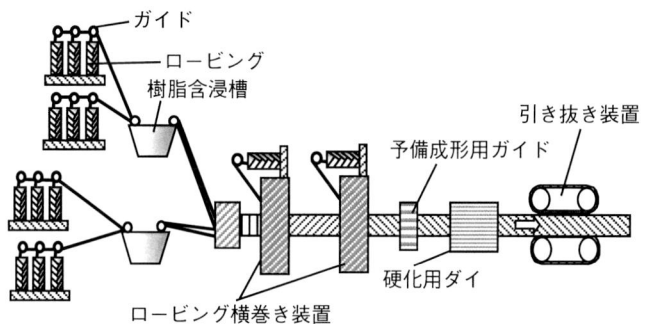

ガラス繊維や炭素繊維などをフェノールなどの樹脂が入った槽で含浸させて、硬化用のダイで加熱しながら硬化したものを引き抜いていく成形法。引き抜きながら、ロービングを巻いていく場合や、マット状のものを同時に引き込んでいくこともある。

図1-7　引き抜き成形

13

を巻き付けることや、シート状のマットを巻くことも行われる。

1.2 液体を含浸させた材料を使用する成形方法

　液体を繊維に含浸させる方法と同様に、他の物質に反応性の液体を含浸させて、粘土のような状態で使う方法もある。

▶ 1.2.1　圧縮成形
　化学反応は高温であるほど早く進行する。金型内で形状が作られる前に、先の粘土状のものを、温度が低く化学反応が遅い状態に保っておき、これを金型に押し込む。このとき、金型の温度は高く保持されているので、金型内部で化学反応が促進されて、粘土状のものを硬化させる方法である。たとえばフェノール樹脂を例にとると、90～100℃の温度で予備加熱した後、200℃程度に加熱された金型に押し込んで圧縮しながら硬化させるのである。熱硬化性樹脂に使われることが多い。図1-8にこれを示す。

▶ 1.2.2　トランスファー成形
　圧縮成形は、計量した塊を金型に入れて、それを圧縮して成形するが、こ

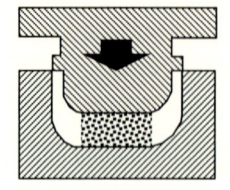
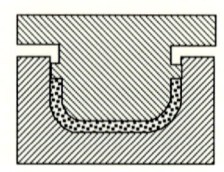

圧縮成形は熱硬化性樹脂の成形に使用されることが多いが、PETボトルのキャップなどの熱可塑性樹脂にも使用されることがある。

図1-8　圧縮成形

れを射出成形のように金型に押し込んで成形する方法がトランスファー成形である。トランスファーには、移送するという意味がある。トランスファーポットに入れた塊を、図1-9のように、ゲートを通じて押し込む成形方法である。

▶ 1.2.3　BMC・SMC

BMCやSMCは、使用する材料側の形からつけられた名前である。

（1）BMC

BMCとはBalk Molding Compoundの略で、不飽和ポリエステルなどの熱硬化性樹脂を炭酸カルシウムやガラス繊維などと混ぜた粘土状のバルク（塊）状態で成形に使用するものである。射出成形機が使用されることもあるが、バルク状態なため、そのままではスクリューに食い込んでいかない。そのため、ピストンや別のスクリューを使って、射出用のスクリューに押し込まれることもある。図1-10に、BMC材料を予備スクリューで送り込む例を示す。

（2）SMC

SMCとは、Sheet Molding Compoundの略で、これも不飽和ポリエステルなどの熱硬化性樹脂と炭酸カルシウムなどの充填剤をガラス繊維に含浸させてシート状にする。このシートを重ねて金型で挟み込む方法である。肉の

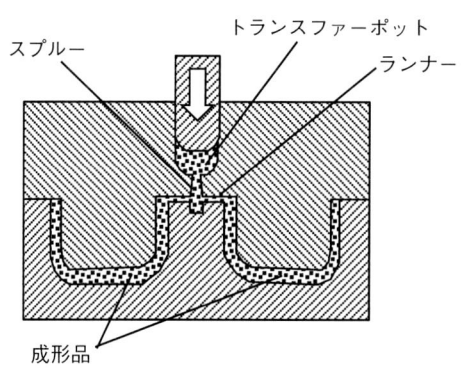

トランスファー成形は、圧縮成形と射出成形の中間的な成形方法である。

図1-9　トランスファー成形

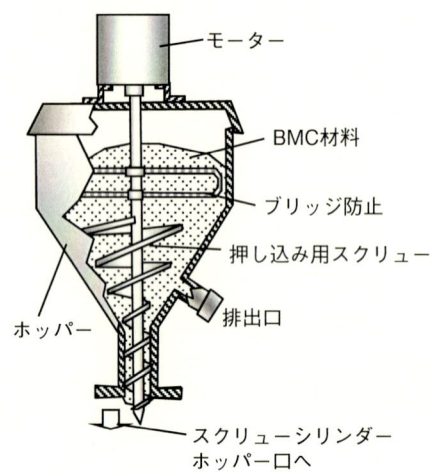

射出成形のようなスクリューシリンダー方式でBMC材料を成形する場合、材料がペースト状のため、供給用に図のような押し込み用スクリューを使用する。

図1-10 BMC材料の供給

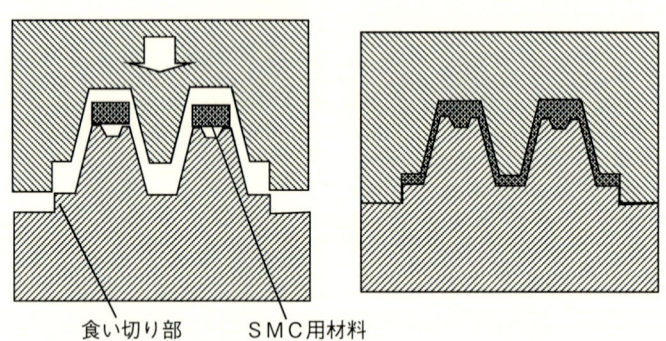

シート状の成形材料を金型に敷き、プレスによってこれを押しつぶして成形する方法。金型内部で流動して、キャビティを充填する。成形品の周辺部に、食い切り部を持ったMMD（マッチド・メタル・ダイ）が使用される。

図1-11 SMC成形

厚い部分は、シートの重ね合わせを増やす。**図 1-11** に SMC を示す。

1.3 シートを使った成形方法

▶ 1.3.1 ホットプレス、コールドプレス

　この呼び方は、特にシートを使ったプレス成形方法を、金型側の温度からつけられた名前である。熱硬化性樹脂を含浸させたシートの場合には、シートを金型に入れる前に、100℃前後で加熱して柔らかい状態にし、200℃程度の高い温度の金型に入れてプレスする。金型温度が高いのでホットプレスと呼ばれる。

　当然ながら熱可塑性樹脂を使って同様の成形を行うこともできる。この場合には、たとえばPP（ポリプロピレン）であれば、樹脂を170℃程度に加熱して柔らかくし、たとえば温度30℃の金型に入れてプレスする。金型で冷却するのでコールドプレスと呼ばれる（注：ただし、海外では樹脂側の温度の高低として、熱硬化性樹脂成形がコールドプレス、熱可塑性樹脂成形をホットプレスと呼ぶような例もある）。

▶ 1.3.2 真空成形・圧空成形

　薄いプラスチック製のシートを加熱して柔らかくし、それを型に入れて、真空で型に密着させることで、コップのような成形品を作ることができる。**図 1-12** にこれを示す。この成形方法は、シートに加飾をしたものを使うことで、自動車の内装などにも使われる。真空だけでは金型に押し付ける力が弱い場合、プラグという補助装置を使ったり、圧空で押し付けたりする成形方法もある。

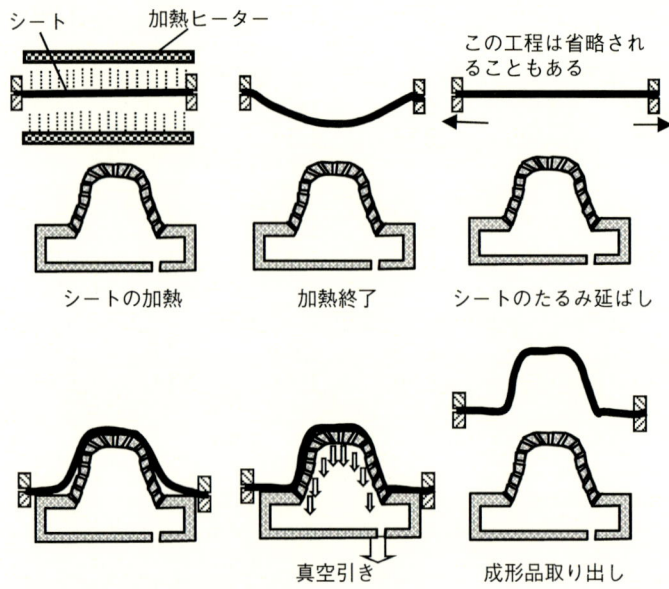

シートを加熱した後、金型にかぶせて金型を真空引きする成形方法。金型には真空引き用の細かな穴が開いている。

図 1-12 真空成形

1.4 粉の樹脂を使う成形方法

　粉末樹脂を使った成形方法として、3Dプリンター方式を紹介したが、ここでは、型と粉末樹脂を使って成形する方法を紹介する。

▶ 1.4.1 回転成形

　図1-13に示すような、加熱した型に粉末状の熱可塑性樹脂を入れ、その金型をいろいろな方向に回転させる。そうすると、粉末の樹脂が金型の中で

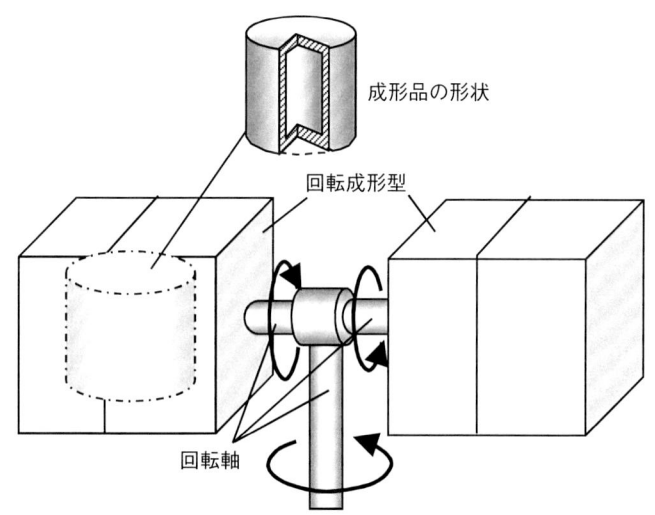

加熱した型内に粉末材料を投入し、2軸で回転させることによって均一に粉末を金型内に付着させて溶融させる。その後金型を冷却して成形品を固化させて取り出す。

図1-13 回転成形の概念図

溶けながら、金型内部にまといつく。その後、その金型を冷やした後に、金型を開いて内部が空洞の製品を取り出す成形方法である。

中空形状の成形品ができ、それを部分的に切断して目的形状のものとする。欧米では、小型の屋根付きバイクの車体が作られたことがある。

▶ 1.4.2 パウダースラッシュ成形

これも回転成形に似ているが、**図1-14**のように、片側だけ加熱した金型に、粉末の樹脂を流すように入れて、塩化ビニル樹脂、エラストマー、ポリウレタンゴムなどの柔らかい材料の粉を金型内壁に溶かしてまとわりつかせる。そして、残った粉末を回収して、型を冷やして固化させた後、壁面に付着した樹脂をはぎ取るのである。自動車のインパネなどの表皮成形としても使用される。

粉の代わりに、ゾル状のウレタン樹脂をスプレー状に噴霧するスプレースラッシュと呼ばれる成形方法もある。

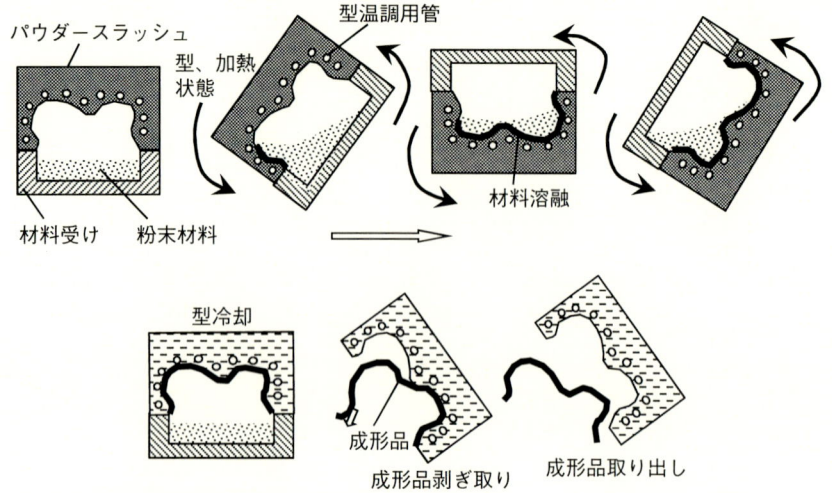

粉末状の材料を、加熱した型に図のように回転させながら入れる。型表面に付着した粉末材料は溶融するので、その後、型を冷却して固化させ、成形品部を取り出す。

図 1-14 パウダースラッシュ成形

1.5 スクリューを使う成形方法

　ここからは、スクリューという混錬装置を使って溶融させる成形方法について紹介する。これまでの成形方法と違って、成形機自体が複雑な構造をしている。押出成形、ブロー成形、射出成形がこれらの成形方法であるが、まず、押出成形から説明する。

▶ 1.5.1 押出成形

　図 1-15 のように、スクリューを一定位置で回転させることで、溶融した樹脂を連続して押し出す。そのとき、型（ダイあるいはダイスと呼ばれる）を通して押し出すと、その型に応じた形のものを成形することができる。棒

第1章　樹脂成形における射出成形の位置づけ

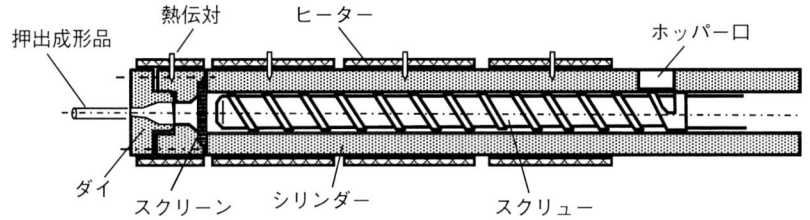

スクリュー、シリンダーで可塑化された溶融樹脂は、異物、ごみなどをフィルタリングするスクリーンを経て、形を付与するダイから押し出される。

図1-15　基本的押出成形

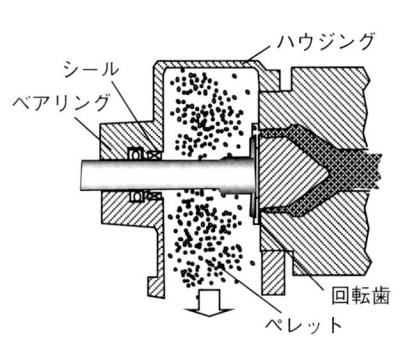

押出機から出た溶融樹脂を、回転歯でそのまま切断してペレットにする方法。

図1-16　ホットカット

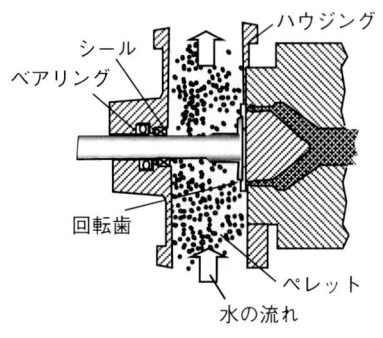

押し出された溶融樹脂の後工程が、密閉された水槽となっており、ホットカットと同様にノズルから出た後すぐに回転歯で切断してペレットにする方法。

図1-17　水中カット

やパイプなどの成形に使われる。細い穴から押し出して、これを細かく切断すれば、射出成形でも使用されるペレットができる。これをペレタイズというが、この方法にも、図1-16のように熱い状態で押し出されたものを切断するホットカット、図1-17のように、水中に押し出して冷却して切断する水中カット、図1-18のように、押し出したものを水などで冷却して、紐状に引き出して切断するストランドカット方式などがある。それぞれの方式で、ペレットの形が少し異なるので注意して観察すると面白い。

　また、ダイスを細工して、図1-19のように回転させれば、網目にすることも可能である。また、図1-20のように、電線を引き抜きながら押出機を

21

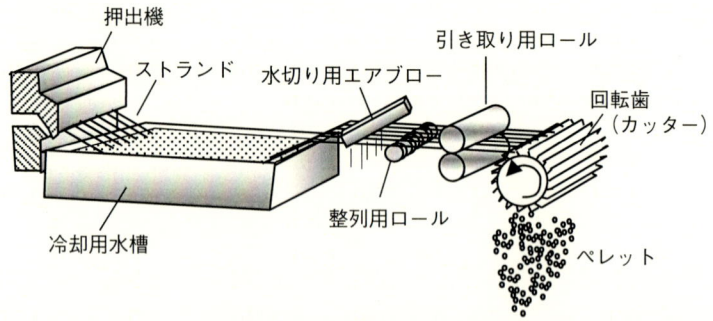

紐状（ストランド）に押し出された樹脂を冷却水用の水槽につけて冷却固化させた後、水分を吹き飛ばしてカッターでカットしてペレットにする方法。

図1-18 ストランドカット

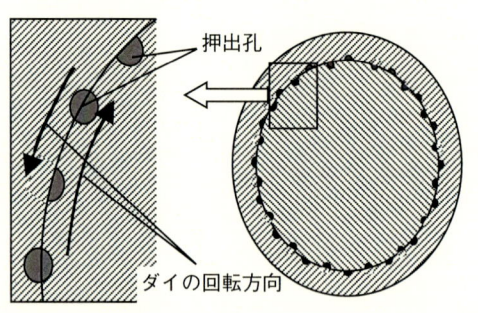

外部と内部に押出用の孔を持ったダイがお互いに回転しながら、その孔から溶融樹脂を押し出す。
外部と内部の孔が合致したところでは、ネットの合わさる部分となる。

図1-19 ネット押出成形用ダイ

通せば、樹脂を周囲に被覆して電線被覆成形ができる。

▶ 1.5.2 シート押出成形

　この押出成形を利用して、**図1-21**のように、ダイスを平板にするとシート状に押し出される。これを押出方向に引き伸ばして延伸するとプラスチック紐ができる。プラスチックを延伸すると、分子が一定方向に並ぶので強度

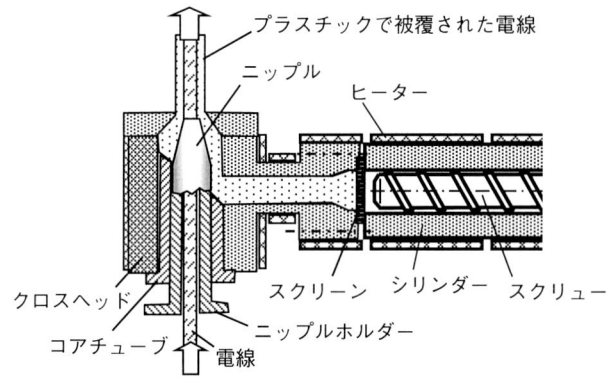

押出機のダイの部分に電線を押し込む部分が設けられており、プラスチックを押し出しながら電線に被覆させ、これを引き取っていく。

図 1-20 電線被覆成形

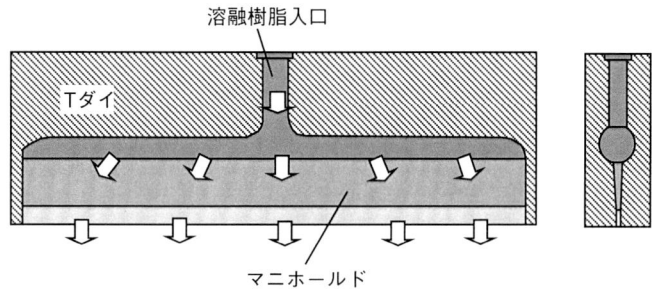

T字型やハンガー型のダイから溶融樹脂を押し出して、これをロールで冷やしながら巻き取っていく方法である。

図 1-21 Tダイ成形

的に強くなる。図 1-22 のように、シートを横方向および押出方向に延伸すると、縦横方向に延伸されたフィルムにもなる。

　ちなみに、シート成形には、押出方式ではなく、図 1-23 のようなカレンダーロールと呼ばれるロールの間に樹脂を挟んで回転させることで混練しながらシートにする方法も行われている。

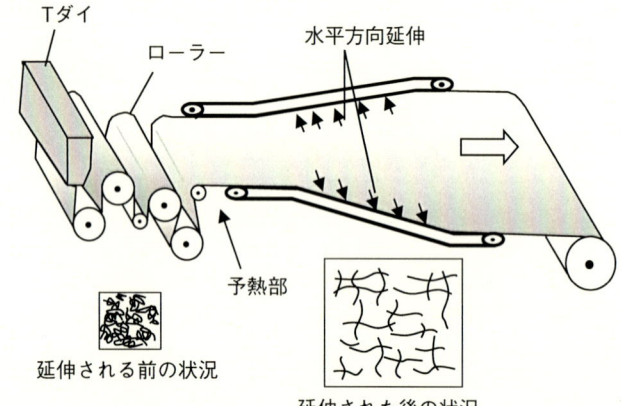

Tダイから押し出されたフィルムを、図のようにコンベアで横方向に延ばして延伸した状態で冷却すると、分子が延伸された状態で固定される。その後、そのフィルムを再加熱すると分子が収縮してシュリンクフィルムとなる。

図1-22 横方向延伸成形

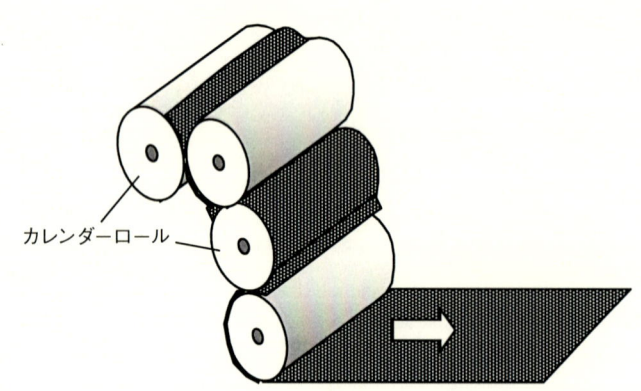

カレンダーロールで材料を挟み込んで、この間で練りながらシート状にする方法もある。

図1-23 カレンダーロール成形

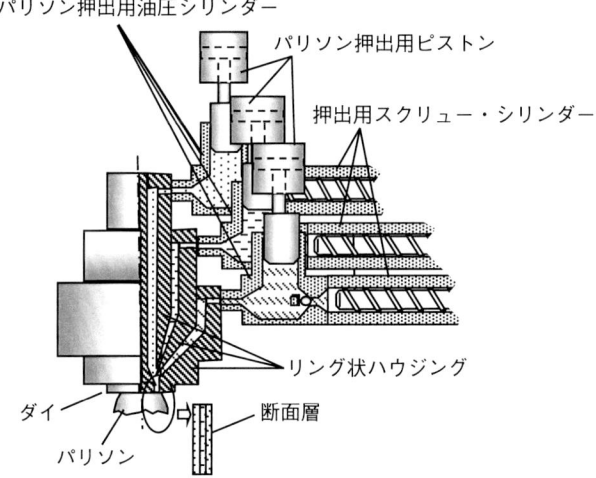

3種の材料を押し出して、シリンダーに蓄積した後、油圧押出シリンダーにて同時に3層の状態でパリソンを押し出す方式。

図 1-24 多層パリソン用ヘッド

▶ 1.5.3 多層押出成形

図 1-24 のように、押出スクリューを複数使うと、多層となったパイプなどを成形することができる。内側と外側とに性能の異なる材料を使うのである。

1.6 スクリューと吹き込みを使う成形方法

インフレーション成形もブロー成形も押出機を使って溶融材料を押し出して膨らませる成形方法である。

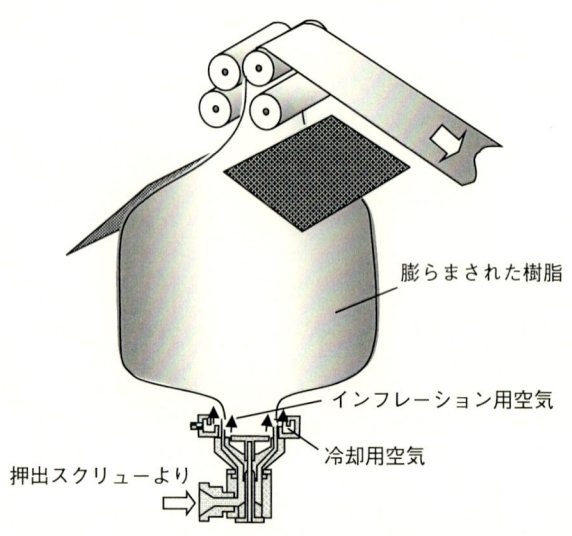

図 1-25　インフレーション成形

スクリューからインフレーション用のダイを通じて押し出された筒状溶融樹脂は、出口で空気によって膨らまされて薄いフィルムの風船状態になる。これをローラーで巻き取っていく。

▶ 1.6.1　インフレーション成形

　インフレーションとは膨張のことである。薄いパイプ状に押し出されたものに、図1-25のように、内側から空気を吹き込んで風船のように膨らませる。これを引っ張りながら冷やして、巻き取っていくのである。膨らませることと引き取っていくことで、縦横方向に延伸させられて強度が増した薄いプラスチックの袋ができる。この袋は切り開けば、フィルムになる。

▶ 1.6.2　ブロー成形

（1）押出ブロー成形

　図1-26のように、パイプ状に押し出したものを、金型に入れて閉じ、片側から空気を吹き込むと風船のように膨らんで、金型の内面に押し付けられる。その状態で冷やされると、内部が空洞となった成形品が得られる。パイプ状に押し出されたものをパリソンと呼ぶが、現在では、図1-27や図1-28のように、コンピュータを使って、金型側を移動しながらパリソンを形

第 1 章　樹脂成形における射出成形の位置づけ

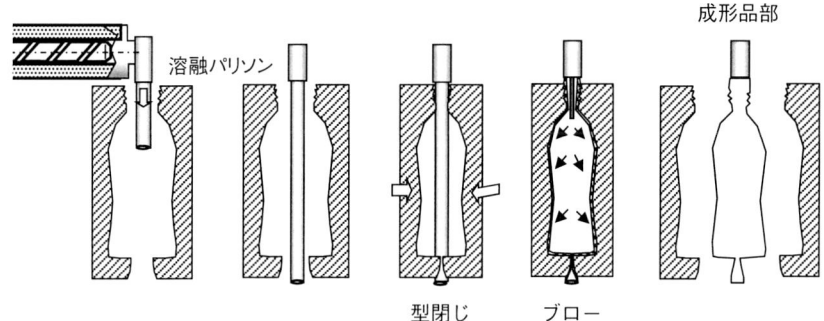

ダイから押し出された溶融パリソンを、金型で挟み込み、直接空気を送り込むことでパリソンを膨らませて容器の形状とする方法。

図 1-26　ダイレクト押出ブロー成形

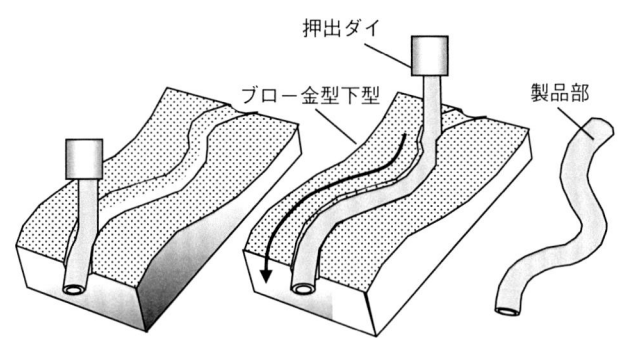

押出ダイから出された溶融樹脂チューブを、コンピュータで三次元に制御して製品形状に動作する金型に導入する。その後、上型が閉じブローをするので無駄なばり部分がない。

図 1-27　三次元コンピュータ制御方式ブロー成形

状に沿って移動させることで、複雑な形状の成形品を効率よく作ることができる。

（2）射出ブロー成形

これは、同様にパリソンと呼ばれる試験管のようなものを先に射出成形で作っておき、これを内側がボトル状の金型に入れて、空気を吹き入れて膨らませる成形方法である。このパリソンを射出成形と連続して、温かいうちに

27

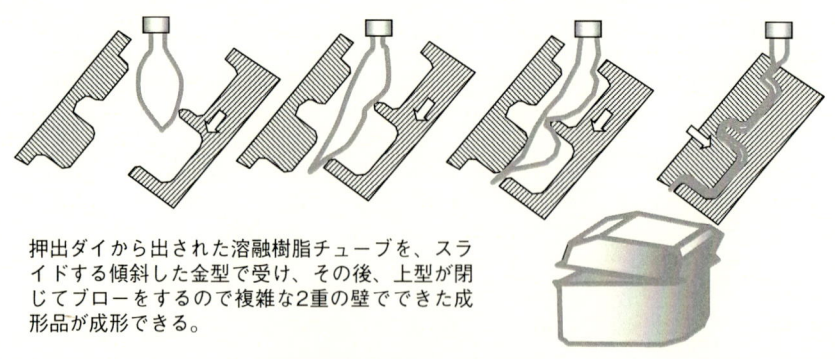

押出ダイから出された溶融樹脂チューブを、スライドする傾斜した金型で受け、その後、上型が閉じてブローをするので複雑な2重の壁でできた成形品が成形できる。

図1-28 2重壁ブロー成形

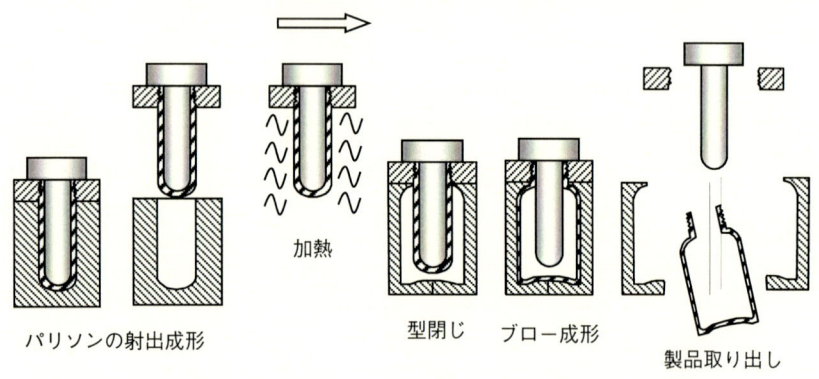

あらかじめ射出成形したパリソンを、次のブロー工程に送り込む前に再加熱するので、熱エネルギーの節約が可能。

図1-29 ホットパリソン方式

ブロー成形を行うホットパリソン方式と、射出成形工程とは分離して、再度パリソンを温め直してブロー成形するコールドパリソン方式がある。後者のほうが工程を独立させて生産できるので、生産効率は高い。図1-29、図1-30にこれらを示す。

(3) 多層ブロー成形

多層押出成形用の装置を使えば、多層ブロー成形が可能である。ガソリンタンクには、ポリエチレンが使われるが、ポリエチレンはガソリンの透過量が多すぎる。そのため、ガソリンの揮発量を極力減らすためにEVOH（エ

第1章 樹脂成形における射出成形の位置づけ

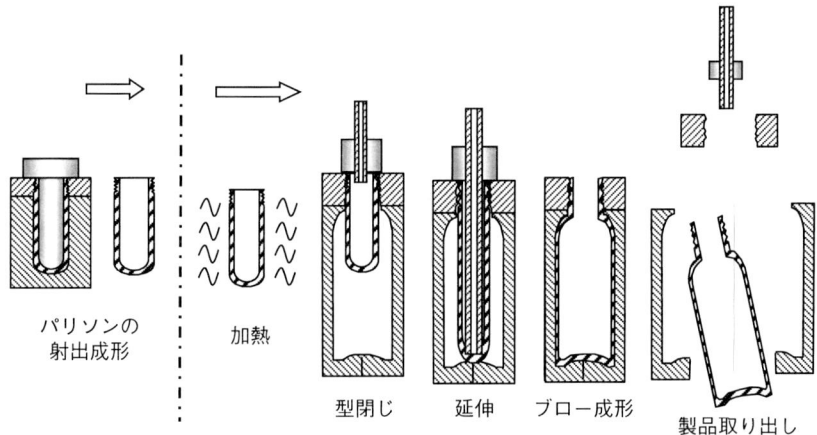

パリソンの　　加熱　　型閉じ　　延伸　　ブロー成形　　製品取り出し
射出成形

あらかじめ射出成形したパリソンを、別の工程で予熱した後、ブロー成形する方法。ホットパリソン方式と比較して、射出工程とブロー工程が独立しているので、成形サイクルの調整がやりやすく、パリソンの加熱温度コントロールも行いやすい。

図 1-30　コールドパリソン方式

チレン・ビニルアルコール共重合樹脂）などの他の材料が多層に入れられている。

1.7 射出成形

▶ 1.7.1　射出成形方法

トランスファー成形の金型と、押出成形のスクリュー部を合体させたものが射出成形である。

射出成形の概略工程を**図 1-31** に示す。型締め装置に取り付けられた金型を閉じ、この金型にスクリューで可塑化溶融した樹脂を、金型に射出充填する。冷やした後に、金型を開いて成形品を取り出す。

29

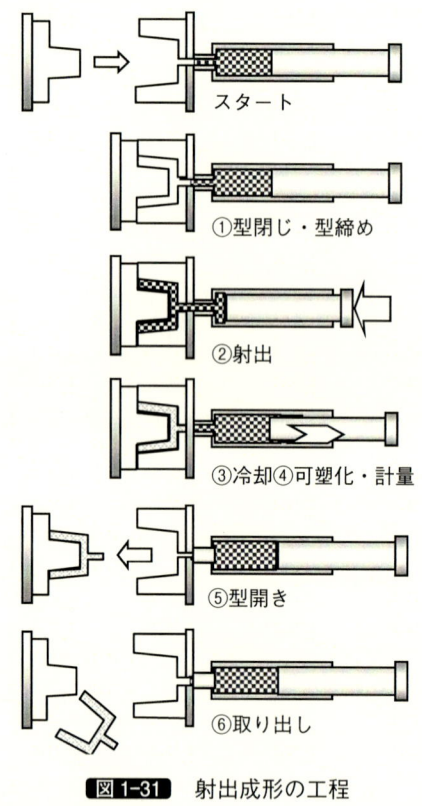

図 1-31 射出成形の工程

▶ 1.7.2 射出成形の特徴

　ここから、射出成形についてもっと詳しく説明していこう。ここまで、射出成形以外のいろいろなプラスチックの成形方法を見てきたが、再度、射出成形と比較して、どこが違っているかというところから考えてみる。

　樹脂成形方法のいろいろな種類を**表 1-1** のように分けてみるとどうだろうか。この分類は、（1）「型」を使用する成形方法か、（2）「型」として使用するものは金属製か、（3）「型」は片側だけか、2つの型を合わせて型開閉をするか、（4）可塑化のためにスクリューを使用するか、（5）材料にペレットを使うかどうか……である。

　そうすると、これらがすべてが当てはまる成形方法は、射出成形とブロー

30

表 1-1 各種プラスチック成形の分類

	型の材質	型の動き	可塑化	材料
	金属製	開閉	スクリュー	ペレット
浸漬成形				
3D プリンター				
注型		○		
反応射出成形	○	○		
ハンドレイアップ				
スプレーアップ				
圧縮成形	○	○		
トランスファー成形	○	○		
SMC	○	○		
BMC	○	○		
回転成形	○	○		
パウダースラッシュ成形	○			
スプレースラッシュ成形	○			
真空成形	○			
圧空成形	○			
プレス成形	○	○		
押出成形	○		○	○
インフレーション成形	○		○	○
ブロー成形	○	○	○	○
射出成形	○	○	○	○

○：当てはまることを示す。

成形だけになる。次に、これらの分類方法がどのようなことを意味するかを考えてみよう。

(1) 型使用

　型を使用するということは、同じものを複数作る成形方法であるということである。

（2）金型

　型が金属製だと耐久性は高い。しかし、金属を加工して作るので、金型の価格は高くなる。すなわち量産のなかでも、特に大量生産用でないと割に合わない。

（3）2つの型の開閉

　2つの型というのは、両側を合わせることで空間を作り、ここにプラスチックを入れて形を作る方法である。製品の両面とも金属に接しているので、形が厳密に成形される。また、両側から冷やされるので、冷却効率がよくなり、生産性は高くなる。

（4）可塑化スクリュー

　スクリューについてはのちほど詳しく説明するが、プラスチックを効率よく溶かして可塑化する装置である。この点でも、スクリュー可塑化を使う成形方法は、大量生産を効率よく行う方法であるといえる。

（5）ペレット材料

　プラスチックは、材料にいろいろな添加剤や着色剤が加えられて原料となる。そのために、一度押出機を通して混錬され、使いやすいように米粒状のペレットにされる。材料交換頻度の少ない押出成形などでは、連続して同じものを長く生産するので、粉末材料に添加剤、増量剤などを加えてスクリューで押し出しながら成形していくこともあるが、材料の交換頻度が多い場合には、粉末状よりも米粒状のペレットのほうが扱いやすい。多品種多量生産の場合には、ペレット状の材料を使うことが適しているといえよう。

▶ 1.7.3　射出成形とブロー成形との違い

　表1-1で見てきたように、量産性がある成形方法で、かつ多品種が可能な成形方法としては、ブロー成形と射出成形が残る。この2つの違いを見てみよう。

（1）形状による違い

　PETボトルや、ガソリンタンクのような形状は射出成形には向いていない。プラスチック製品の内部が空洞である射出成形法もあるが、通常の射出成形品はプラスチックの固体でできている。すなわち先ほどの金型でできた空間を溶融樹脂自体が完全に満たした状態で形を作る成形方法なのである。

（2）冷却効率と成形圧力

　押出成形も、スクリュー先端での樹脂圧力は 200 kgf/cm^2 以上であるが、ここでは、スクリューを出たところでの圧力を考えてみよう。

　ブロー成形は空気圧を使っているので、10 kgf/cm^2 以下である。しかし、射出成形の場合は通常は 200 kgf/cm^2 以上の高圧である。機械側の圧力としては、その 10 倍の 2000 kgf/cm^2 以上にもなることもある。

　プラスチックに限らず、材料は温度が上昇すると膨張し、温度が低下すると収縮する。溶けた状態で金型に押し込まれた溶融樹脂は、金型内部で冷却とともに収縮する。収縮すると寸法的にも小さくなるので、寸法を保とうとするためには高い圧力で押しておかなければならない。ただ、ブロー成形の場合には、外側は金型に接触しているが、内側は金型に接触していない。そのため、ブロー成形の冷却は、金型に接触した外側だけになるので、冷却効率は射出成形と比較して悪い。

　これらから考えると、射出成形の生産性は効率的なことが理解できるであろう。パイプや空洞の製品は得意としないが、複雑な形状の樹脂製品を精度高く効率的に成形する手段であるといえよう。

　詳しい射出成形の内容についてはのちほど説明する。

第2章

射出成形機の構造と動作

　射出成形を行ううえで、射出成形機という機械は、金型および材料の樹脂とともに三大重要要素のひとつである。射出成形は、大きくは型締め装置と射出装置に分類される。またそれらはもっと細かな構成要素で作られているが、これらは、油圧や電動機などの駆動装置で動かされている。

　機械を知るためには、その構造や駆動の方法についての知識も必要である。我が国ではすでに全電動の射出成形機が主流となって久しいが、海外ではまだまだ油圧が主流である。これは電気代や長短期の経営方針の違いによるところのものである。電気代が高くなった国では、電動への動きは強いが、まだ油圧駆動の機械が中心の国も多いので、油圧の基礎知識も大切である。

射出成形の動作（プロセス）の概略は、前に示したとおりだが、ここからは、その動作を行う射出成形機という機械の構造について詳しく見ていこう。射出成形機は、大別すると、型締め装置と射出装置に分けられる。型締め装置は、金型を取り付けて型開閉する装置と、出来上がった製品を取り出すための突出し装置からなっている。射出装置は、金型に溶融した樹脂を射出充填する射出装置と、次のショットのための溶融樹脂の準備をするための可塑化装置からできている。図2-1 は、万力で金型を締め付けて、てこの原理で手動によって射出を行っていた昔の射出成形機である。図2-2 に、1960年代の油圧の射出成形機の写真を示すが、原理的には昔から変わっていないことがわかる。

1950年代と思われる手動の射出成形機。型締めは万力方式、射出はてこの原理でレバーを引っ張ってピストンを動かす。

図2-1　手動の射出成形機

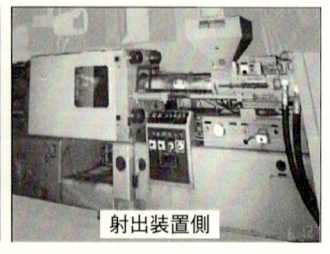

図2-2　1960年代のアメリカ製射出成形機（ダブルトグル式）

2.1 型締め装置

▶ 2.1.1 型締め装置の動作

型締め側の動作としては、型閉じ、型締め、型開き、突出しの工程がある。型開閉の動作の様子を、図 2-3 に示す。

（1）型閉じ工程

型閉じは、急には高速にできないので、まずは低速型閉じから、高速型閉じへと移行する。そのまま高速で金型がぶつかると破損する恐れがあるので、再度低速に移す。そして、両側の金型がぶつかる前に、一度弱い力で金型を

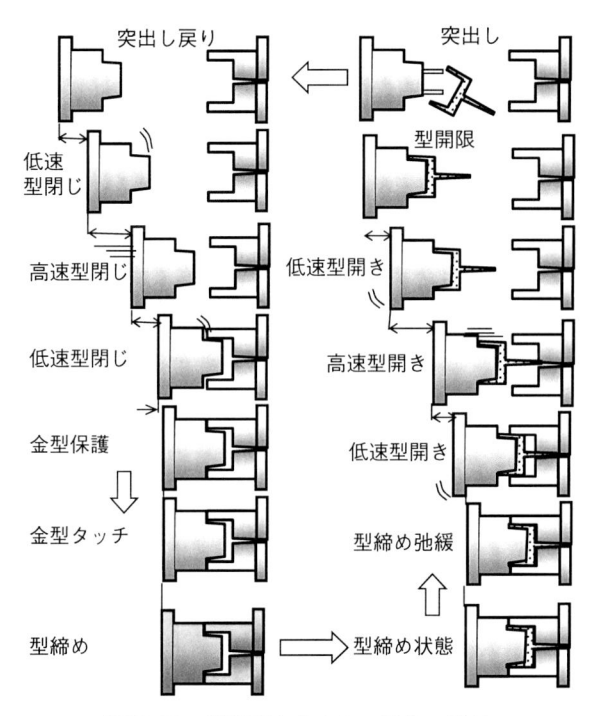

図 2-3 型開閉と突出しの動作の様子

接触させ、異物などが金型に挟み込まれていないことを確認してから、次の型締め工程に移る。

(2) 型締め工程

金型空間に樹脂が強い圧力で注入されると、金型を開こうとする力が働く。これは、金型内の平均樹脂圧力に、成形品の型締め方向の投影面積をかけた力である。これより弱い型締め力であった場合には、金型が開かされてしまい、バリという不具合を発生してしまう。必要な型締め力についての計算方法は、別途ふれることにする。

(3) 型開き工程

成形品が冷え終わると、金型を開く。金型を強く締めていたので、まずは型締めを緩める工程があるが、これは通常自動で固定されていることが多い。金型を開く場合にも、急に高速では開かないので、低速工程から高速、そして金型が開き終わって停止する前で低速に移行する。

(4) 突出し工程

金型が開き終わると、成形品は通常可動側に付着している。付着したままだと取り出せないので、これを取り出せるようにするのが突出し工程である。工程を短縮するためには、突出し工程は、型開きの途中から始めることもできるが、油圧式の場合、動作が重なると特別な油圧回路が必要になる。

▶ 2.1.2 型締め装置の構造

型締め装置の型締めの方法としては、大別して2種類の分類方法がある。トグル方式か直圧方式かという分類方法と、2プラテン、3プラテンという分類方法である。前者は、型締め力を発生する方法の違いで分類したものであり、後者はプラテンの数で分類したものである。

(1) トグルと直圧

図2-4 に示すのは、直圧方式の型締め方法の原理である。図2-5 は、上から見た直圧式型締め装置の型締めピストン部分を示したものである。直圧は、油圧によって直接型締め力を発生する方法である。油圧の大きさが直接型締め力に関係している。そのため、油圧の大きさを変更することで容易に型締め力を変更することができる。ただし、型締めシリンダーは、直接型締め力を出す必要があるため面積は大きい。この型締めシリンダーを使って型

第 2 章 射出成形機の構造と動作

反力支持盤　可動盤　タイバー　固定盤

型締め装置

型開閉シリンダー

型締め

型締めシリンダーにより型締め

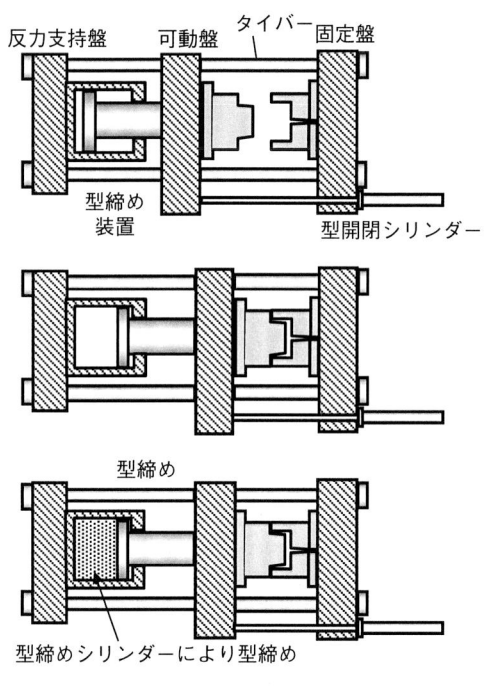

図 2-4　直圧式型締め原理

型締めシリンダー　　型開閉シリンダー

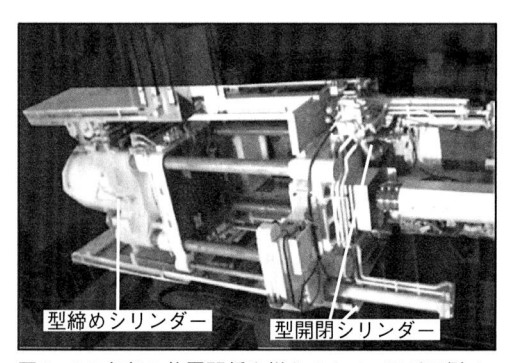

図 2-4 の各部の位置関係を揃えるため、天が下側で、機械の上方から見下ろした図となっている。

図 2-5　直圧式型締めシリンダーと型開閉シリンダー

39

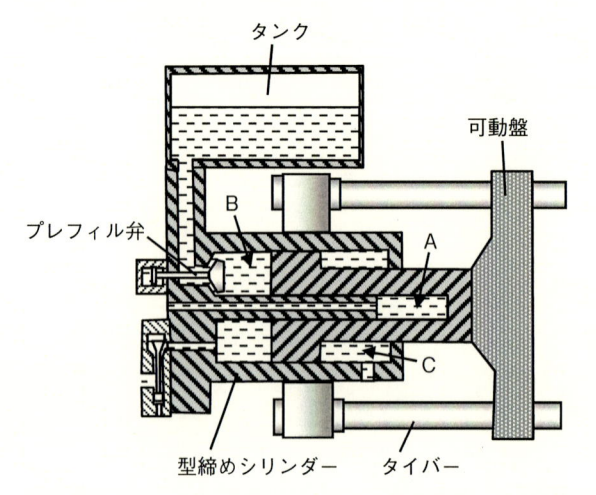

図中ラベル: タンク / 可動盤 / プレフィル弁 / B / A / C / 型締めシリンダー / タイバー

型閉工程では、A室に作動油が入り、可動盤を動かし、同時にタンクからプレフィル弁を介して作動油が吸い込まれる。型締め時には、プレフィル弁が閉じてB室に高圧の作動油が入って、大きな受圧面積で型締め力を発生する。型開き時には、C室に作動油が入って型を開く。型開閉用シリンダーと型締め用シリンダーが一体となった形である。

図 2-6 直圧式型締め装置の油圧回路例

開閉をしようとすると大油量が必要であるため、型開閉用には小さいシリンダーを使う。型締めシリンダーは、図 2-6 のようにタンクから作動油を吸い込む方式となっているものが多い。

これに対して、図 2-7 に示すトグル方式は、てこの原理を利用して型締め力を発生させる方法である。このトグルリンクの動きの様子を写真で図 2-8 に示す。この原理を簡単に説明すると、図 2-9 に示すように、可動盤と反力支持盤（メーカによって呼び方は異なる）の間に、この距離よりも少し長いものを無理矢理押し込むことによって、金型を歪ませるのである。すなわち、ひずみ量によって型締め力が変わってくるので、直接型締め力を調整するものではない。

この少し長い長さを $\triangle L$ とすると、この $\triangle L$ は、金型側も歪ませるが、機械側も同時に歪ませる。すなわち、$\triangle L = \triangle Lm + \triangle Lt$（Lm 機械側、Lt 金型側）となる。$\triangle Lm = F/Em$、$\triangle Lt = F/Et$（F：型締め力、Em：機械側ばね定数、Et：金型ばね定数）から、型締め力は、

第2章 射出成形機の構造と動作

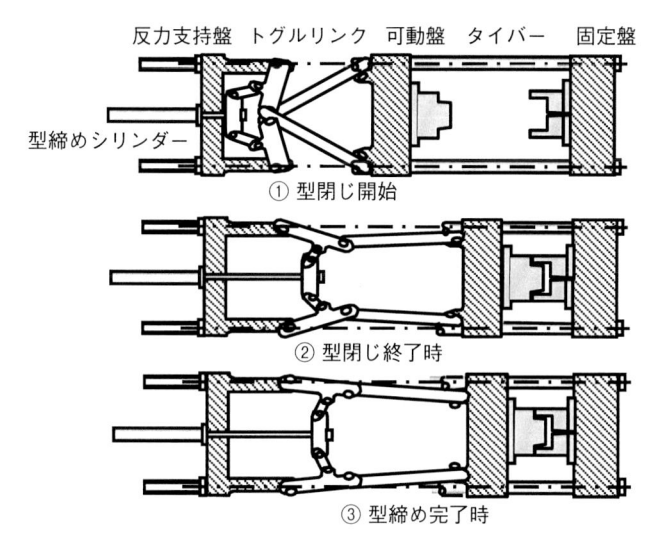

図 2-7 トグル式型締め装置

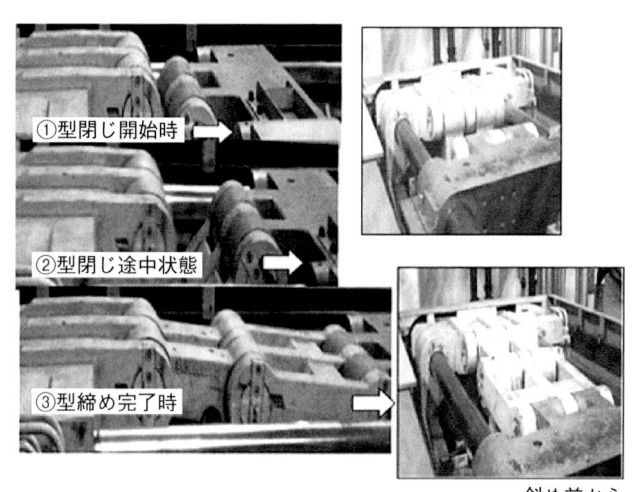

（図中ラベル：反力支持盤、トグルリンク、可動盤、タイバー、固定盤、型締めシリンダー、①型閉じ開始、②型閉じ終了時、③型締め完了時）

図 2-8 トグルリンクの動き

（図中ラベル：①型閉じ開始時、②型閉じ途中状態、③型締め完了時、斜め前から）

$F = \triangle L \cdot Em \cdot Et / (Em + Et)$

となり、機械と金型のばね定数と歪ませる長さによって異なってくる。
ひとつの機械であれば、機械のばね定数は一定であるので、同じように歪

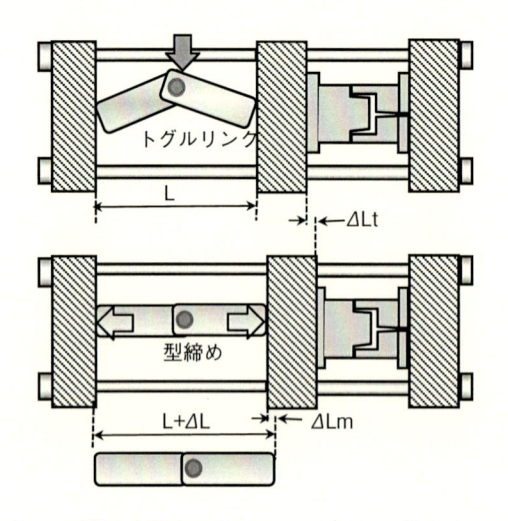

トグルの型締め力発生の原理は、トグルの圧縮分ΔLmの反力が型締め力になる。この力が金型をΔLtほど圧縮する。

図 2-9 トグルで締め付ける基本原理

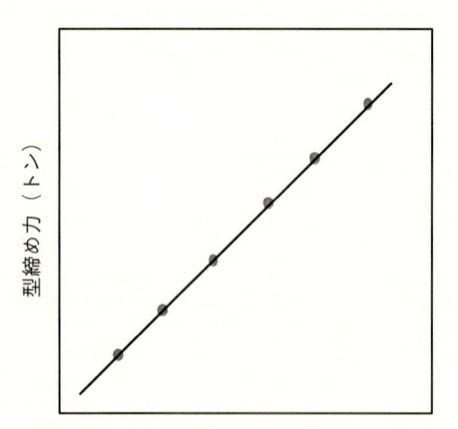

型閉じ終了から型締め時の最大負荷圧力（kgf/cm²）

トグルでの型締め完了直前のピーク圧力と型締め力は比例する。このピーク圧力と油圧の最大圧力との関係から、実際の型締め力を計算することができる。

図 2-10 型締め時の負荷圧力と型締め力との関係

ませても、金型のばね定数によって型締め力が違ってくることになる。金型のばね定数は、金型の厚さや剛性によっても違ってくる。

しかし、図2-10のように、型締め時の型締めシリンダーの最大負荷圧力と型締め力は比例するので、この負荷圧力を測定して型締め力を計算することができる。

（2）トグル方式および直圧方式の長所と欠点

トグル方式は、てこの原理を利用しているので、直圧方式に比較して型締めシリンダーの径は相当小さくなる。そのため型開閉速度は速く、型締め時間も短い。型締め力の設定が面倒という欠点はあるが、最近ではタイバーのひずみ量を検出することで型締め力を検出して、自動的に型締め力の設定を行う機械もある。

また以前は、トグルの可動盤を押す支点が外側にあったことから、図2-11のように、可動盤が変形しやすいことが問題とされたことがある。当時のトグル機メーカは、支点を内側に寄せたり、型盤剛性を高くするなどの改良などを行った。

図2-12に示すものは、図2-7のトグルを上下入れ換えた構造として、可動盤を押す支点をなるべく内側に寄せている。しかし、直圧式でも、突出し装置部は薄くなっていたり、固定側はノズルが入る場所には穴が開いている

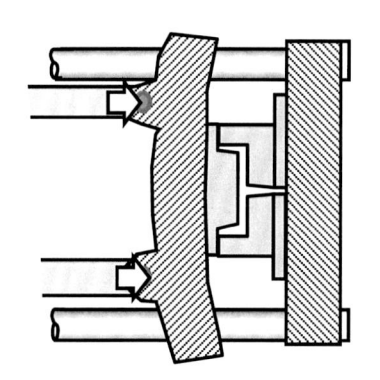

トグルが可動盤を押す支点が外側にあることが多いので、型盤を変形させやすいとの話もあった。この対策としてリンクを内側に寄せたり、型盤剛性を高くする活動も行われた。

図2-11 過去にトグルが可動盤変形に弱いといわれた背景

このトグル機の例では、先に説明したトグルを上下入れ換えて、リンクが外側に開く構造となっている。

図 2-12　トグルリンクが外に開く構造の機械

ことなどもあって中央は変形しやすい。これはトグル、直圧の問題ではなく、型盤の剛性の問題である。

　トグルの長所として、機械的に強固に締め付けているので、バリなどの発生に強い、などといわれたこともあるが、これは間違いである。バリは金型が 0.02 mm も開くと発生してしまう。先の △L に 0.02 mm を足しても型締め力が増加する量は無視できる程度の増加でしかないのが現実である。

　直圧式では、型締めシリンダーが大きいので、作動油を圧縮して昇圧する時間がかかるなどの欠点がある。サイクル的にもトグルが速いなどの点もあったが、当時の直圧成形機メーカもいろいろと工夫をして、結構サイクルの短くなるような直圧成形機を開発した。

　しかし、現在のように電動成形機の時代となると、トグル方式のほうが設計的に向いているので、まずほとんどがトグル式となっている。

（3）2プラテンと3プラテン

　もうひとつの分類方法として、3プラテン、2プラテンという分け方がある。これまで説明したトグルや直圧は、可動盤を固定盤に押し付けるために、反力を支えるための反力支持盤が必要である。この反力支持盤の呼び方は機械メーカによって異なるが、これらの「盤」のことを英語で「プラテン (platen)」と呼ぶので、これらは3プラテン方式に分類される。

第 2 章　射出成形機の構造と動作

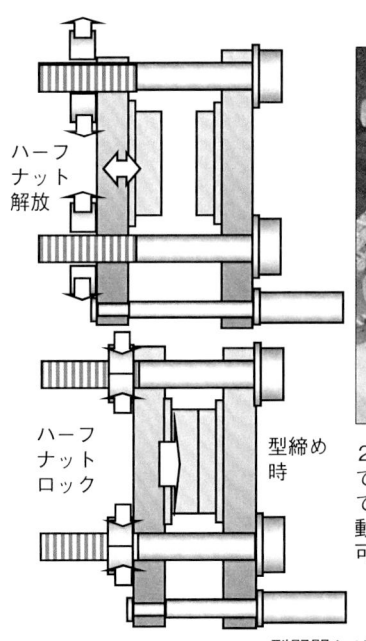

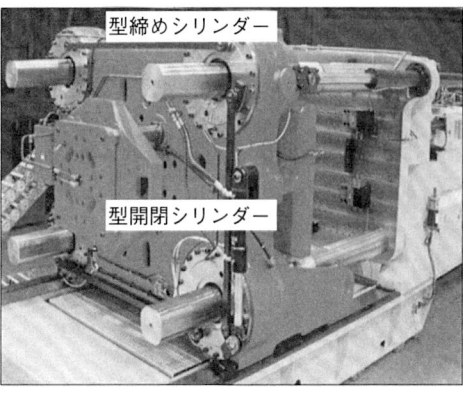

2プラテンタイプの場合でも、型締めシリンダーで型開閉を行うと、大量の作動油が必要となるので、型開閉時にはハーフナットを開いて可動盤を動かし、型締め時にはハーフナットをロックして可動盤を引き込むなどの方法がとられている。

図 2-13　2プラテン方式の実際例

　この3プラテン方式に対して、2プラテン方式は、図 2-13のように、可動盤をタイバーと一緒に、固定盤側から引き込むことで、可動側を固定側に押し付ける方式である。方法としては、タイバーの端に複数の溝が彫ってあり、型盤を閉めた後で、この複数の溝を半割りのナットで両側から挟みこむ。そして、反対側からタイバーごと引っ張り込むことで型締め力を発生させている。引き込むので、3つ目の反力支持盤は不要になり、その分機械の長さは短くなる。この方式は、先のトグル・直圧の分類にすると、すべて直圧式であり、特に大型の成形機では設置面積を小さくすることが主たる目的となっている。

　3プラテン方式のように、大きな体積の型締めシリンダーではないので、この点昇圧は速いが、この半割りナットでタイバーを挟み込む動作が追加となるので、この時間はかかる。

▶ 2.1.3 突出し装置

突出し装置は、図2-14のように、可動盤に取り付けられている。成形品は、金型が開くときに、通常固定側の金型から離れて、可動側の金型と一緒に出てくるように工夫がされている。そのため、可動側の金型に付着している成形品を金型から離す必要がある。この役を果たすのが、突出し装置の役割である。

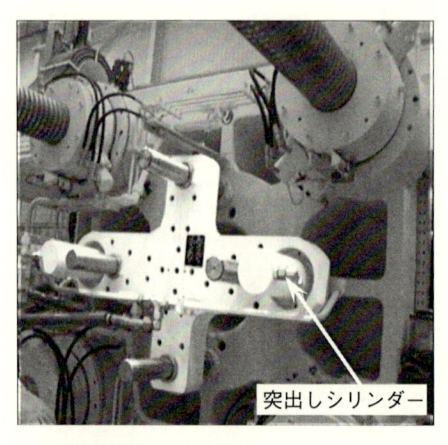

突出しシリンダー

図2-14　可動盤裏の突出し装置

2.2 射出側の装置

　射出側の駆動装置には、射出装置と可塑化装置、および射出ユニット前後進装置がある。過去には、プランジャー方式やプリプラ方式があったが、現在では、インライン・スクリュー方式が主流となっている。図2-15～図2-17に、プランジャー方式とプリプラ方式を参考用に示す。ちなみに、プリプラとは、Pre-plastic（事前可塑化）の意味であり、射出プランジャーに送り込む前に、可塑化装置で溶融させておくという意味である。また、その

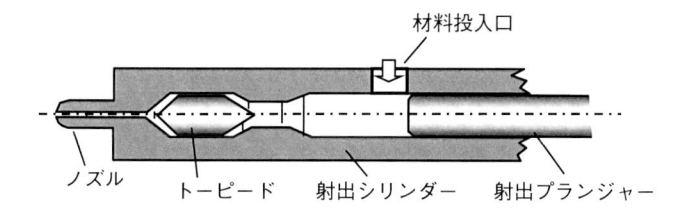

射出シリンダーで溶融された樹脂は、射出プランジャーでトーピードの狭い流路を通して均一化されて射出される。

図 2-15　プランジャー式射出装置

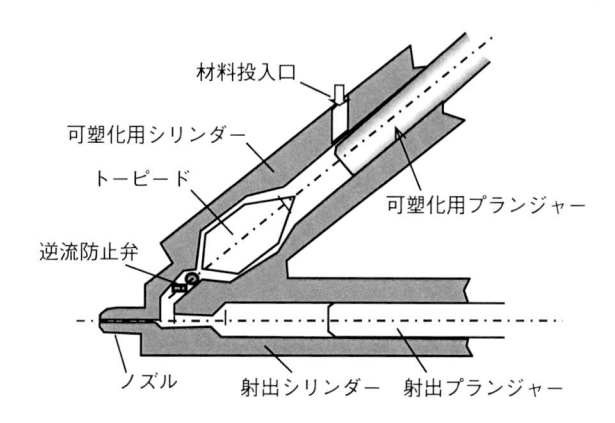

射出と可塑化が分離されたタイプである。トーピードを通じて溶融された樹脂は、射出前に射出シリンダーに蓄積され、射出プランジャーにて射出される。

図 2-16　プランジャープリプラ式射出装置

Pre-plasticの方法も、プランジャーでのプリプラと、スクリューでのプリプラがあり、スクリューでのプリプラは現在でも一部に使われている。スクリューでの可塑化のメカニズムについてはのちほど説明する（第3章3.1を参照）が、スクリュー式プリプラとしては、可塑化時の有効スクリュー長が一定であるので、可塑化が安定するという長所がある。また、スクリューが傾斜して設置されているので、機械全長も短くできる。

　インラインとは、ひとつの軸上でスクリューが回転、前後進をするものである。これを**図 2-18**に示す。

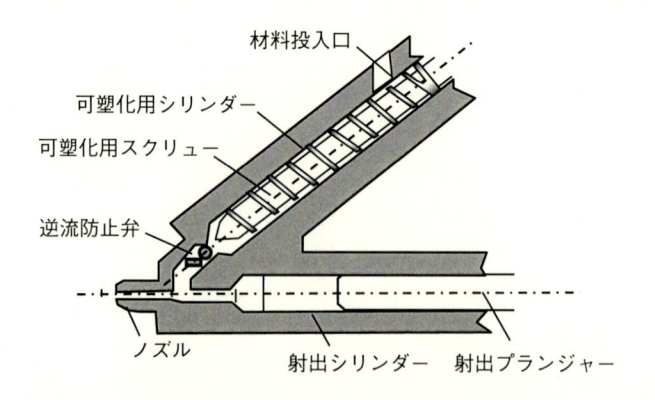

図 2-17　スクリュープリプラ式射出装置

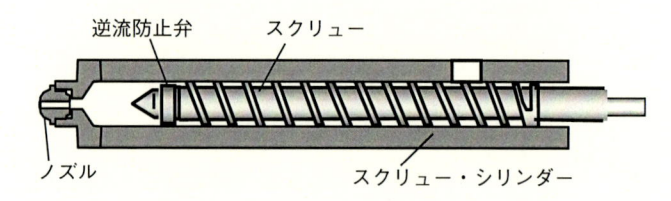

射出と可塑化が分離され、可塑化が押出機の一軸式のスクリュータイプである。射出前に射出シリンダーに蓄積され、射出プランジャーにて射出される。

図 2-18　インライン・スクリュー式射出装置

一本の軸上にスクリューがある方式の射出装置で、現在では一般的で主流になっている方式である。

▶ 2.2.1　ノズル前後進

　射出ユニット駆動装置は、射出・可塑化装置全体を型締め方向に前後するものである。金型に溶融樹脂を押し込むときには、ノズル先端を金型に押し付けて接触させる必要がある。ノズルからの樹脂圧力は相当高いので、強い力で押し付けておかないと、ノズル先端から樹脂が漏れてしまう。

　射出工程が終了すると、ノズルは金型に押し付けられたままの場合と、ノズルから離して、射出ユニット全体を後退させる場合がある。通常は、ノズルを押し付けたままであることが多いが、ノズルから糸引きなどの不良が発生するときなどは、前後進させることもある。**図 2-19** に、この駆動用シリ

48

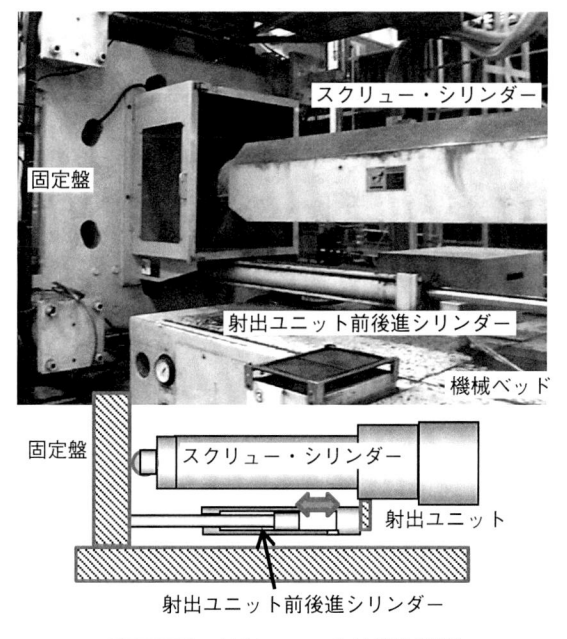

図 2-19 射出ユニット前後進装置

ンダーを示す。

▶ 2.2.2 射出装置
（1）射出

図 2-20 に射出装置、図 2-21 に可塑化のためのスクリュー回転用油圧モーターを示す。スクリューの先端には、図 2-22 のような逆流防止弁（通称チェックリング）がついていて、射出時には、この弁が閉鎖することで、スクリューを前進させてスクリュー先端の溶融樹脂をノズルから押し出す。図 2-23 に、この動作の様子を示す。この逆流防止弁にもいろいろなタイプがあるが、ここではリング状のものを示した。

現在我が国では全電動の射出成形機が主流であるが、海外では、まだ油圧式が多いので、油圧駆動方式で説明する（図 2-24 参照）。スクリュー前後進を行うための油圧シリンダーで出せる最大射出力は、油圧の最大圧力にこの油圧の射出シリンダーのピストンの面積をかけたものである。そして、ス

図 2-20 インライン・スクリュー式の射出シリンダー

図 2-21 スクリュー回転用油圧モーター

クリューの逆流防止弁先端部の溶融樹脂を押すことになる。ゆえに、スクリュー先端での溶融樹脂の圧力は、この油圧で押された射出力を、スクリュー先端の断面積（スクリュー断面積と呼ぼう）で割ったものとなる。射出成形機では、最大射出圧力を選択できるように、スクリュー径が選択できる。これは、基礎的な理論とも呼べないほどの簡単な計算式であるが、成形現場では、このことを理解できていないことが非常に多いので注意が必要である。
射出の工程には、射出工程とは保圧工程があるが、これについては別途詳し

第 2 章　射出成形機の構造と動作

図 2-22　逆流防止弁の例

溶融樹脂の流れ

可塑化時

射出時　シール部

図 2-23　逆流防止弁の動作

射出シリンダー断面積：Ai(cm²)
射出シリンダー
スクリュー回転用モーター
スクリュー・シリンダー断面積：As
射出ストローク：Xi(cm)
射出油圧圧力：Po(kgf/cm²)
射出用油量：Qo(cm³/sec.)

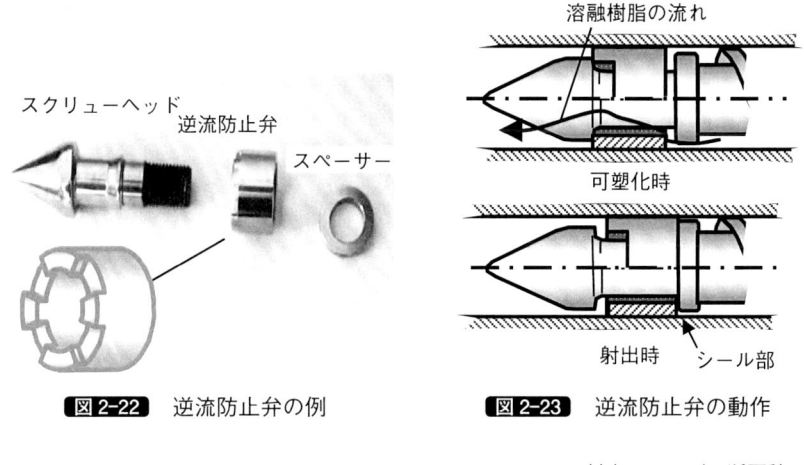

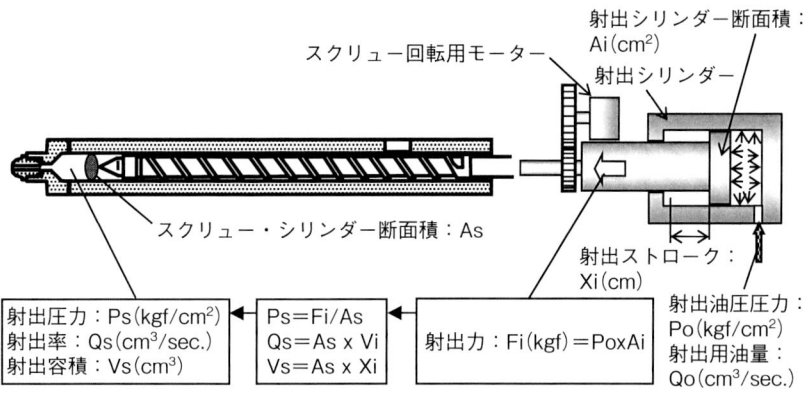

射出圧力：Ps(kgf/cm²)
射出率：Qs(cm³/sec.)
射出容積：Vs(cm³)

Ps=Fi/As
Qs=As×Vi
Vs=As×Xi

射出力：Fi(kgf)=Po×Ai

スクリュー・シリンダー側の圧力、速度と射出容積の関係は上図のようになる。最大射出圧力、速度、射出率、容積は、それぞれが最大値の場合の値である。

図 2-24　射出装置の圧力、速度、容積の関係

く説明する。

(2) サックバック

　射出シリンダーのピストンロッド側に油圧をかけると、スクリューを射出側とは反対に後退させることになる。これは、サックバックと呼ばれる。射出工程が終わった後では、ノズル先端に圧力が残っている。その状態で金型を開いたり、ノズルを後退させたりすると、ノズル先端や金型から樹脂漏れが起きたりする。これを防止するために、スクリューを後退させて、スクリ

ュー先端の樹脂圧力を減圧するのが目的である。

▶ 2.2.3 可塑化・計量・背圧

　可塑化とは、樹脂を溶かして成形できるように可塑状態にすることである。これは、スクリューをねじを抜く方向に回転させることによって、樹脂を前側に押し出していく。このとき逆流防止弁は、射出時とは反対に前側に移動することによって、溶融樹脂が通り抜ける通路を作る。溶融樹脂がスクリュー先端に蓄積されてくると、スクリューを後方に押す力が作用して、スクリューが後退する。そして、次の成形のための必要蓄積量になるところまで計量が完了すると、回転を終了させる。このとき可塑化時に、スクリュー後方から、少し射出方向に力をかけておくと、スクリューが可塑化によって後退するのに対して抵抗することになる。これをスクリュー背圧と呼ぶ。

　計量が完了すると、この背圧をかけることを中止して、反対側に油圧を作用させて、先に述べたサックバックの工程に入るのである。

2.3 駆動装置

　次に、これらの動作を行うための駆動装置について考えてみよう。全電動式成形機が主流となった我が国ではあるが、まだまだ、ホットランナーのバルブゲートやスライドコアに油圧が使用されているので、これらを使用する場合の知識として、油圧の説明をする。

▶ 2.3.1 油圧式駆動装置

（1）油圧ポンプ

　作動油を吐出して送り出す装置が油圧ポンプである。電動モーターで油圧ポンプを回転させて作動油を吐出する。**図 2-25** は油圧ポンプを回転駆動するための電動モーターの後姿である。油圧ポンプにもベーン式やギア式など

図 2-25 油圧ポンプ駆動用電動機

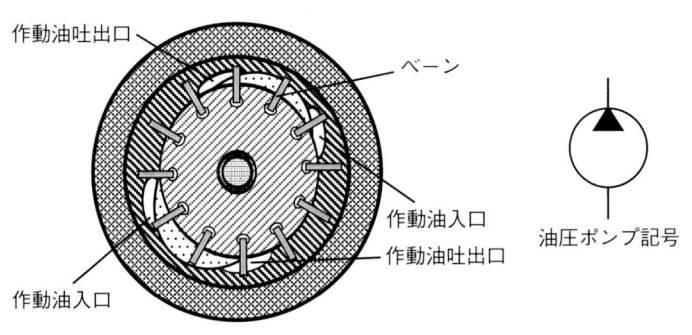

作動油吐出口
ベーン
作動油入口
作動油吐出口
作動油入口

油圧ポンプ記号

ベーン（羽）を回転させて吸い込んだ作動油を圧縮しながら吐出するものである。

図 2-26 油圧ポンプ

があるが、**図 2-26** にベーン式の固定ポンプの断面を、その油圧記号とともに示す。

（2）方向切換え弁

吐出された作動油は、型締め装置、射出装置、突出し装置など、いろいろな装置に送られて、それらを駆動するが、作動油の送り先（方向）を切り換えるものが、方向切換え弁である。この例を**図 2-27** に示す。ここで使われ

53

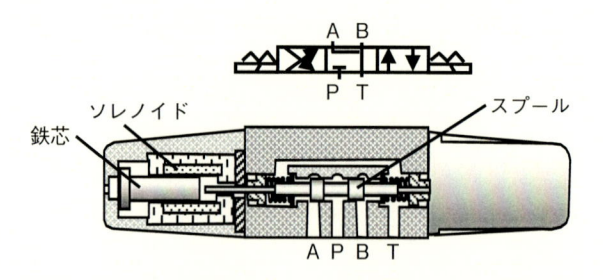

左右のソレノイドが作動すると、スプールが左あるいは右側に移動させられて、作動油の流れる流路を変える。P（ポンプ）ポート、A、Bポート、T（タンク）ポートがある。

図2-27 ソレノイド式方向制御弁

るスプールの形状で、いろいろな方向へ切り換えるタイプがある。この切換えは、ソレノイドという電磁石でスプールを押し込む。ソレノイドは片側だけのものと、両側についているものがある。これを記号で例を示したものを**表2-1**に示す。また、大きな流量の場合には、これらの小型の切換え弁で圧力を誘導して、図2-28に示すような大きな切換え弁を駆動することもある。これをパイロット駆動と呼ぶ。

方向切換え弁としては、図2-29に示す、一方向だけに流動を許すチェック弁がある。これに図2-30のようにポペットをつけ、これでチェック弁のボールをパイロット駆動で浮かせれば、作動油を行き来させることも可能になる。

（3）圧力制御弁（リリーフ弁）

射出圧力、保圧などの圧力を制御するための弁が、圧力制御弁である。もっとも簡単な構造は、図2-31のように、ばねの力でポペットを押さえ付けておく直動型タイプである。ばねの力より高い圧力になると、ポペットが開いて作動油が逃げるので、圧力がコントロールされることになる。図2-32に、電磁比例式圧力制御弁を示す。コイルに流す電流の強さを制御して、ポペットを押す量を制御する。ただし、これらの圧力弁では、大きな油量が制御できないので、パイロット駆動には図2-33のように、バランスピストンでコントロールするタイプがある。これらは、主回路と呼ばれる圧力を制御する弁でリリーフ弁と呼ばれる。

表 2-1 ソレノイドバルブの種類

	(A B / P T図)	スプリングオフセット 2位置弁
クローズドセンター	(A B / P T図)	スプリングセンター 3位置弁
PAT接続	(A B / P T図)	スプリングセンター 3位置弁
PT接続	(A B / P T図)	スプリングセンター 3位置弁
オープンセンター	(A B / P T図)	スプリングセンター 3位置弁
ABT接続	(A B / P T図)	スプリングセンター 3位置弁
AT接続	(A B / P T図)	スプリングセンター 3位置弁
PAB接続	(A B / P T図)	スプリングセンター 3位置弁

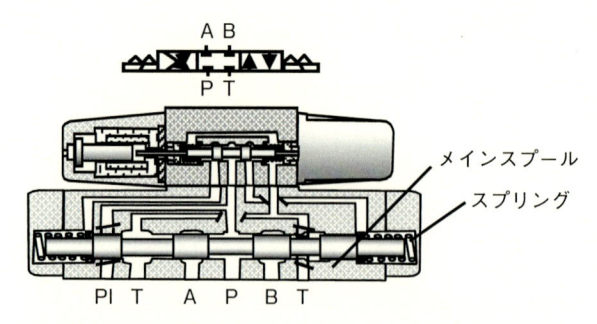

大容量の作動油を流すために、メインの方向制御弁のスプールを小型の方向制御弁で駆動する。油圧記号は、メインのスプールのタイプが記される。

図 2-28 パイロット駆動式ソレノイド式方向制御弁

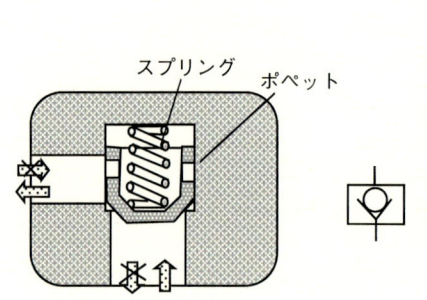

一方向のみに流動を可能にする方向制御弁の一種である。

図 2-29 チェック弁

基本的にはチェック弁であるが、パイロット回路に圧力をかけるとチェック弁が開いて逆方向への流れも可能とする。

図 2-30 パイロットチェック弁

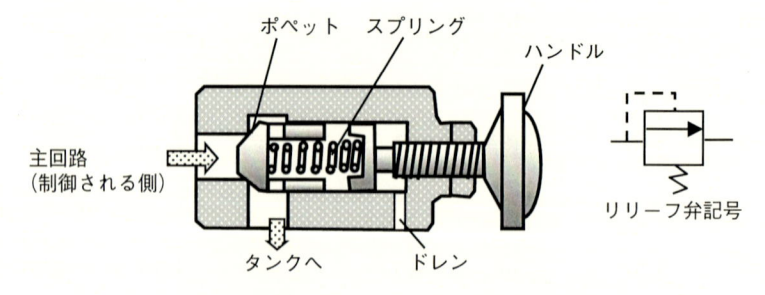

リリーフ弁とは安全弁のことである。主回路の圧力を制御する。

図 2-31 ポペット式リリーフ弁

第 2 章　射出成形機の構造と動作

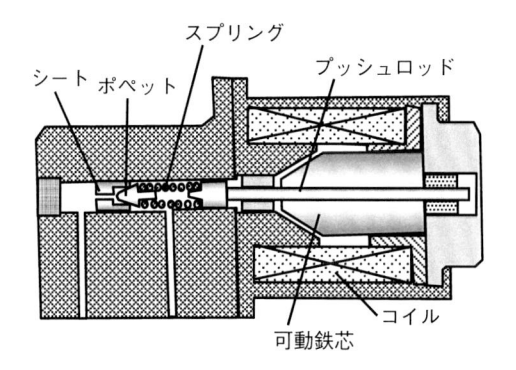

電流の強弱に比例してコイルが励磁し、可動鉄芯を押し込む強さを制御する。これによって圧力制御を行う。

図 2-32　電磁比例式圧力制御弁

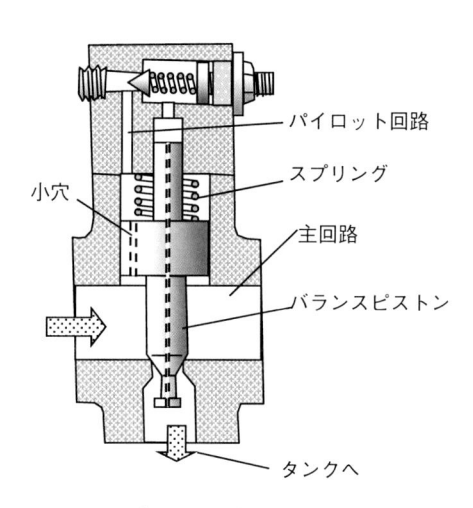

ポペットタイプでは、大容量の作動油を制御できないので、バランスピストンタイプのリリーフ弁を接続して回路圧を制御する。ポペット式のリリーフ弁が、バランスピストンに開いた小穴からパイロット回路を通じて接続されている。

図 2-33　バランスピストン式リリーフ弁

57

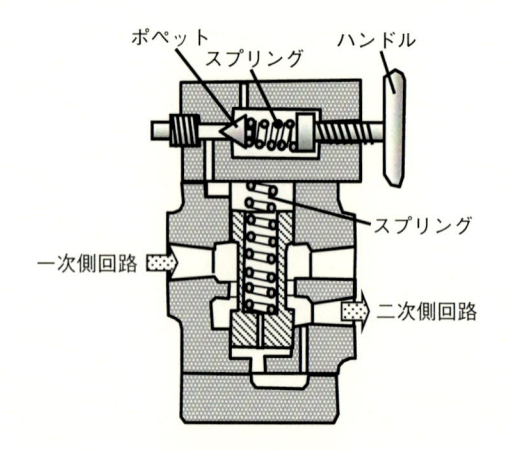

減圧弁は、二次側回路の圧力を制御する機器である。二次側の圧力がスプールの底に開いた穴からパイロット回路を通じてポペット式リリーフ弁で制御される。

図 2-34　減圧弁

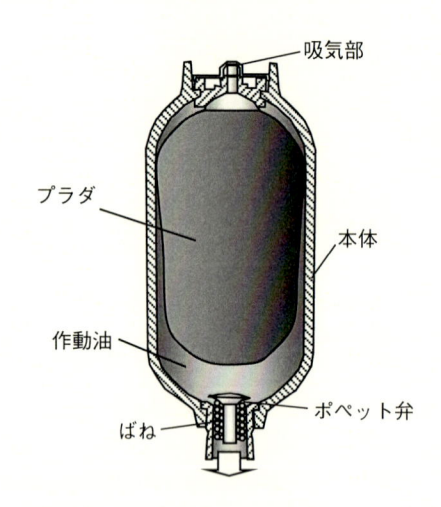

プラダ内に高圧の窒素ガスを封入し、ボンベ内に作動油を送り込むと、その作動油がボンベ内で高圧に保たれる。これを一挙に送り出すことで、大容量の吐出量を確保することができる。

図 2-35　プラダ型アキュムレータの例

（4）減圧弁

金型の油圧コアや、アキュムレータなどの主回路から二次回路への圧力制御に使われる圧力弁である。図 2-34 にこれを示すが、形状はリリーフ弁と似ている。主回路よりも圧力を低く制御して使用する。ちなみにアキュムレータとは、図 2-35 のように、作動油を高い圧力下で蓄積しておいて、油圧源として使用するものである。

（5）流量制御弁

フローコントロール弁とも呼ばれる。流路を絞って流量を制御するものだが、絞り部がシャープだと作動油の温度の影響を受けにくいという特徴がある。図 2-36 に、一方向だけの流量を制御するチェック弁付きの流量制御弁を示す。通常、流量は弁の入り口側と出口側の圧力差にも影響を受けるので、負荷圧力が変化すると流量も変化する。そこで、この圧力を常に一定に制御するための弁が、圧力補償型流量制御弁である。これを図 2-37 に示す。この原理を説明しよう。

通常、流量弁を流れる作動油流量 Q は、その弁の絞り具合（開度 A）と作動油の粘度（η）、およびそこの前後の差圧（$\triangle P$）で、

$$Q = \alpha \cdot A \cdot \eta \cdot \sqrt{\triangle P} \quad (\alpha は係数)$$

のように決まる。工程の負荷が変化すると、流量が変化することになるが、$\triangle P$ を一定に保つことができれば、流量も一定に保持することが可能となる。そこで、流量弁前後の差圧を一定にするために設けられたのが圧力補償弁で

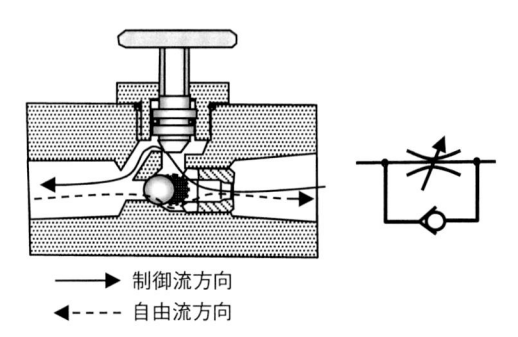

⟶ 制御流方向
◀---- 自由流方向

チェック（逆流防止）弁付きの絞り弁（流量制御弁）。一方向の流量を絞りで制御し、逆流方向は自由流れとなる。

図 2-36 逆流防止機能付き流量制御弁

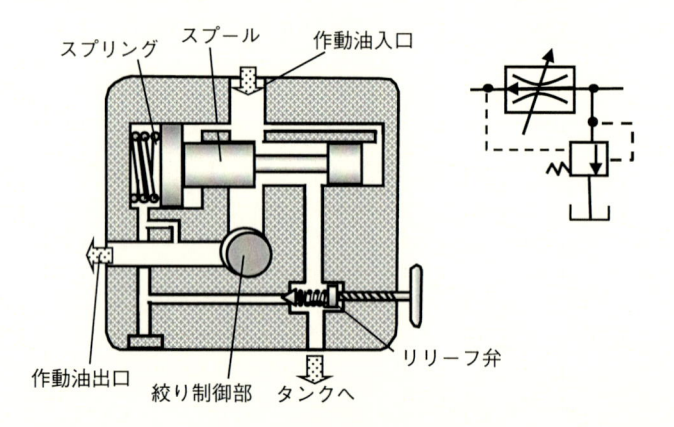

図中ラベル: スプリング、スプール、作動油入口、作動油出口、絞り制御部、タンクへ、リリーフ弁

上図は、リリーフ付きの圧力補償型流量調整弁の例である。弁の作動油の入り口の圧力は、スプリングの力に相当する圧力分だけ出口圧力より高くなるようにスプールが動く。余剰油はタンクへと逃がされる。作動油の出口の流量が停止しても、リリーフ弁を通じて流れが確保されて、スプールが閉鎖しないように機能する構造となっている。

図 2-37　リリーフ付き圧力補償型流量制御弁

ある。これを**図 2-37**を使って説明する。流量制御弁の後方、駆動装置側の圧力と、流量制御弁の前の圧力＋ばねによる追加圧力とをバランスさせる。常に、このばねによる追加圧力分が流量弁前後の圧力差として一定になるように制御するのである。そのため、駆動側の負荷が変化しても、元の圧力は、このばね分の数 kgf/cm^2 だけ高くなっており、圧力に余裕がある限りは、速度を所定に保持することができるようになっている。この圧力補償機能があるために、負荷圧力が設定圧力に対して余裕がある間は、型開閉や射出速度が所定の設定値にコントロールされるのである。

（6）油圧ポンプによる流量制御

流量の制御法としては、油圧ポンプの回転数を制御する方法もある。作動油の吐出量はポンプの回転数に比例するので、これを電動サーボモーターで制御するのである。ただし、この制御だけでは応答性などに問題がある場合、流量制御弁を併用することもある。この場合には、作動油の吐出量は流量制御弁で制御する以上の吐出量にしておく必要がある。

（7）メータ・イン制御、メータ・アウト制御

速度を制御する方法として、次に述べるアクチュエータへの作動油の入口

アクチュエータに入る油量を制御する方法である。通常の流量制御に使用される。

図 2-38　メータ・イン制御

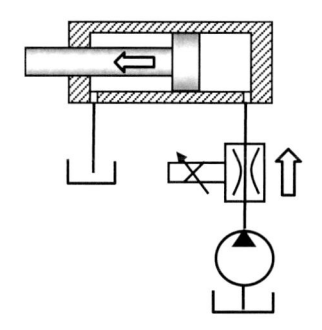

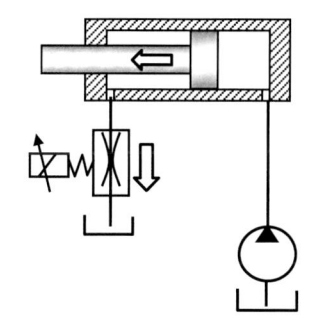

アクチュエータから出る側の油量を制御する方法である。ブレーキなどに有効である。

図 2-39　メータ・アウト制御

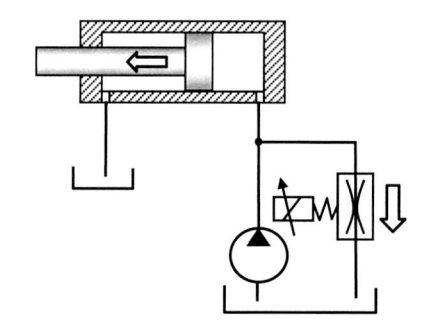

アクチュエータに入る側のポンプから出る油量を制御して、アクチュエータへの油量を制御する方法。制御精度はよくないが、省エネルギーが図れる。

図 2-40　ブリード・オフ制御

側で流量制御を行うメータ・イン制御、出口側を制御するメータ・アウト制御、そして入口側でタンクに戻る側の油量を制御するブリード・オフと呼ばれる方法がある。たとえば、可動盤のような重い重量を動かす場合を考えると、加速するときには、**図 2-38** に示すメータ・イン方式が適しているが、一旦速度が出ると、慣性によって動き続けようとするので、メータ・イン制御だと、減速の制御が難しくなることもある。このような場合には、**図 2-39** のようなメータ・アウト制御のほうがブレーキをかけやすい。ブレーキをかける方法としては、流量弁を制御する以外にも、出口側に圧力をかけて

61

ブレーキとする方法もある。そのほかにも**図 2-40** のようなブリード・オフ制御というタンクに戻る油量を制御する方法がある。

(8) アクチュエータ

アクチュエータとは、型締めシリンダーや射出シリンダー、油圧モーターなど、機械を駆動する装置のことである。駆動方法としては、型開閉や射出などのように、直線的に動くものと、可塑化時のスクリュー回転のような回転運動がある。直線駆動ではシリンダーとピストンがあるが、これを早い速

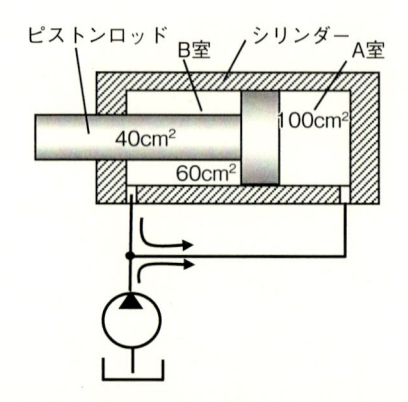

左右の AB 室に同時に作動油を導入すると、ピストンロッドの面積 $40cm^2$ に相当する受圧面積分で受けたのと同様の速度と力でピストンロッドは左方向に移動する。

図 2-41 差動回路

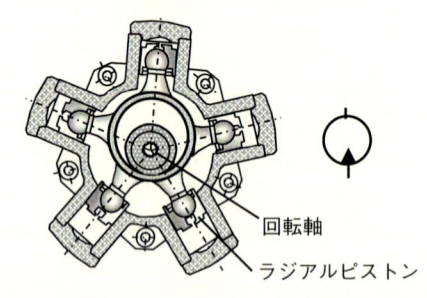

上図では、5つのピストンに順次作動油が導かれて中心の軸を回転するように駆動される。原理的には、ピストンポンプの逆の動きである。スクリューの回転などに使用される。

図 2-42 クランク式ラジアルピストンモーター

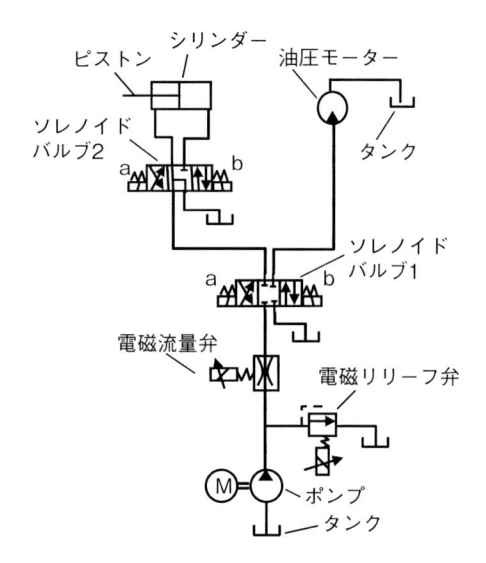

ソレノイドバルブとリリーフ弁、流量弁を使って基本的な油圧回路を作成することができる。実際には、切換え時ショック圧、停止時の圧力によるリークなどを考慮して回路が設計される。

図 2-43 油圧回路図例

度で駆動する方法として、差動回路という方法がある。通常は、ピストンの動く速さは作動油量を、これを受ける面積で割ったものが速度となる。しかし、図 2-41 のように、この両側をつないだ状態で作動油を流すと、作動油量をそのピストンのシャフト分の面積分で割った速度となるのである。回転駆動する油圧モーターを図 2-42 に示す。これはピストンモーターと呼ばれ、複数のピストンを順次駆動することで、回転運動に換えている。可塑化用のスクリュー回転用として使われている。

図 2-43 に、射出成形機の油圧回路図の例を示す。大型の機械となると、回路も複雑となる。

（9）油圧回路の切換えとショック対策

電動式射出成形機では、それぞれの装置は単独の電動モーターで駆動されているが、油圧の射出成形機の場合は、それぞれの駆動装置にポンプが独立についているわけではない。油圧源の作動油を、バルブで切り換えて使うの

である。

そのときに、回路に高い圧力が残っているままで切換え弁を動かすと、大きなショック音が発生する。このショック音を和らげるために、弁を切り換えるタイミングを少しずらすことが多く行われる。これがのちほど成形サイクルのところで説明する無駄時間になっている。

(10) 同時動作（複合動作）

油圧源を同時に複数の場所で使った場合、その主回路の圧力は、最も低い負荷圧力となってしまう。たとえば、型開きと可塑化（スクリュー回転）を同時に行うとすると、主回路圧力が可塑化の負荷圧力となっているので、型締め弛緩のための高圧が出せず金型が開かないとか、型開き中にも圧力が低いので不安定な挙動となったりする。油圧回路で同時動作を行う場合には、通常は油圧源が単独に必要である。

(11) 油圧システムのエネルギー効率

油圧システムでは、その消費エネルギーは、単位時間あたりに使用する油量（Q）と負荷圧力（P）との積となる。**図 2-44** は、ひとつの成形サイクル中の油圧系の消費電力状況を示したものである。固定（回転）式のポンプでは、自動車のアイドリングと同様、仕事をしていないときでも低圧で油を吐出しているので、たとえば、可塑化が終了した冷却時間中にも少し電力を消費している。

自動車には、ガソリンと電気を併用したハイブリッドがあるが、射出成形機でも同様である。インバーターを使って電動機の回転数を可変にする方法

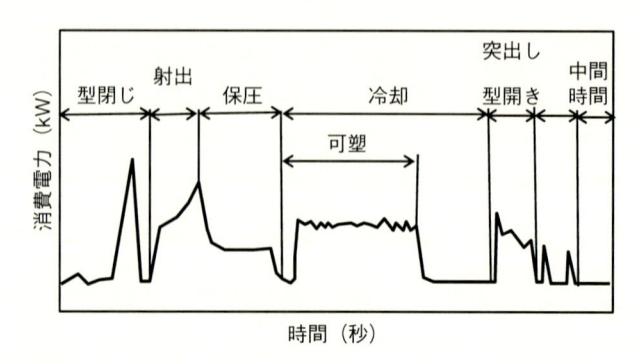

図 2-44 油圧式射出成形機の1サイクル中の油圧系消費電力状況

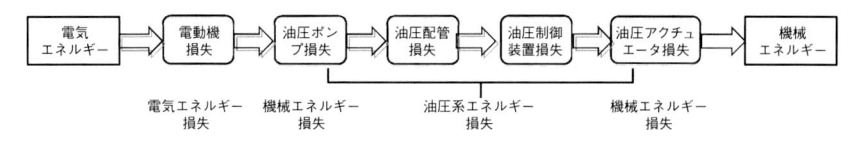

```
電気           電動機         油圧ポン      油圧配管      油圧制御      油圧アクチュ         機械
エネルギー  →  損失    →    プ損失   →    損失   →   装置損失   →   エータ損失   →   エネルギー

              電気エネルギー    機械エネルギー    油圧系エネルギー    機械エネルギー
                 損失              損失              損失              損失
```

図2-45 油圧式射出成形機のエネルギー損失

である。しかし、油にはわずかではあるが圧縮性があるので、油圧回路の圧力が低下すると、次の動作のときの圧力の立ち上がり応答に影響が出る。これは、成形機としての性能や成形サイクルにも関係してくる。このあたり、応答性の問題を配慮して、自社の成形品に問題があるかどうかを確認する必要がある。

もうひとつ、油圧システムは、**図2-45**に示すように、電動機で油圧ポンプを駆動して、機械エネルギーを油圧エネルギーに変換し、それを油圧アクチュエータに送り、そこで再度、機械エネルギーに変換している。そのため、それらの各場所でエネルギー損失が発生している。それは、電動機での電気的な損失、油圧ポンプの機械的な損失、油圧配管でのエネルギー損失、油圧制御バルブでの損失、油圧アクチュエータでの損失である。この有効エネルギーは、効率のよいシステムでも40％〜60％であるといわれている。これが、電動式成形機との消費電力との違いとなっている。

（12）オープンループ（開回路）制御、クローズドループ（閉回路）制御

オープンループ制御を**図2-46**に、クローズドループ制御を**図2-47**に示して説明する。

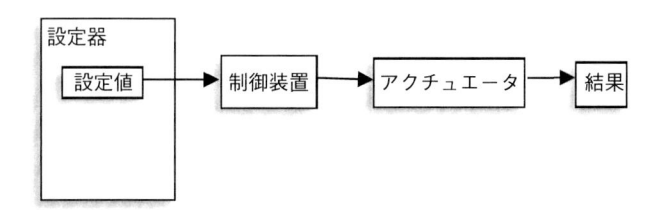

```
設定器
┌─────────┐
│ 設定値  │ → 制御装置 → アクチュエータ → 結果
└─────────┘
```

設定された値を、たとえば流量制御弁（制御装置）に指示し、流量制御弁によって制御された油量がアクチュエータを制御する。その結果が、どのようなものであったかについては確認しない。一方通行的な制御方法である。

図2-46 オープンループ制御

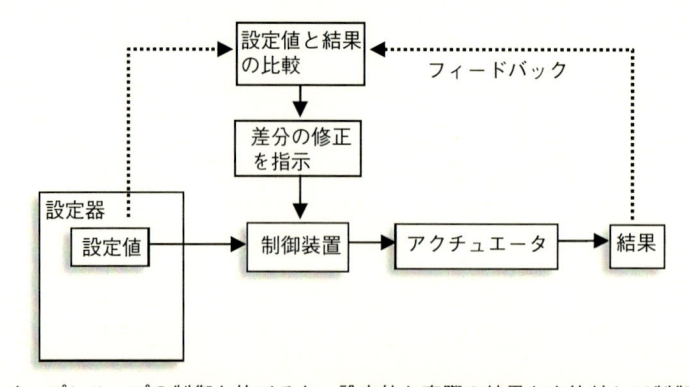

```
                    ┌─────────────┐
                    │設定値と結果  │◄──────── フィードバック
                    │の比較        │
                    └──────┬──────┘
                           │
                    ┌──────▼──────┐
                    │差分の修正    │
                    │を指示        │
                    └──────┬──────┘
  ┌─────────┐              │
  │設定器    │              │
  │┌───────┐│       ┌──────▼──────┐    ┌──────────┐    ┌──────┐
  ││設定値 ││──────►│制御装置     │───►│アクチュエータ│───►│結果  │
  │└───────┘│       └─────────────┘    └──────────┘    └──────┘
  └─────────┘
```

オープンループの制御と比べると、設定値と実際の結果とを比較して制御をやり直すところが異なる。当初の設定値で期待されている値と同じでない場合には、制御装置の指示値に修正を加えて、設定値に近づくように制御するものである。ただし、この制御可能範囲は、その装置が持っている能力の限界内であり、それを超えた領域では制御できない。

図 2-47 クローズドループ制御

　オープンループとは、たとえば射出速度や保圧がある値に設定されていたとすると、その設定値に対応する信号を、流量制御弁や圧力制御弁に送る方法である。その結果、たとえば速度が所定値に達成していなくても関与しない。

　これに対して、クローズドループとは、設定値と実際の結果、たとえばスクリュー速度とか油圧の圧力とかを検出して、その差を計算し、そのずれの補正を行うように修正処置を行おうとする制御方法である。

　たとえば、シリンダー温度の設定もこれである。熱伝対がシリンダーに開けられた穴の底の温度を検出し、この設定値になるように温調器が制御しているのである。いろいろなフィードバック制御があるが、主にはPID（P：比例、I：積分、D：微分）制御が使われている（比例、積分、微分のすべてが使われているとは限らない）。

　他には、作動油温度が違うと、作動油の粘度が変化するので、流量弁や圧力弁を流れる状況が微妙に変化する。これを実際に検出して、射出速度や保圧などにフィードバックして修正するものもある。結構高価な仕様となるが、この調整が上手くできていないと、**図 2-48**のように、逆に応答が遅くなったり、ハンチングしたりするので注意が必要である。また、速度や圧力の応

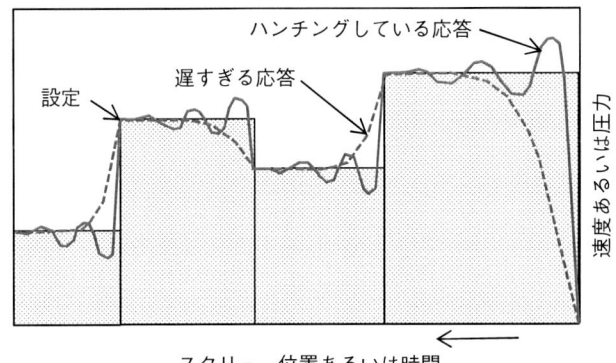

クローズドループで、フィードバック制御の調整が悪いと、ハンチングしたり、応答がゆっくりし過ぎたりすることが多々ある。

図 2-48 問題のあるフィードバック制御

答を早くフィードバックするためには、やはり大きな力（圧力）が必要となる。実際に必要な負荷圧力に対して、元圧を結構高くする必要があり、消費エネルギー的には不利である。

油圧の成形機と比較して、全電動の機械もクローズドループであるが、電動サーボモーターの回転数自体がクローズドループ制御であり、圧力はロードセルなどを使って検出してクローズド制御となっているが、油圧機のクローズドループのような問題はない。

▶ 2.3.2 全電動式駆動装置

電動式射出成形機とは、油圧で駆動するのではなく、AC サーボモーターを使って駆動する成形機である。以前は、DC サーボモーターが使われた例もあるが、1980 年ごろに磁力の強い希土類磁石が開発され始め、大出力の AC サーボモーターが開発されるようになった。それに伴って、大出力パワートランジスタも開発が進み、全電動射出成形機が可能となってきている。

これについて、説明しよう。

（1）AC サーボモーター

図 2-49 に、AC サーボモーターの概観図を示す。サーボとは、もともとラテン語の Servus（奴隷）から来たもので、命令に対して忠実に働く、動

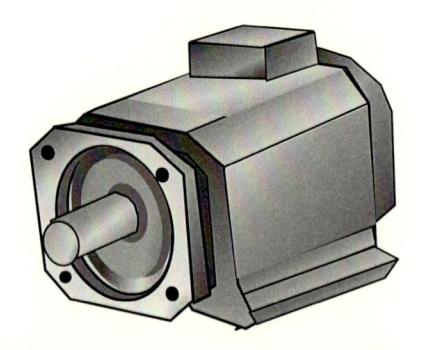

図 2-49　電動サーボモーターの概観図

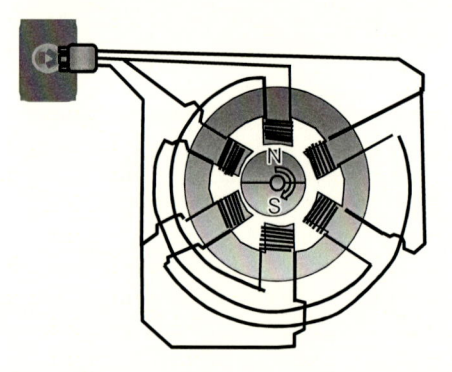

N極とS極を持った磁石を中心にして、その周囲に対抗した3組の電磁石を構成する。その電磁石に120°ずつずれた電流を流すと磁石が回転する。これがACモーターの基本原理である。回転数は、インバーターで周波数を変えて制御する。

図 2-50　AC モーターの回転基本原理

作することを意味している。すなわち、装置を命令（設定）に対して正確に動作させる制御である。すなわち、AC サーボモーター自体がクローズドループで制御されている。サーボモーターには、速度と位置を検出する検出器が備わっており、これらを検出して、命令どおりにコンピュータで制御するのである。

　AC モーターの回転基本原理を**図 2-50** に示す。中心には、NS を持った磁石の軸があり、その周囲に対面した2つのコイルが3組、合計6つのコイルが配置されている。これらコイルに電流を流せば磁界が発生するが、3組の

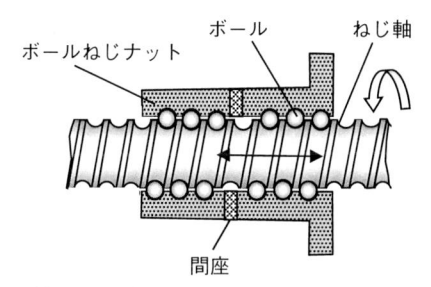

ねじ軸をサーボモーターが回転させることによって、ボールねじナットが前後進する。ボールはリターンチューブ（図には描かれていない）によって循環する。

図 2-51 ボールねじの例

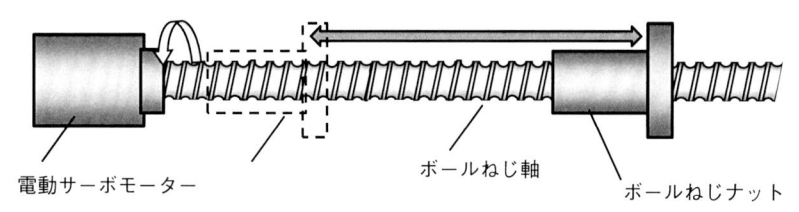

電動サーボモーターを回転させることで、ボールねじナット部を直線運動に変換する。回転数を制御することで、速度制御が可能。

図 2-52 回転運動を直線運動に変換

図 2-53 ボールねじの使用例

コイルに順次120°ずつずれた交流を流せば、中心のNSを回転させることになる。通常の一般の交流は50 Hzか60 Hzであるが、これを一旦直流（DC）に変換して、再度周波数の違う交流に変換することができる。この装置がインバーターである。ACサーボモーターを動かすには、サーボドライ

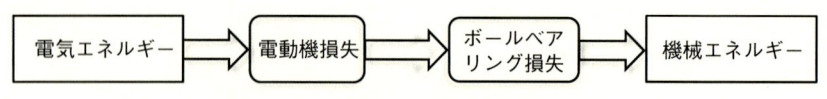

電気エネルギー → 電動機損失 → ボールベアリング損失 → 機械エネルギー
電気エネルギー損失　　機械エネルギー損失

図2-54　電動式射出成形機のエネルギー損失

バーが必要である。サーボドライバーは、命令に従った回転方向、回転数、停止位置などをマイコンで演算処理して駆動される。

（2）回転運動から直線運動への変換

　射出成形機の駆動は、可塑化時のスクリュー回転以外は、直線運動である。電動モーターの回転を直線運動に変換するのが、**図2-51**に示すボールねじである。これを**図2-52**に示すように、電動モーターでボールねじ軸を回転させ、ボールねじナットを前後進させるのである。**図2-53**に、この例を示す。

（3）電動成形機の長所

1）消費エネルギー

　電動成形機の最も大きな長所は、その消費電力の少なさであろう。全電動成形機では、**図2-54**に示すように、油圧駆動の場合と比較して、電動機とアクチュエータの間に多くの中間物が存在しないので、それだけでも効率がよい。また、仕事を必要としない、たとえば可塑化終了後の冷却時間などは、電動サーボモーターは回転していないので、電力消費もない。これらによって、消費エネルギー自体も少なくなる。油圧駆動と比較して、30％から50％程度の消費電力例が報告されている。電力費の高い我が国では、特にこのことが長所である点が大きく、電動成形機と油圧成形機の価格差分も、3年～5年で元がとれてしまう。

　エネルギー効率が悪いと、その損失分は熱や音に変わるが、エネルギー効率がよいと、環境的にも周囲温度が低い、音が静かになる、などの長所となる。

2）サイクル時間短縮

　電動成形機が、油圧成形機と比較して成形のサイクル時間を短くできることを要因別に説明すると次のようになる。これらは射出保圧時間、冷却時間以外の時間の短縮である。すなわち、成形品の品質に影響を与えない部分の

時間短縮を可能としている。これについては、のちほど説明するサイクル短縮のやり方のところを参照していただきたい。
(a) ズレ時間の短縮
　射出成形機の射出装置および可塑化装置、射出ユニット前後進装置、型締め装置、突出し装置は、それぞれの駆動装置で動かされる。この点、全電動の機械では、サーボモーターが独立しているので、油圧回路では必要であったズレ時間が省略できる。その分、時間短縮が可能となる。
(b) 安定性と停止精度
　サーボモーターで制御されているので、速度の切換え位置精度が非常に高い。これによって、型開閉速度の切換え位置や停止位置が安定するので、型開閉速度を速くすることができる。
(c) 複合動作
　電動成形機は、それぞれの駆動用のモーターが独立しているため、複数を同時に駆動することも可能である。バルブゲートがついていれば、たとえば型開閉中の可塑化も可能である。これは、可塑化時間が冷却時間より長い場合には、サイクル短縮となり、また、通常の場合でも、可塑化時のスクリュー回転数をゆっくりすることで安定成形が期待できる。

3) 安定成形
　射出成形の安定性についてはのちほど説明するが、射出工程の停止位置精度が向上した程度では、それほど成形に安定性は期待できない。ここでいう電動成形機の安定性の長所とは、低速射出の安定性のことである。油圧成形機の場合、超低速での射出は安定しにくい。理由は、流量制御弁の特性と射出ピストンのシールに限界があるからである。非常に肉の厚い成形品や、ジェッティングの対策として、超低速射出が要求されるような場合には、電動成形機が安定している。

4) 作動油管理の不要
　作動油は、車のオイルと同様、定期的に管理したり交換する必要があるが、電動成形機は作動油を使わないので、これらが不要となる。また、油漏れにも悩まされることはない。

(4) 電動射出成形機の欠点
　最大の欠点としては、やはり価格が油圧成形機と比較して高いことであろ

う。初期投資の費用は高くなる。しかし、電気代数年分で、この元がとれてしまうので、長い目で考えれば欠点とはいえないかも知れない。

　もうひとつは、駆動源の AC サーボモーターをサーボドライバーで制御するので、故障した場合には、その専門家に頼るしかないことであろうか。

2.4 射出成形機の重要ポイント

　射出成形機のメーカも国内外にいろいろとあるが、それらの中で、購入時に、どのような機械を選ぶべきであろうか。そのことについて考えてみよう。

▶ 2.4.1　機械の故障と修理

　射出成形機はプラスチック成形品を生産する機械である。生産用の機械として、生産工場で最も困るのが、なんらかの問題で生産できなくなってしまうことである。たとえば、機械が故障して停止すると、生産ができず、顧客に納品できなくなる。プラスチック製品は、それだけで単体で機能するものよりも、家電や自動車などの部品として使われていることが多い。自社のプラスチック製品が納入できなくなると、他の部品は納入されても、顧客の工場では組立ができなくなる。組立ラインが停止すると大変なことになる。ラインを停止すると、他の納入業者にも影響を与えるので、場合によっては多額のペナルティー費を要求されることさえある。

　生産機械は、自動車と同じで、(1) 故障しないこと、(2) 故障しても修理が迅速にできること、が大切である。

（1）故障しないこと

　故障の多い機械メーカの機械は、業界でも評判になるであろうから、この情報を事前に集めておくことである。故障させないためには、適正な保守と、定期的な自主点検が必要である。摺動部のグリース切れや油漏れの見逃しなどで故障を誘発することがないように心がける。

（2）サービス拠点

機械メーカに相談しなければならないほどの故障の場合には、サービス拠点が遠いと、サービス員が到着するまでにも時間がかかってしまう。また、サービス員が故障の原因を見つけても、部品や工具などを再度取りに戻ったり、在庫がない場合は手配しなければならない。この間、機械は停止し続けることになる。

故障修復のためのサービス拠点や、サービス体制も重要なポイントである。特に、極限まで機械の稼働率を高く期待して生産計画を立てたとき、機械が故障などして、生産が停止などすると大変である。予定していた機械の代替案や、機械停止による作業者の手空きの対処、場合によっては、一時的な外注手配も必要となることもあろう。生産問題だけでなく、材料手配、検査、品質保証、梱包など、あらゆる部門に影響が出てくることになる。早急に生産復帰できる体制作りが重要である。

▶ 2.4.2 生産性

ものを生産する機械としては、生産性が高いことや生産の効率がよいこと、は重要なポイントである。生産性とは、単位時間に良品を作ることのできる能力のことである。すなわち、(1) 成形サイクルの短さ、(2) 不良率の低さ、(3) 段取り時間の短さ、が大切になる。これらの具体的対策方法については、章を別にして説明しておいたが、ここでは、機械選定の場合の観点で説明する。

（1）成形サイクル

成形サイクルを短くするためには、機械自体もそれなりの性能を有している必要がある。成形条件とは別の、機械の面から、成形サイクルに関係する機械のポイントを見ていこう。

1）ドライサイクル

足回りの速さ（型開閉時間の速さ）や、突出し時間の速さが大切である。射出・保圧・冷却・可塑化なしでのサイクルをドライサイクルと呼ぶが、これで足回りの速さが評価できる。ただし、可動側に重量のある金型がついていないと慣性の影響が見られないので注意が必要だ。ただ単に速いだけでなく、速度切換え位置や停止位置での繰り返し安定性がよくないと、実際の量

産成形時のサイクル時間は短くできない。停止位置などがばらつくと、取り出し機を使うときに取り損ねなどが発生して、実際には速くできないのである。実際に金型などの重量物を取り付けてドライサイクルを測定すると、メーカがショック音対策のために設けている遅延時間なども含まれたものを知ることができる。

2) 射出保圧時間

やみくもに射出速度を速くして充填することがいいわけではない。射出時間や保圧時間は、機械側の都合よりも製品側の都合によるものなので、この速さは、成形サイクル問題というよりも、成形品質問題である。肉厚が薄く流動距離のある製品では、高い射出圧力や速い射出速度が要求されることがあるが、これは機械の良し悪しというよりは、機械の仕様の問題である。

3) 冷却時間・可塑化能力

冷却時間も製品と金型の問題であるので、機械性能とは別に考える。しかし、冷却時間を短くできても、可塑化時間が長くなってしまうと、冷却時間を延ばさなくてはならず、足を引っ張ることになる。可塑化能力の大きな機械が要求される。可塑化能力は、スクリュー回転数が大きいと増加するが、可塑化時の溶融状況に悪い影響を及ぼすことがあるので、これは実際の材料で確認調査すべきである。径の大きなスクリューを選定するとか、型開閉中の可塑化（複合動作）ができる機械などを選択する方法もある。ただし、径が大きいスクリューだと、射出圧力が低すぎるとか、計量ストロークが短か過ぎることがないように注意する必要がある。また複合動作の場合、型開閉中に金型から樹脂が漏れないように、機械側か金型側にニードルバルブなどの配置も必要になる。

（2）不良率

成形不良は、成形する材料と成形時間の損失だけではなく、検査する時間、不良を処理する時間など、多くの労力と費用も増加する、大きな損失である。

不良率が高い原因は、いろいろある。大きく分けて、製品設計、金型、機械、樹脂材料、成形技術レベルの5つであるが、ここでは、機械のチェックポイントに限定した成形不良について取り上げる。

型開閉側の停止精度などの不安定性は、成形サイクルを長くしたり、取り出し時に製品を傷つけるなどの問題を生じさせる。しかし、成形サイクルを

長くすれば取り敢えずは、これが原因の不良は減少する。この点でも、不良率と成形サイクルは、機械性能にも関係していることがわかる。

これとは別に、射出時と可塑化時によくある問題を考えてみよう。

1) 射出の不安定性

射出速度（時間）は直接成形品の表面品質に影響を与えることが多い。多段速度を使用した場合、圧力的には余裕があっても、射出速度が不安定になることがある。これは、油圧バルブの調整不良や、電気的な制御問題が原因であることが多い。射出開始から保圧までの安定性を射出時間実測でチェックしたり、スクリュー速度波形などで確認することができる。

2) 逆流防止弁性能

スクリューの先端についている逆流防止弁やシリンダーが摩耗すると、射出時に溶融樹脂の逆流が発生して、充填が不安定になることが多々ある。しかし、新しい成形機であっても、射出時の逆流防止弁の着座が遅れて、その間に逆流が安定しないこともある。逆流防止弁が着座するためには、この弁の前後の圧力差が大きくなければならない。これについては次章で説明するが、流路の抵抗が小さいと、この弁の前後の圧力差は小さいので、着座させる力が弱く、射出中の逆流が発生する。量産で使用する材料を使い、速い射出速度と遅い射出速度とでパージされる材料重量がどの程度ばらつくかをチェックする。もし、それが安定していないようであれば、機械メーカと相談して、自社の使用材料に合うチェックリングを選択してもらうとよい。

3) 可塑化の不安定性

可塑化された樹脂の均一性も重要である。可塑化状況は、スクリュー設計にも大きな影響を与える結構複雑な専門分野でもある。樹脂との相性もあるので、使用する材料は、機械購入時には実際に試しておくことが望ましい。スクリューによっては、PC（ポリカーボネート）、PMMA（アクリル樹脂）などではトルク不足となったり、PA（ポリアミド）やPBT（ポリブチレンテレフタレート）などでは可塑化が不安定になるなどの問題が発生することもある。材料とスクリューとの相性の問題で銀条（シルバーストリーク）が不良率の大きな原因となることも多々ある。スクリューの可塑化のところ（第3章3.1）でも説明するが、可塑化状況は、背圧やシリンダーの温度設定などでも変化する。これらは成形条件で解決することもあるが、スクリュー

自体を交換しなければ直らないこともあるので、注意が必要である。これを確認するためには、実際に金型で成形することが望ましいが、可塑化状況を成形せずにチェックする場合は、可塑化時のスクリューの後退状況が安定しているかどうか、パージした材料にガスや気泡などの異常が見られないか、で確認する。

（3）段取り時間

機械の償却などを考えると、顧客に合意してもらう成形サイクルは、段取り時間をも含めた総生産時間を良品数で割った成形サイクルが短いことが大切である。段取り時間としては、機械のシリンダーや作動油の昇温時間、材料替えの早さなどもチェックしておいたほうがよい。

▶ 2.4.3 保守・点検

射出成形機に限らず、生産設備には保守・点検が重要である。ここでは、射出成形機を使った生産が、毎日同じような調子で行われているかどうかを日常点検する方法から、週点検、月点検、その他定期点検について説明する。この概略まとめたものを**表2-2**に示す。

最近では、機械がいろいろな状況をモニターしてくれるので、それを日常的に確認することで、異常の早期発見が可能である。そのいくつかを紹介しよう。

（1）型締め装置の異常

たとえば、型締め装置が油漏れなどを起こしていると、型開閉時間が変化していくであろう。型開閉時間自体をモニターしている機械は少ないが、成形サイクルは通常検出できる。型開閉時間の異常を、成形サイクルの異常として確認できる。

（2）流量弁の異常

射出工程の圧力と速度の関係については次章の3.2.4～3.2.5項で述べるが、射出速度が圧力制御されているのでなければ、速度は所定に確保される。すなわち、ある所定の距離を動く時間は一定となるはずである。これを射出時間の安定性として確認できる。可塑化時間は、材料によって不安定となる場合もあるが、安定している場合には、可塑化時間を確認するのもよい。

表2-2 機械の定期点検項目（例）

	項目		調査内容	具体的内容	担当	記録
日常点検	機械状況のチェック	異音	型開閉・射出・突出し・可塑化など	機械動作中に異音があるかどうかのチェック	担当者	チェックシート
		作動油温度	油温計	作動油温度が適正値かどうかの確認	担当者	数値記録
		安全装置	型開閉・パージカバー	安全装置が有効であることの確認	担当者	チェックシート
		油漏れ	配管	油漏れ	担当者	チェックシート
	成形条件からのチェック	チェック・リング	保圧後残量	クッション量が通常成形時と差異がないこと	担当者	記録
		速度	スクリュー回転数	流量制御弁の確認	担当者	記録
			射出時間		担当者	記録
		圧力	保圧	圧力制御弁の確認	担当者	記録
週点検	機械状況のチェック	速度	設定値とスクリュー回転数	設定値と回転数のグラフ	担当者	データ記録
		圧力	設定値と保圧値	設定値と圧力値のグラフ	担当者	データ記録
	定期清掃	摺動部	グリースなど	余分なグリースなどの除去	担当者	チェックシート
月点検	機械状況のチェック	作動油	酸化、ごみなど	汚れ・目視	担当者	チェックシート
		電気関係	電圧・電流など	ビスの緩み、電圧、電流	担当者	チェックシート
3ヶ月点検	分解清掃	スクリュー・シリンダー	分解確認	汚れ・目視	担当者	記録
	機械状況のチェック	作動油	検査	汚れ（検査）	専門業者	報告書
年点検	全般	機械全般	機械メーカチェック	機械メーカ	機械メーカ	報告書

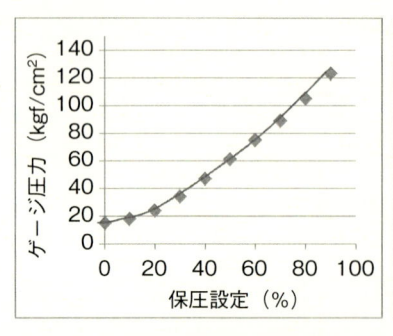

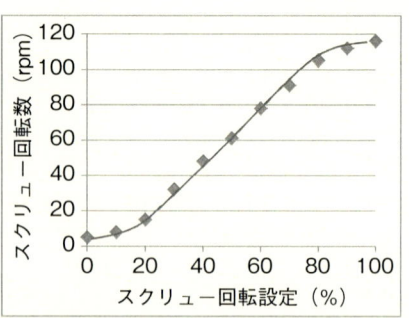

たとえば、油圧機であれば、速度をスクリュー回転数、圧力を保圧などで、設定値と実測値をグラフ化して、正常時とのずれがないか否かを定期的にチェックする。

図 2-55　速度と圧力の定期的確認方法

（3）圧力弁の異常

　圧力の異常は、保圧完了後のスクリュー位置のクッション量の不安定さとして検出することができる。クッション量は、チェックリングやスクリュー・シリンダーが磨耗した場合にも不安定となるので、保圧が設定値であるかどうかで確認すればよい。

　一週間に一度程度は、設定値と速度、圧力が以前と同じであるかどうかを、スクリュー回転数、射出時間、射出圧力、保圧などで、**図 2-55** のように、グラフ化して確認するとわかりやすい。

　成形現場を管理する人達、作業をする人達にとっては、機械の故障によって生産が急に停止させられることと、不良を発生することがもっとも大きな問題である。これらが発生すると、通常の仕事を中断してでも、これに対処する必要が出てくるし、客先にも迷惑をかけかねない。

　機械の性能や価格だけでなく、機械の状態を良好に維持していく、保守管理も非常に重要なことである。

第3章

射出成形の樹脂挙動

　これまでは、射出成形機という機械の観点から「射出成形」を見てきたが、ここからは、成形される材料である「樹脂」の観点から、射出成形を見ていこう。樹脂は、可塑化装置で溶かされて充填の準備が済んだ後、射出装置により金型内に射出され、金型のなかに押し込まれる。そして、その後金型内で冷やされて、金型が開いて成形品が取り出される。

　「樹脂」については、次の章で説明するが、ここでは射出成形で一般に使用される米粒状のペレットが射出成形機のスクリューに入っていくところから説明しよう。

3.1
可塑化・計量

ペレットがホッパーからスクリューに入って行って溶かされる工程は、可塑化と呼ばれる。計量とは、成形品を射出するため、どの程度の量を準備（可塑化）すればよいかを計る意味であり、射出成形では可塑化計量がひとつの動作となっている。

▶ 3.1.1　スクリューの基本設計

通常、樹脂材料はホッパーから米粒状のペレットで送り込まれる。これが、可塑化シリンダーに組み込まれたスクリューによって供給される。図3-1 に、フライトと呼ばれるスクリューのねじ部を取り除いた谷の部分だけの形状の様子を示す。スクリューの基本的な形状は、ホッパー側からスクリュー先端にかけ3つのゾーンに分けられる。ペレットを送り込む供給部、ペレットを溶かしながら圧力を上げて空気などを逃がす圧縮部、溶融樹脂を前方に送り込む計量部である。材料は、供給部のペレットの状態では、ペレット同士の間に空気もあるので、嵩密度は、これが圧縮されて空気がない状態よりも小さい。そのため圧縮部では、これを圧縮しながら空気を追い出していくのである。

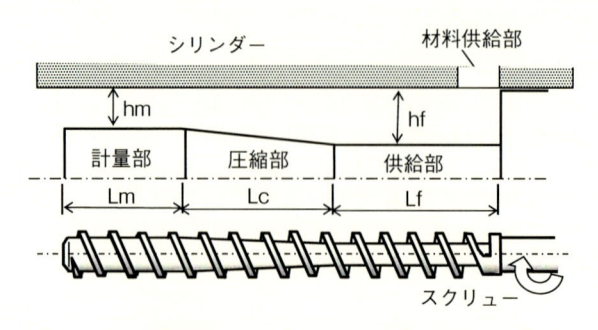

図3-1　スクリューの谷底の図

このような単純な一条ねじのスクリューをフルフライトスクリューと呼ぶ。フライトとは、ねじ山のことである。計量部と供給部の溝深さの比を圧縮比と呼ぶ。実際は、ねじピッチが一定でないスクリュー設計もあり、この場合には、溝深さ比だけでは圧縮比の考え方が違ってくるので、圧縮比にも、溝断面積比や溝体積比が使われることもある。

　ここで説明した圧縮比は、スクリューの形状からのものであり、実際の樹脂に加わる圧縮状況とは異なることが、以降の説明で理解できるであろう。さらに、スクリューには、3ゾーンではなく、5ゾーン設計などや混合部を持った設計などもある。

▶ 3.1.2　スクリュー溝内の溶融状況

　図3-2に、スクリューの回転に伴って、ペレットが供給部から送られる状況から、ペレットがシリンダー壁面で溶かされたメルトフィルム、フライトによりかき集められたメルトプール、スクリュー先端で溶融した樹脂がスクリュー溝内で回転している様子を示す。この溶融状況が、先に説明したスクリュー形状の場所と対応しているとは限らない。また、この溶かされる過程は、1つのモデルであり、スクリュー形状、溝形状や回転数、温度設定などによって変化する。

　図3-3に示すように、スクリューの溝幅をW、メルトプール幅をXとして、スクリューの位置とX/Wの様子をグラフに書くと、図3-4のように、スク

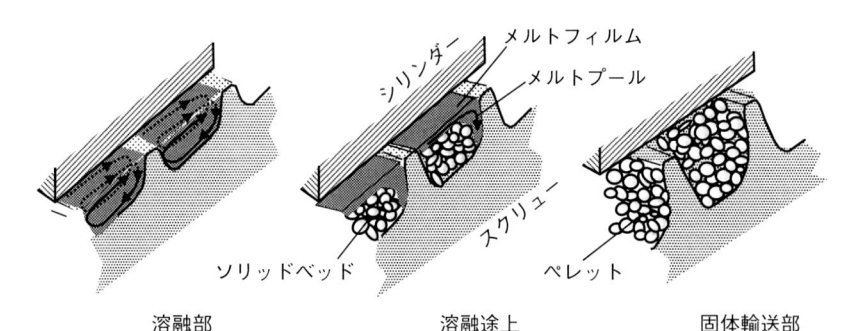

これは、ひとつの溶融モデルであるが、シリンダーで溶かされた部分が、フライトによってかき集められる様子を示している。

図3-2　スクリューでの可塑化状況図

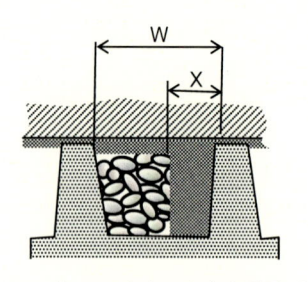

X/Wが100％となった点を溶融が
完全に行われたところと考える。

図 3-3　溶融途上での溶融割合

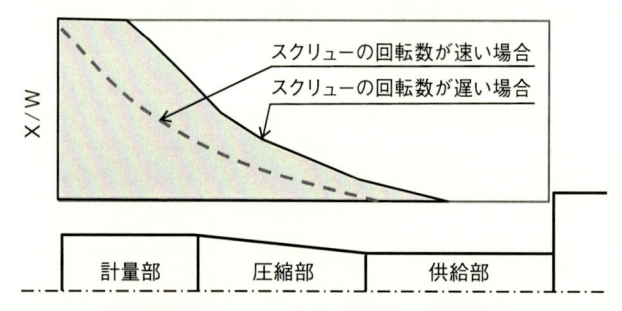

図 3-4　スクリューの位置と溶融割合

リューの先端に進むに従って、X/W が大きくなっていくことは想像できるであろう。X/W が 100 % となったところは、完全に溶融が完了したところである。

　スクリューの回転数が速くなると、樹脂ペレットがシリンダーに接触して溶ける時間が短くなる。すなわちメルトフィルムが薄くなることは想像できよう。そうすると、メルトプールの成長にも時間がかかり、溶融完了点が遅くなる。これからいえることは、スクリューの回転数を速くして可塑化能力を大きくする場合には、スクリューの全長は長く設計する必要があるということ。このことは、溝深さの観点からもいえる。スクリューの回転数を同じにして押出量を増やすためには、溝深さを深くする必要がある。しかし溝深さを深くすると溶融が遅れるので、やはりスクリューの全長は長く設計する必要があるのである。

　図 3-5 は、溶融過程で、この溶融モデルのバランスが崩れて、ソリッド

第3章　射出成形の樹脂挙動

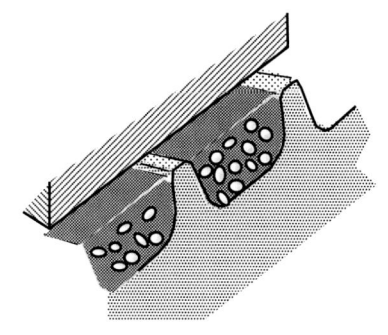

未溶融ペレットが溶融樹脂のなかに分散した状況。未溶融ペレットは、伝熱による溶融しか期待できないので、溶融効率が悪い。また、空気などを混入してしまう。

図3-5　ブレークアップ現象

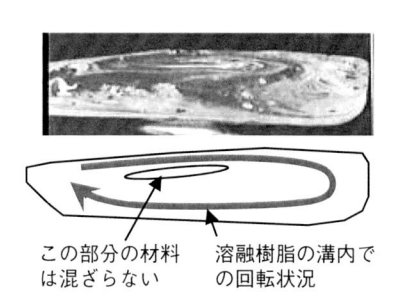

この部分の材料は混ざらない　　溶融樹脂の溝内での回転状況

図3-6　溶融完了部での樹脂の回転

ベッド（Solid bed）がばらばらになってメルトプール（Melt pool）と混じってしまった状態を示したものである。これをブレークアップ（Break up）と呼ぶが、この状態になると、ペレットは溶融樹脂のなかで伝熱によって溶かされるだけとなるので、溶融効率が悪くなるとともに、ペレット間の空気も混じってしまうので好ましくない。スクリューの回転数が大きいと、このような状況になりやすいことは想像できるであろう。その他にも、スクリュー設計や温度設定などにも影響される。

　樹脂が完全に溶融したところでは、溶融樹脂は溝内部を回転させられながら前方に送られる。図3-6は、樹脂ペレットにマスターバッチ（着色剤を濃縮したペレット）を入れて、スクリュー溝内での溶融樹脂の動きの様子を

調べたものである。これを見てもわかるように、溝内部には「目」のようなところがあって、この部分を中心に溶融樹脂が回転している。この部分は周囲と交わらない。フルフライトスクリューでは、スクリューに背圧をかけても、着色剤の分散に限界があるのは、これが原因である。

▶ 3.1.3　可塑化時の圧力状況

図3-7に、シリンダーのなかでの樹脂圧力の様子を示す。ホッパー側から、樹脂が押し込まれていくので、スクリューの先端にいくに従って、段々と圧力は上昇していく。そして、チェックリングを超えて圧力は低下していく。

すなわち、圧力がチェックリングの先で低下しているので、溶融樹脂が前方に流されていくのである。そして、溶融樹脂が前方に送られることで、前方に溶融樹脂が溜められ、相対的にスクリューが後退するのである。このとき、前方の圧力は、スクリューの後退にブレーキをかけることで変更することができる。これがスクリュー背圧である。

図3-8、図3-9に、固体輸送部（ペレット供給部）の状況を示す。もしペレットとシリンダーの摩擦がないとすれば、ペレットはスクリューと一緒に回転するだけで、前には送られないであろう。反対に、シリンダーに溝のようなものが彫ってあれば、ペレットはこれにひっかかって回転せず、強制的に前に送られることになる。実際の固体輸送量は、この中間の状況となる。すなわち、ペレットとシリンダー、スクリュー間の摩擦係数が影響していることがわかるであろう。この摩擦係数は、表面粗さや温度設定によっても変化する。押出機では、実際にシリンダーに溝を彫ったり、スクリューの内部

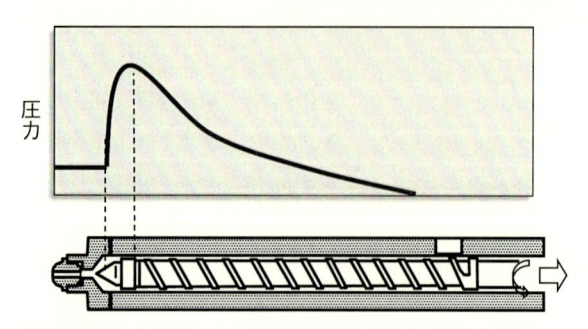

図3-7　スクリューでの樹脂圧力立ち上がりの様子

第 3 章　射出成形の樹脂挙動

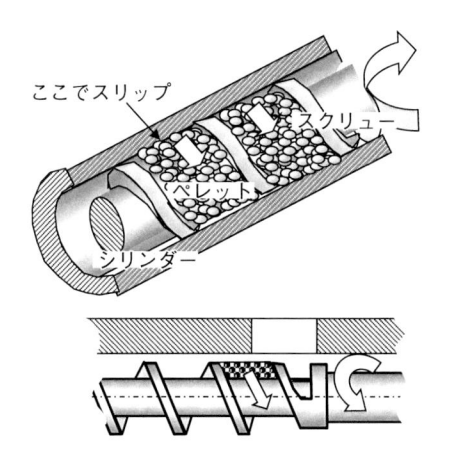

材料とシリンダーとの間で摩擦がなければ、スクリューとともに回転して、前方には送られない。

図 3-8　ペレットとシリンダー間に摩擦がない場合

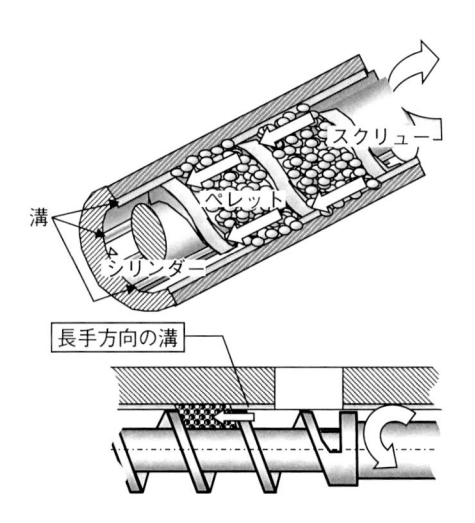

シリンダーに、長手方向の溝があると材料が回転できず、強制的に前方に送られる。

図 3-9　シリンダーに溝がある場合

85

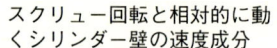

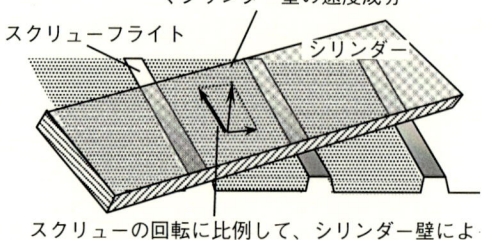

図3-10 溶融部の樹脂の輸送状況

図3-11 溶融部での樹脂輸送量

を水冷却することで、固体輸送状態をコントロールすることもある。

次に、図3-10に、溶融部の輸送量の状況を示す。ここでは、相対運動として、わかりやすいようにスクリューを固定して、シリンダーが移動するとしている。図3-11は、スクリュー溝の断面での説明である。溶融部の輸送量 Qm は、

$Qm = \alpha \cdot N - \beta \cdot \triangle P/\mu$

α：回転数の関わる係数
N：スクリュー回転数
β：圧力に関わる係数
$\triangle P$：圧力差
μ：樹脂溶融粘度

溶融部の輸送における第一項はシリンダーによって牽引されるポンプ輸送

を示す項であり、第二項は圧力による逆流分である。スクリュー背圧によって、第二項部分が変化させられることになる。スクリュー背圧を高くすると、逆流する量が増加するので、材料に回転運動のエネルギー量が増やされることを意味する。これは摩擦発熱による可塑化樹脂温度の上昇にもつながっていく。

先の固体輸送部の供給能力と溶融部の輸送能力が異なることから、銀条などのいろいろな不良問題も発生してくる。

▶ 3.1.4 個体輸送能力と溶融部輸送能力

供給部の輸送量が溶融部の輸送量より少なくなると、溶融部の輸送量が先行するので、図3-12のように、両者の間に材料が途切れる空間ができる。これが原因で、銀条などの成形不良となることがある。この材料のない空間部がスクリューの先端に達する付近では、材料の供給がないので、スクリューは回転していても後退はしなくなる。また、可塑化時の負荷状況を見ていても、このあたりではスクリュー内の材料が減っているので、負荷も低下することになる。このような現象が起きているか否かを知るには、可塑化（スクリュー回転）時の負荷の様子や、スクリューが後退していく様子をよく見ると、一時的に速度や負荷圧力が低下することで観察することができる。図3-13に正常な場合の可塑化負荷状況、図3-14にこのような状況下での可塑化負荷状況を示す。

この問題の対策方法としては、スクリューを交換することも考えられるが、現場ですぐにできることではない。現場でできる方法としては、

① スクリュー背圧の増加で溶融部輸送量を低減させる

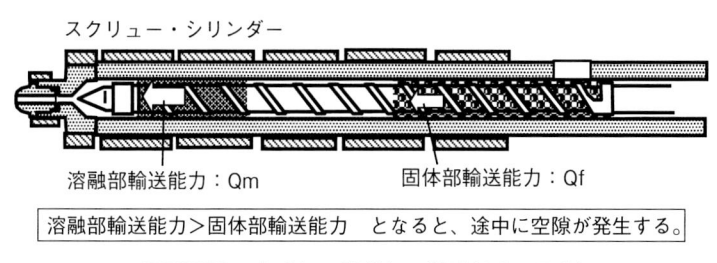

図3-12 溶融部と供給部の輸送能力の関係

溶融部輸送能力：Qm　　固体部輸送能力：Qf

溶融部輸送能力＞固体部輸送能力　となると、途中に空隙が発生する。

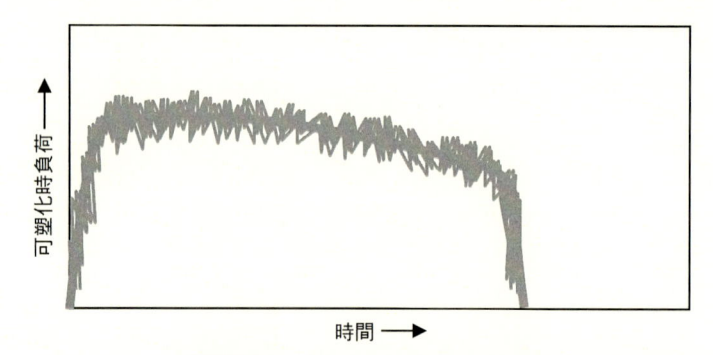

図 3-13 正常な可塑化時負荷状況

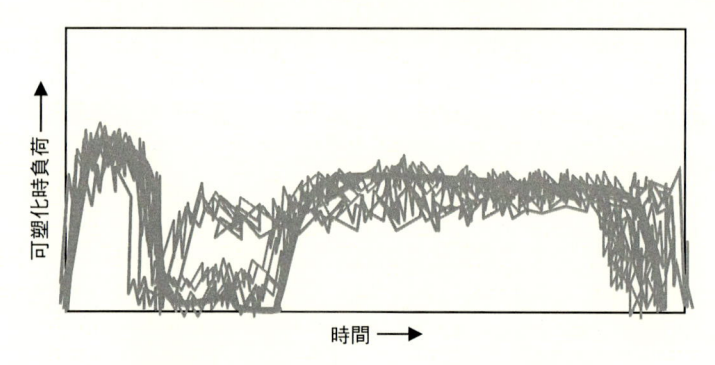

図 3-14 可塑化時スクリュー停止の負荷状況

② ホッパー側での、材料との摩擦係数を増やして個体輸送量を増やすなどがある。

②としては、シリンダーの内壁を粗くする方法もあるが、他の成形材料にも影響を与えるかも知れない。樹脂材料は温度が変わると摩擦係数も変わることがあるので、シリンダーの温度設定を変更してみるのも一手段である。しかし、スクリューの設計との関係もあり、成形条件の調整だけでは限界があることも多い。

▶ 3.1.5 スクリュー長と射出容積

溶融樹脂がスクリューの先端に蓄積されていくに従って、スクリューは後退する。次の成形のための計量値のところまで後退すると、スクリューは回

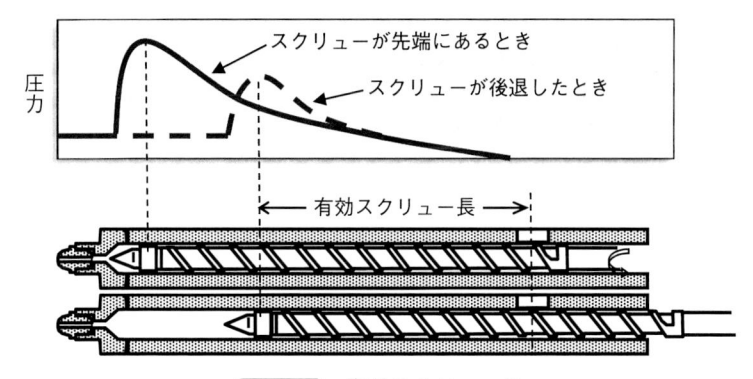

図3-15 有効スクリュー長

転を停止する。**図3-15**のように、可塑化に使用されるスクリューの長さは、後退した量だけ短くなっているので、可塑化のための有効スクリュー長は短くなる。また、スクリューの後退に伴って、シリンダー内での圧力の立ち上がりも低くなっていく。そのため、最大射出ストロークを長くする場合には、通常はスクリューの全長を長く設計する。

成形するための射出容積が小さ過ぎると、樹脂のスクリュー内での長時間の滞留が問題となる。それとは反対に、大き過ぎることも、このスクリューの有効長の点から問題となる。スクリュー径に対して、大体0.5Dから3Dくらいが適当なところであろう。

▶ 3.1.6 特殊スクリュー

可塑化や混練、混合状態を促進するために、スクリューにもいろいろな工

マドックタイプ　　　　　　　ピンタイプ

ダルメージタイプ　　　　　　ダブルフライトタイプ

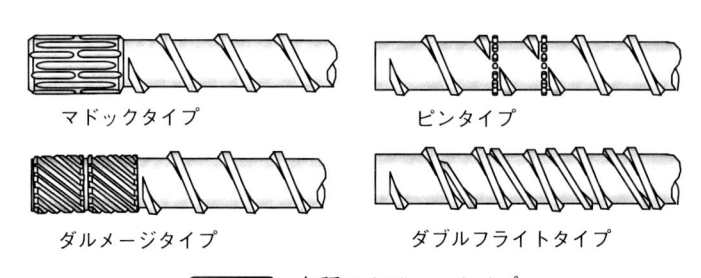

図3-16 各種スクリュータイプ

夫が施されてきた。**図 3-16** にその例を示す。フルフライトスクリューでは、溝内に回転する中心に樹脂が入れ替わらない場所があったが、これをスクリュー先端につけた混練、混合装置では混ぜ合わすのが目的である。特に、ピンタイプは、単に樹脂の位置を入れ換えるものなので、大きなエネルギーを加えないで、樹脂温度の上昇が少ない状況で混合させることができる。発泡剤をなるべく低い温度で混合する場合などに適している。

ダブルフライト方式は、古くはソリッドベッドとメルトプールを機械的に分離する目的で発明されたが、射出成形機のように、可塑化条件は成形品（容積、サイクルなど）に合わせて決定されるので、このサブフライトの位置と、ソリッドベッド、メルトプールの関係を一致させることは難しい。実際には、サブフライトとシリンダーとの狭い隙間を未溶融ペレットが超えていく様子も観察されているが、このときに溶融を促進しているといえよう。

▶ 3.1.7　冷却時間中の挙動

スクリューが計量完了地点まで後退すると、スクリューの回転は停止する。しかし、スクリューに沿った樹脂の圧力状態は、スクリューを逆回転しないかぎり急に低下することはない。その残留圧力は、**図 3-17** に示すような逆流防止弁の先端方向への樹脂の移動を促す。計量値が増加するのである。

計量完了後にスクリュー背圧を低下させておくと、計量値（スクリュー位置）は計量完了後も **図 3-18** のように、徐々に後退し続ける。ここで、スクリューを強制的に後退させないようにしておくと、スクリュー先端への溶融

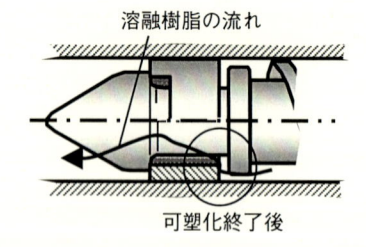

可塑化完了後も、逆流防止弁のスクリュー側には、まだ圧力が残っている。この残圧によって、溶融樹脂は、スクリュー回転停止後も前方に送られている。

図 3-17　スクリュー回転停止後の溶融樹脂

第 3 章　射出成形の樹脂挙動

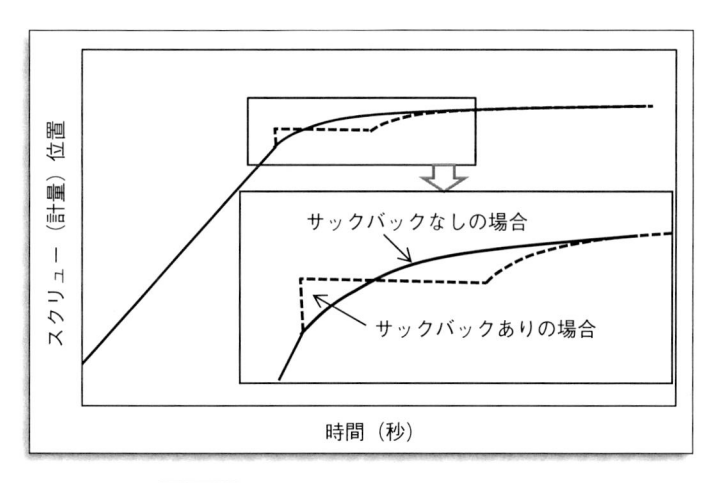

図 3-18　計量完了後の継続計量の増加

　樹脂の流動が樹脂圧力の上昇となり、型開閉などでノズル先端が解放されたときに、樹脂が漏れることになる。この樹脂漏れを防ぐために、ノズル部やホットランナーのニードルバルブが必要となる。あるいは、サックバックをして、このスクリュー先端部の圧力を低下させるのであるが、前者はバルブゲート部での圧力損失や追加費用の問題で、採用するのは特別な場合となる。後者の場合を考えてみよう。

　サックバックで、スクリューを強制的に後退させて引き抜くことで、スクリュー先端部の樹脂圧力が低下する場合はどうであろうか。糸引きやノズルからの樹脂漏れが問題となる場合には、サックバックが使われる。

　サックバックを行うと、スクリュー先端部の圧力は低下するので、チェックリング前の樹脂が前方に流れていくことはサックバックを使わないときと同様である。しかし、先にスクリューはサックバックによって後退しているので、スクリューを押し下げるだけの量が移動するまでは、スクリューは当分停止しているため、計量値は安定しているようには見える。しかし、時間をおいて待っていると、図 3-18 と同じように、ある時間後からスクリューが徐々に後退していくことが観察されるであろう。すなわち、見た目には計量値は安定しているようであるが、実際には計量値は増加しているのである。

　この対策には、計量完了直前のスクリューの回転数とスクリューの背圧を下げておくことであるが、また、別途成形の安定化のところで説明する。

3.2 射出・保圧

さて、ここからは、スクリューの先端に蓄積された溶融樹脂が、金型に射出されていくときの機械側の様子を考えてみよう。

▶ 3.2.1 チェックリング部の逆流

射出が開始される前は、スクリューの先端についているチェックリングはまだ開いた状態である。この状態から、スクリューが前方（下図の右から左）に押されることで、スクリュー先端の溶融樹脂を押し出す。このとき、この逆流防止弁が閉鎖させられるのは、図3-19 に示すように、この前後の圧力の差によってチェックリングがスクリュー側の座に押し付けられるからである。この圧力差が生じるのは、この部分を溶融樹脂が逆流して流れるからである。このとき、この圧力差が小さいと逆流防止弁は閉鎖せず、開いた

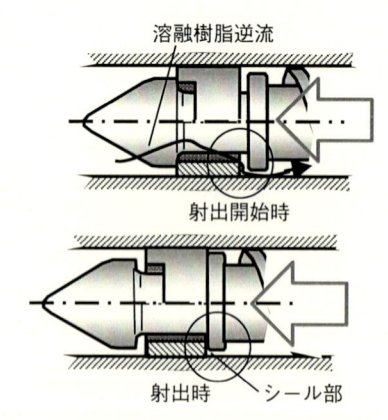

逆流防止弁が閉鎖するのは、射出時に溶融樹脂がチェックリング部で逆流するが、その流動による、圧力損失分の差圧がチェックリングをシール座に押し付けるからである。

図3-19　逆流防止弁が機能する理由

ままスクリューと一緒に移動することになる。金型への樹脂充填が進行すると圧力も高くなっていくので、チェックリングは閉鎖されるが、それまでは漏らしながら充填しているので不安定な成形となる。射出速度を変えると、スクリュー先端部の圧力状況は変化するので、逆流量が変わっていく。

この現象はときどき見かけるが、チェックリングが材料と合っていないからである。この問題の暫定的な解決方法としては、

① チェックリング右側の圧力を低くする

サックバック量を長くとって、チェックリング前の樹脂を前方に移動させて圧力を下げる。計量完了前のスクリューの回転数、スクリューの背圧を下げて、可塑化時の樹脂圧力を下げる。

② チェックリング左側の圧力を高くする

射出初期の速度を速くして、射出の抵抗圧力を高くする。

という方法がある。しかし、サックバック量を長くすると、銀条の原因となったり、また射出速度を速くすることは、ジェッティングなどの他の不具合にも影響を与えるので注意が必要である。

▶ 3.2.2 射出される樹脂重量

次に、逆流防止弁からの漏れはないとして、スクリューの速度とノズルから出ていく樹脂の速度について考えてみよう。溶融樹脂は圧縮性のある材料である。図3-20のように、ノズルの先端に、絞り量が可変に調整できるバルブがついている場合を想定しよう。このバルブが閉じていても、スクリューは前進することはできるが、ノズルから樹脂は出て来ない。これは溶融樹脂を圧縮しているだけの状態である。

これを開いた状態でスクリューが前進すると、その絞り量に応じた分の溶融樹脂がノズルから出てくることになるが、スクリューの前進は、溶融樹脂をノズルから押し出すことと、スクリュー先端に圧縮することに使われる。すなわち、スクリューの動きだけでは、ノズルからの射出樹脂量を決定できないのである。ここでは絞りとしたが、ノズル先端の負荷圧力によっても射出される状況は違ってくる。

射出された樹脂重量は、次のようになる。射出前にスクリュー先端にある樹脂量から、あるスクリュー位置での樹脂量の差であるが、これは最初の密

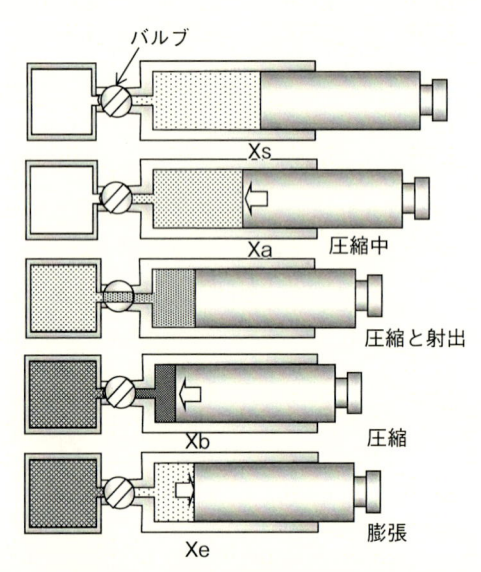

図3-20の図中ラベル: バルブ, Xs, Xa, 圧縮中, 圧縮と射出, Xb, 圧縮, Xe, 膨張

スクリューの位置は、金型に溶融樹脂が射出される状況と、機械側で溶融樹脂が圧縮される状況の両方と関係している。

図3-20 金型充填状況と溶融樹脂の圧縮状況

度と容積の積から最後の密度と容積の積の差である。ここで、密度は、圧力と温度によって決まる。

$$g = \rho m \cdot Vm - Ph \cdot Vh$$

g：射出された樹脂重量
ρm：射出前の溶融樹脂密度
Vm：計量完了位置での容積
Ph：保圧完了点での溶融樹脂密度
Vh：保圧完了点での残った容積（残量）

となる。

図3-21 は、ノズルにバルブがついていない機械で、射出速度が速い場合と遅い場合とでの射出の負荷抵抗の様子である。速度と圧力の関係については、詳しいことは後述するが、ここでは暫定的に、射出から保圧へスムーズに圧力移行したとした圧力状況を表している。

射出速度が速い場合は負荷抵抗も大きい。そのため、同じ保圧切換え位置

第3章 射出成形の樹脂挙動

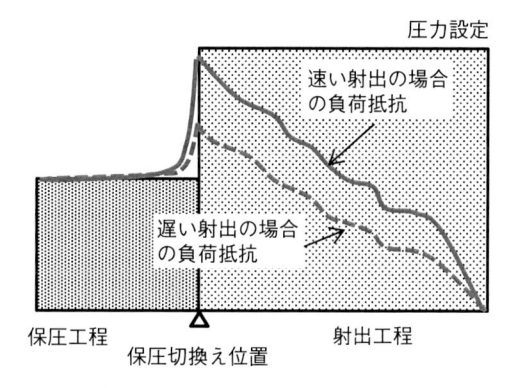

同じ保圧への切換え位置であっても、射出速度が異なると、充填状況は異なってくる。

図3-21 射出速度によって異なる射出負荷圧力

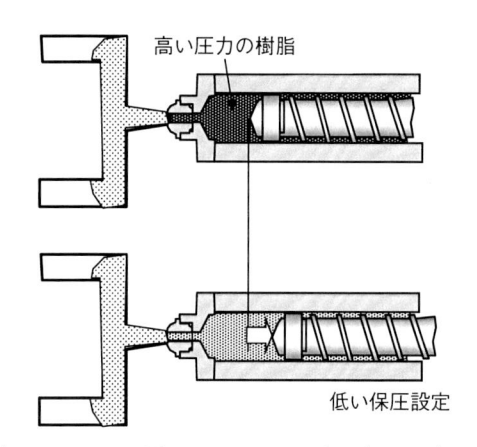

強い力でスクリューを押していて、この力を急に下げると、樹脂の膨張で、スクリューが押し戻される。ただし、この状態はヘジテーションという樹脂の流動不安定を起こしやすい。

図3-22 スクリュー停止後のスクリューのスプリングバック

にスクリューが達したとしても、機械側シリンダー内部で圧縮されている状況が強いので、金型に入っている樹脂量は、射出速度が遅い場合より少ないことになる。ただし、通常一般的に考えると、高い圧力で圧縮されていた状態から、低い圧力の状態に移行すると、樹脂がばねのように膨張して、**図3-22**のように、スクリューが後方へ押し戻されるであろうことが想像できよ

95

高い圧力の樹脂

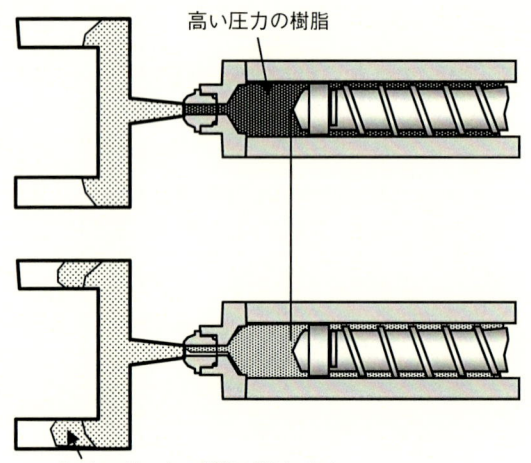

シリンダー内の樹脂が流れ出る

スクリューのスプリングバックをさせない状態だと、シリンダー内の高い圧力の樹脂は、金型へと流れていく。

図 3-23　スプリングバックをさせない場合

う。ところが、このスプリングバックのような状況だと、溶融樹脂の流動が不安定になり、ヘジテーションを起こしやすい。そこで、機械に細工をして、**図 3-23** のように、急なスプリングバックを防止している機械もある。その場合には、シリンダー内部の圧力が低下するまで金型に流れ込むので、射出速度を変えた場合でも、保圧切換え点での充填量の差には気がつかないであろう。

▶ 3.2.3　射出された樹脂の温度

スクリューの先端に可塑化されて蓄積した溶融樹脂の温度と、ノズルから射出された樹脂の温度は同じではない。実は、ノズル部の抵抗分は熱に変化しているのである。すなわち、ノズルから射出されて出てきた樹脂は、負荷圧力に比例して温度が上昇している。実際には、**図 3-24** のように、ノズルの壁面で発熱しているので、温度上昇は均一ではないが、これをかき混ぜて平均温度として測定すると、**図 3-25** のように、温度上昇分と負荷圧力が比例していることがわかる。理論的にも、この温度上昇分は、次の式で表される。

摩擦発熱は壁面で発生

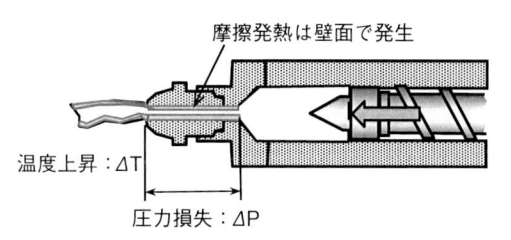

温度上昇：ΔT

圧力損失：ΔP

ノズル部での流動抵抗は、熱に変化して、射出する樹脂の温度も高くなる。ただし、壁面での摩擦は発熱のため、均一な温度上昇ではない。

図 3-24　射出負荷抵抗と樹脂温度の上昇

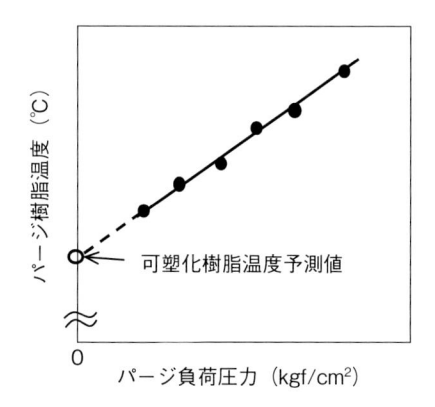

棒状の樹脂温度計で、パージされた溶融樹脂をかき混ぜて平均温度を測定すると、パージの負荷圧力と比例していることがわかる。

図 3-25　パージ負荷圧力とパージ樹脂温度の関係

$\triangle T = P/\rho/Cp$

$\triangle T$：温度上昇（発熱）

P：射出時圧力（負荷圧力）

ρ：溶融時樹脂密度

Cp：溶融時樹脂比熱

▶ 3.2.4　金型充填に伴う負荷圧力の増加

　遅い射出速度だと流動抵抗は少ないので負荷圧力も低いであろうが、射出速度を速くすると負荷抵抗は大きくなる。しかし、極端に射出速度を遅くす

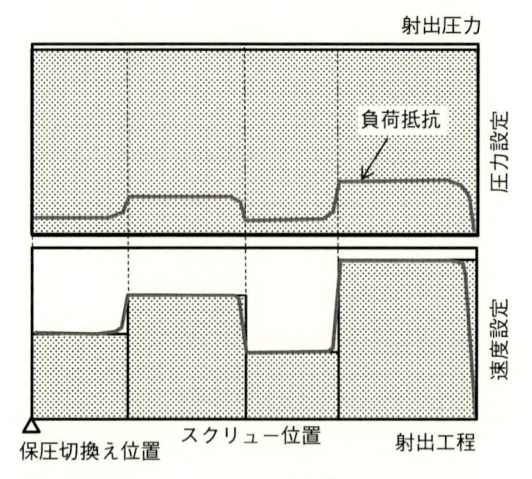

射出速度の速いところでは負荷抵抗も高く、遅いところでは低くなる。

図3-26 多段射出でのパージ負荷状況

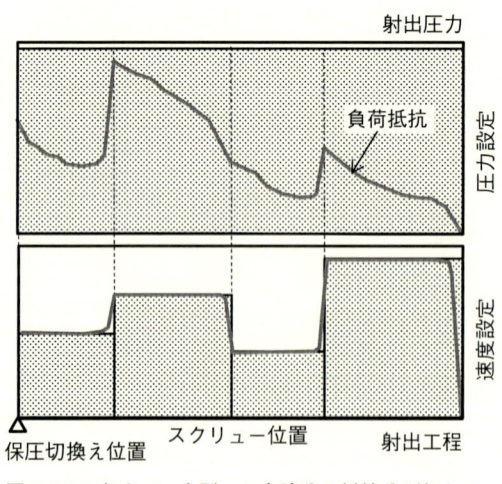

図3-26に加えて、金型への充填分の抵抗分が加わる。

図3-27 多段射出での金型充填時の負荷状況

ると、流動途中で溶融樹脂が冷えてしまうことによって流動抵抗が増加して、逆に負荷圧力は高くなる。この場合は別として、通常の範囲で、射出速度の設定と負荷圧力との関係を考えてみよう。最近の成形機では、射出速度や負荷抵抗（油圧機では負荷圧力）がモニターで見られる機械が多い。この波形が読めると、いろいろなことが見えてくる。

　射出工程で、速度を**図 3-26** のように 4 速でパージした場合の、射出の負荷抵抗の状況の例を示した。射出速度が速いときは負荷抵抗は高く、遅くなると低くなる。次に、金型に樹脂を押し込むとどうなるであろうか。射出速度が 1 速だけだと、金型に溶融樹脂が入っていくに従って、前の図 3-21 のように、負荷抵抗は単調な増加を示すであろう。しかし、射出速度が変化すると、図 3-21 と図 3-26 を合成したような**図 3-27** のような波形となる。

▶ 3.2.5　圧力設定値に達した場合（圧力と速度の関係）

　これまでの状態は、速度が設定値となる場合で説明した。この速度を所定値に保持するために、油圧式の機械では前に説明した圧力補償機能が使われている。ところで、この速度は圧力に余裕がある場合には保持できるが、速度を保持するだけの圧力が確保されない場合には、速度が低下することは理

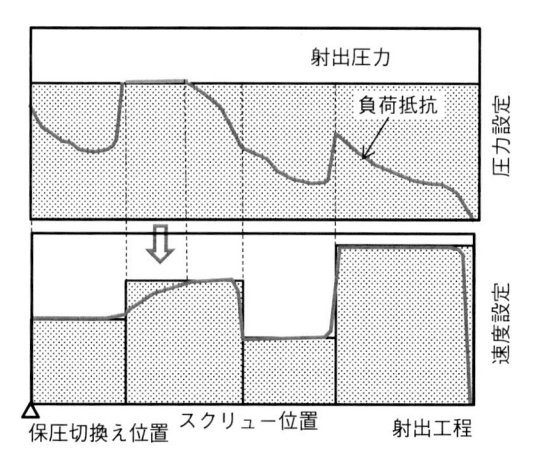

負荷抵抗が設定圧力に到達すると、所定の速度を確保する余裕がなくなるので、速度が低下してくる。

図 3-28　負荷抵抗が設定圧力に到達した場合

解できるであろう。負荷圧力が設定値に到達すると、そこから速度は低下する。すなわち、図3-27も圧力設定を下げると、**図3-28**のようになる。この状態は、速度が圧力で制御されている状況であって、速度自体は制御されていない。この関係をよく理解していないと、機械が期待どおりの動きをしていないまま成形条件を調整することになる。

図3-28は理想形であるが、油圧機の場合には、圧力補償弁の通常6 kgf/cm^2程度の圧力相当の差圧が確保できなくなると速度は低下していくことがわかるであろう。しかし、それだけではなく、圧力弁のオーバーライドという特性から、もっと低い圧力のところから実際の速度は低下するので、この点を知っておく必要はあろう。

▶ 3.2.6 充填

では、そののち、金型空間に材料が入り切るまでの状態と、入り終わった状態はどうなるであろうか。金型に樹脂が充填していき、キャビティが満杯になるともう入らなくなる。満杯に近くなる方向に保圧切換え位置をずらしていくと、満杯になるところで**図3-29**のように、圧力の立ち上がりが急激

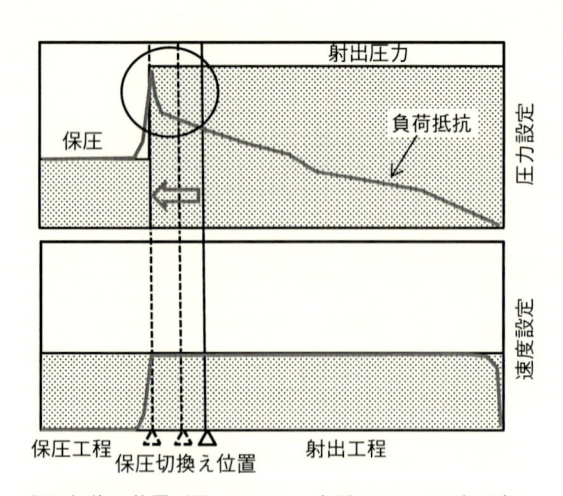

保圧切換え位置が遅くなると、金型にかかる圧力が高くなってくる。遅くなるほど、急激な圧力立ち上がりとなり、ばらつきも大きくなる(○印部)。

図3-29 保圧切換え位置と負荷抵抗状況

に起きる。急激な傾斜ということは、ばらつきも大きくなる。もし、少しでもばらつきがあると、保圧への切換えのときの負荷圧力も大きくばらつく。この少しのばらつきというのは、可塑化のところで見てきたような計量のばらつきであったり、切換えのばらつきであったりする。

このとき、押し込み圧力が高すぎると金型は開いてしまうので、充填前での圧力設定はある程度低いほうが安全である。

▶ 3.2.7　保圧の役目

射出工程は、金型に溶融樹脂をほぼ満杯にする工程である。スクリューでほぼ満杯になるところまで金型に押し込むが、通常、ここまではスクリューの位置で制御する。この量を計ることが計量であるが、これを位置で制御するということは、シリンダー径は一定であるので、容積で制御していることになる。溶融樹脂で金型が満杯になると、すでにスクリューは速度を出すことはできなくなっている。樹脂が冷却にともなって収縮していく分を補充する速度で動けるだけである。正確にいえば、逆流防止弁から多少の漏れもあるので、この漏れ分と補充分での速度で前進できるだけである。この前進量は、スクリューの位置で制御するには非常にわずかな量である。そのため、満杯となった点以降は、通常、時間で制御している。スクリュー位置で速度を制御する工程を射出工程、その後、タイマーで圧力を制御する工程が保圧工程なのである。しかし、先の図3-29で見てきたように、きっちりと樹脂が満杯となったところで切り換えることは危険であり難しい。そこで実際には、少し手前から保圧工程に移行させることが多い。

その場合、少し早めに圧力制御工程に入ることになるが、最近の機械では、保圧工程でも速度設定ができるものが多い。これは、圧力と速度の関係を考えると、射出工程と保圧工程の違いはないのである。切換えが位置か時間かの違いだけのことである。保圧切換え後に、速度設定と圧力設定を変えると、同時に2つが変化することになるので、ばらつきの原因にもなる。古い機械では、省エネルギー化のために、保圧工程に切り換わると使用するポンプを吐出量の小さいものだけを使うこともあったが、成形面では、突然速度が低下してフローマークなどの不具合の原因となっていたこともある。現在では、ここまで古い機械は見られないであろう。

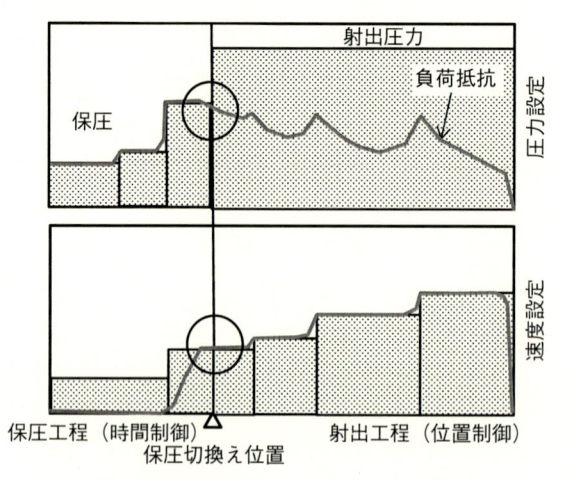

図中のラベル（図3-30）：
- 射出圧力
- 負荷抵抗
- 保圧
- 圧力設定
- 速度設定
- 保圧工程（時間制御）
- 保圧切換え位置
- 射出工程（位置制御）

射出工程でも保圧工程でも、速度と圧力の関係は同じである。流動が起きている間は、負荷圧力が設定に達してから速度が低下し始める（○印部）。

図3-30 射出工程から保圧工程への切換え

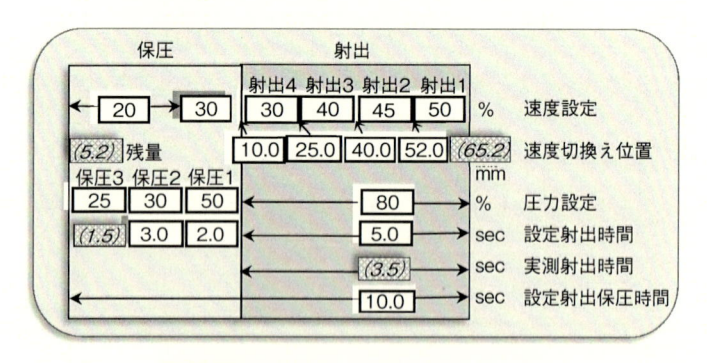

図3-31の設定例：

	保圧		射出					
			射出4	射出3	射出2	射出1		
速度設定	20	30	30	40	45	50	%	速度設定
残量	(5.2)		10.0	25.0	40.0	52.0	(65.2) mm	速度切換え位置
	保圧3	保圧2	保圧1					
圧力設定	25	30	50	80			%	圧力設定
設定射出時間	(1.5)	3.0	2.0	5.0			sec	設定射出時間
実測射出時間				(3.5)			sec	実測射出時間
設定射出保圧時間				10.0			sec	設定射出保圧時間

図3-31 射出保圧工程の制御設定例

　通常は、射出から保圧に切り換わるときの速度は同じような設定にしておくことが望ましい。このことを図3-30に示した。保圧の一段目終了後は大体金型は満杯になっているから、すでに速度は必要としない。そこで、余計なエネルギーを使わないように、保圧速度を小さくした例としている。作動油量が可変のものでは、このような配慮は不要である。図3-31に、この設定状況の例を示す。

3.3 金型内での樹脂の挙動

▶ 3.3.1 金型内の圧力挙動

ここからは、金型内で溶融樹脂がどのように流れていくのかを見ていこう。まず、ノズルから出た樹脂は、スプルー、ランナーを経て、ゲートを通過する。このとき、ゲートは小さくても、溶融樹脂は分子の形状を変えて流れやすくなっている。小さいゲートでは流速が速くなり、せん断速度（ずれ速度）が大きい状態で、粘度は低下するのである。これは、溶融樹脂が非ニュートン流体のチキソトロピーという特性のためである。これについては、また樹脂の説明のところで説明する。

ノズルからスプルー、ゲートを通過した溶融樹脂は、成形品の部分に入っていくが、これも肉厚と形状、流動速度に応じた圧力が必要となる。この関係を図3-32に示す。これは、ノズルから成形品の方向に向けての圧力状況である。充填完了直後から、保圧が成形品の末端に届き、この圧力が上昇していく。

これを金型のある地点で、横軸を時間として圧力波形を見てみると、図3

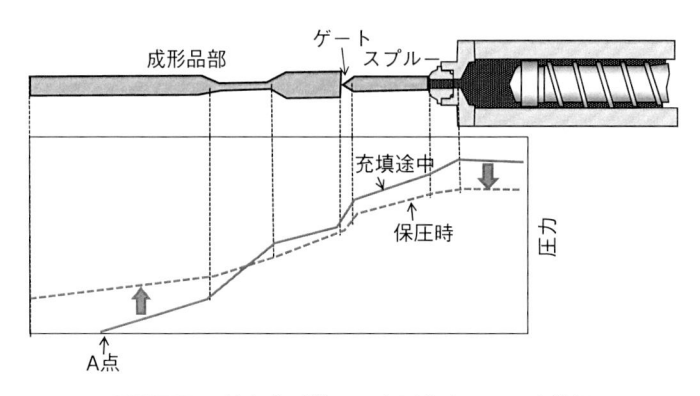

図3-32 射出成形機から金型方向への圧力状況

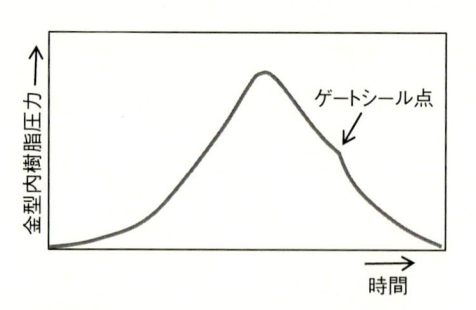

図3-33 金型内A点の圧力の時間変化

-33のようになる。金型内圧力の立ち上がり地点は、その金型の圧力センサーがある場所に溶融樹脂が到達したところである。そのところから樹脂がもっと奥に向かって入っていくので、圧力が増加し始める。そして、充填したところで圧力は急に高くなり、その後は冷却に伴って低下していくのである。冷却に伴って圧力が低下していく過程で、圧力の減少線に変局点がある。これはゲートが固化したゲートシール点である。ゲートが固化すると、冷却に伴う収縮分を補充するための樹脂が供給できなくなるので、この点から圧力の低下具合がもっと急激になるのである。これについては、また、別途成形サイクル短縮のところ（第9章9.5.3）で、保圧時間の短縮として説明する。

▶ 3.3.2 金型を開く力

溶融樹脂が、金型のなかを流れながら充填していくと、場所場所に応じた圧力が発生する。この圧力は金型を開こうとする力として作用することになる。

金型を開こうとする力は、圧力と面積の積となる。ここでいう面積とは、**図3-34**に示す型締め方向の投影面積のことである。この投影面積方向をメッシュで切り刻んで、その1つずつの面積を A_i で表し、その部分での圧力を P_i とすると、金型を開こうとする力は、

$$F_i = \Sigma P_i \cdot A_i$$

となる。P_i は、それぞれの時点での、その場の圧力である。これは時々刻々と変化するが、型締め力は、その最大の射出力 $F_{i\,max}$ よりも大きな力でなければならない。

第3章　射出成形の樹脂挙動

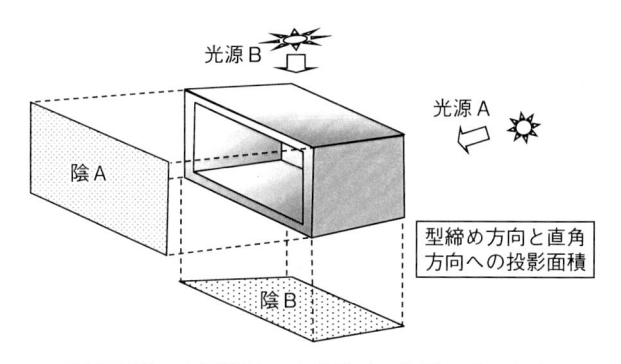

図 3-34　必要型締め力計算時の投影面積の概念

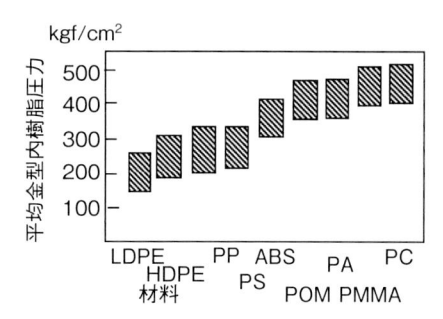

平均内圧は、成形品肉厚、流動長、精度他、材料グレードによっても変わる。

図 3-35　材料別平均金型内圧

さて、ここで、内部の圧力 Pi であるが、CAD (Computer Aided Design) データが準備できている場合には、CAE (Computer Aided Engineering) にて流動解析などを行って計算することはできる。しかし、CAD のない段階での簡単な構想図段階では、CAE 解析を行うことはできない。そこで、従来から行われてきた方法は、平均樹脂圧力を使うやり方である。先ほどの Fi_{max} を投影面積 A で割ったものを平均樹脂圧力として使うのである。

金型内平均樹脂圧力は、材料や成形品の形状によっても異なるが、概略の数値を**図 3-35** に示す。この図には幅があるが、その理由には、

① 肉厚の薄いもの、流動長さの長い場合には高い圧力が必要である。
② 同じ材料でもグレードにより粘度に違いがある。
③ 精密度が要求されるものは高い圧力が必要である。

上方方向
投影面積

成形品

型締め方向
投影面積

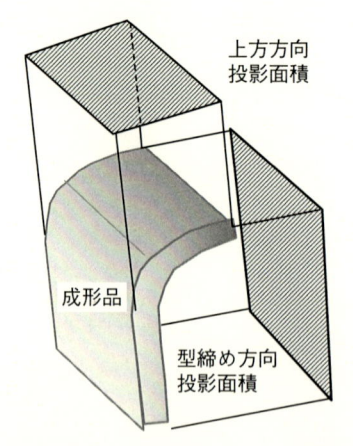

この例の場合、樹脂圧によって、型締め方向だけでなく、上方向にも力が作用する。

図 3-36 型締め方向以外の方向の力

の3つがあり、このあたりは成形品の形状やゲート位置、材料グレードなどを検討しながら決めていくことになる。

　また、射出力は、型締め方向だけではなく、あらゆる方向に作用する。たとえば、図 3-36 のような成形品形状の場合、天井方向の投影面積分にも金型を開こうとする力が作用するので、これに対抗するような金型設計が必要である。

▶ 3.3.3　金型内での流れ方
（1）スキン層と射出速度

　次は、金型のキャビティを溶融樹脂が流れていく様子を説明する。このときの流れ方は、図 3-37 のようなファウンティン・フロー（Fountain flow）と呼ばれる噴水流れになっている。図 3-37 は、流動先端とともに目の位置を動かした場合の図である。図 3-38 に、目の位置を固定して見てみた場合を示す。金型に溶融樹脂が接触すると、その部分は急激に固化してスキン層を形成する。そして内部を溶融樹脂が押し出されていくのである。このとき、壁面には新しい溶融樹脂が押し付けられるように流れるので、図 3-39 のように、金型に置いた木の葉もずれずにそのまま転写される。

第 3 章　射出成形の樹脂挙動

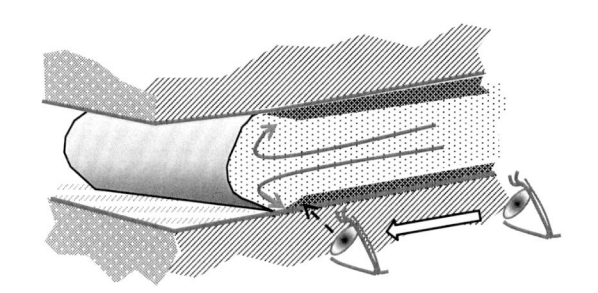

流動先端と一緒に目を動かしていくと、上図のような流動に見える。

図 3-37　流動先端を目で追って見た場合

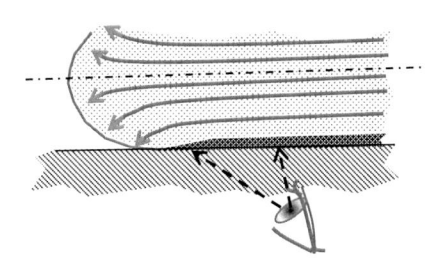

目の位置を固定して流動を見ると、スキン層内部から、金型壁面を押し付けるように流れ出ている。

図 3-38　目を固定して流動先端を見た場合

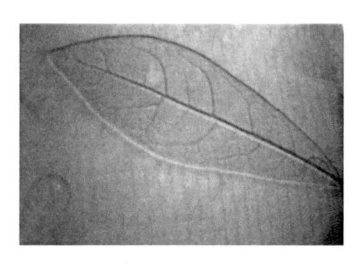

溶融樹脂は壁を押し付けるように流動するため、金型内に木の葉を置いて射出すると、木の葉はずれずに転写される。

図 3-39　成形品に転写された木の葉

107

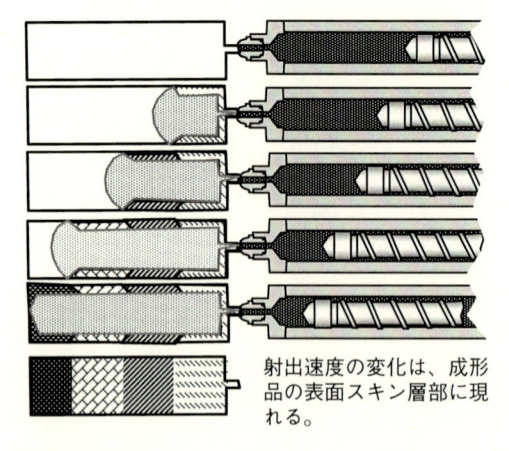

射出速度の変化は、成形品の表面スキン層部に現れる。

図3-40 射出される機械側と成形品表面の関係

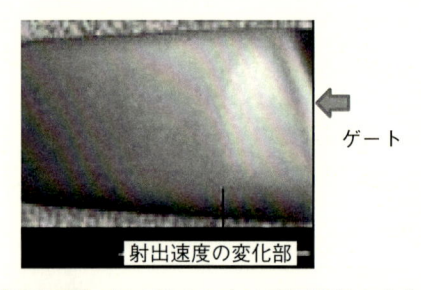

ゲート

射出速度の変化部

図3-41 射出速度による表面状況の変化

　スクリュー側の射出された位置とスキン層とは、図3-40に示すように対応している。射出速度が変化すると、その状況は成形品の表面に現れるのである。図3-41に示す写真では、ゲートから入った最初の部分は少してかりが出ており、その後の部分と模様むらのようになっている。これは、ゲート近傍を流れたときの射出速度が速く、その後遅くなったので、このときの樹脂の速度が影響したためである。

（2）可塑化樹脂と成形品の位置

　スクリュー・シリンダーのなかで可塑化されている樹脂が、成形品のどの部分に現れるかを示したものが図3-42である。たとえば、スクリュー・シリンダーのなかで空気を巻き込んだ部分が黒丸で示した部分にあるとすれば、

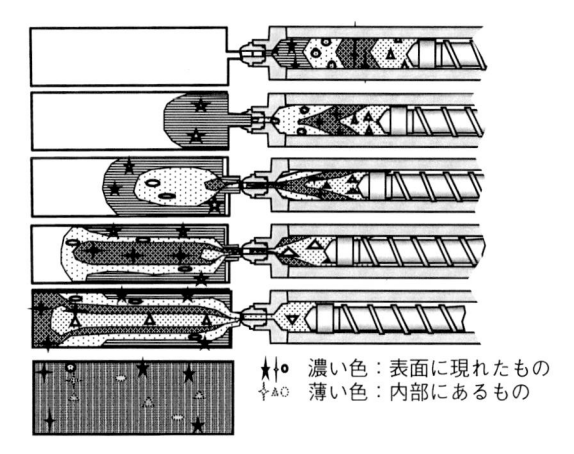

★◆ 濃い色：表面に現れたもの
☆◇ 薄い色：内部にあるもの

スクリュー・シリンダー内での汚れや気泡などが成形品の不良原因となっている場合には、スキン層のようには現れない。

図 3-42 スクリュー・シリンダー内の材料と成形品に現れる位置関係

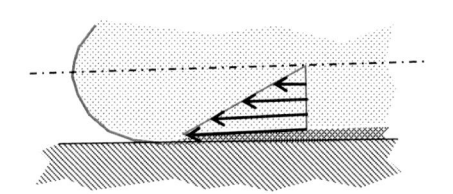

流動時のせん断応力は、壁面が最も大きい。このせん断応力によって強い分子配向や添加物の配向が生じる。

図 3-43 流動時のせん断応力

図で示すと関連が理解できるが、実際にはその相関関係はわかりにくい。これは、銀条や焼け（色替え不良）などを考えるときの概念となる。

（3）せん断応力

　溶融樹脂が流れるときには、**図 3-43** のように、スキン層のすぐ内側は相対的なずれ度合が大きい。すなわち、せん断応力が大きく作用している場所なのである。このせん断応力は、ガラス繊維やタルクなど異方性の強い材料が混ぜられているときに、これらを強く配向させることで、成形不良が発生

することもある。しかし、添加物が配向させられるだけでなく、樹脂の繊維自体も配向させられているので、この配向が成形収縮率などにも影響を与える。

3.4 成形品の冷却

▶ 3.4.1 冷却時間の計算

　実際には、溶融樹脂が金型に接触した時点から冷却は進んでいるのであるが、ゲートシールするまでは、成形品の断面の中央部は保圧によって溶融樹脂が押し込まれているので、特にゲートの近くは冷却が遅れる。ここでは、ゲートシールした時点から冷却が進行するとした計算式を紹介する。

　この冷却時間の式はよく見かけるものであるが、この式の前提は、**図3-44**のように、平行無限平板間の物体（熱伝導率、比熱、密度は一定の樹脂）

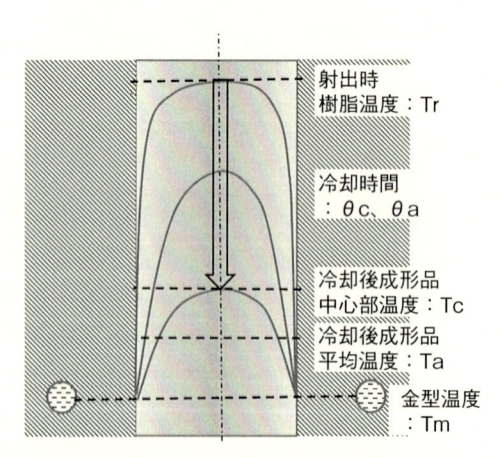

射出時
樹脂温度：Tr

冷却時間
：θc、θa

冷却後成形品
中心部温度：Tc

冷却後成形品
平均温度：Ta

金型温度
：Tm

冷却時間θcは、中心部温度を使った場合、θaは平均温度を使った場合である。縦軸は温度。

図3-44　冷却時間式の前提

が、壁面温度一定で冷却される場合、成形品の中心部が、熱変形しない温度Tc（℃）になるまでとして計算する。

$$\theta c = 1/\alpha \cdot (t/\pi)^2 \cdot \mathrm{Ln}[(4/\pi)(Tm-Tr)/(Tm-Tc)]$$

あるいは、成形品の平均温度がある温度（通常取り出し温度）になるまでとして、下記の式も使われる。

$$\theta a = 1/\alpha \cdot (t/\pi)^2 \cdot \mathrm{Ln}[(8/\pi^2)(Tm-Tr)/(Tm-Ta)]$$

　θa：平板で成形品平均温度が Ta（℃）となるまでの時間
　α：樹脂の温度伝導率（$\lambda/\rho/Cp$）
　λ：樹脂の熱伝導率、ρ：樹脂の密度、Cp：樹脂の比熱
　t：成形品厚さ（mm）
　Tm：金型温度（℃）
　Tr：樹脂温度（℃）
　Tc：取り出し時成形品中心温度（℃）
　Ta：取り出し時成形品平均温度（℃）

　この計算式は、金型温度が一定であることを前提としている。実際の金型温度で樹脂と接している場所の温度は、時間とともに変化するし、冷却管の距離によっても異なるものである。そのため、この計算式で計算された冷却時間は理想値といえよう。さらに、この冷却時間計算式に使われている材料データの値は、圧力や温度によっても異なってくるので、実際には、このような計算式を使うには限界がある。しかし、金型温度を冷却水温度ではなく、実際の金型温度の平均として使えば、ある程度の目安にはなる。これについては、再度第6章で説明する。

▶ 3.4.2　取り出し時の成形品温度

　冷却が終了すると、金型が開かれて、成形品が取り出される。このときに、先の冷却の計算式からもわかるように、成形品の肉厚が厚い部分や金型温度の高い部分は冷却が遅れる。図3-45は、サーモカメラで写した成形品の温度分布の例を示したものだが、部分的に温度の高いところなど、不均一な温度状態になることがある。これは、反り・変形などの成形不良の原因ともなるので、金型の冷却管設計や製品設計なども、成形に影響を与える要因とな

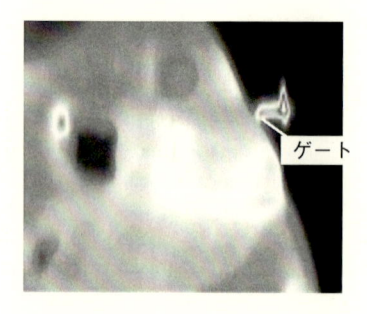

取り出し後の成形品の温度分布を調べると、部分的に温度の高いところを知ることができる。

図3-45 サーモカメラで見た成形品温度分布

るのである。

第4章

プラスチックと樹脂

　射出成形における機械と金型内の樹脂の挙動を理解したところで、次に、樹脂自体について説明していこう。射出成形を理解するには、樹脂の挙動を理解することも重要である。非ニュートン流体である溶融樹脂は、水や油の流動挙動とは異なるからである。このことは、樹脂の分子構造にも関係しているので、樹脂という材料がどのようにできているのかを知ると理解は早い。また、樹脂はその分子構造や添加剤などによっても性質は異なってくるので、これらを学ぶことも射出成形を知るためには重要である。

4.1 樹脂と高分子

　プラスチックは一般的に使われている言葉であるが、合成樹脂という言葉もよく使われている。どちらも同じような意味に使われることが多いが、どんな違いがあるのであろうか。古い 1977 年版 JIS（Japan Industrial Standard：日本工業規格）JIS K 6900 では、プラスチックを次のように規定していた。
　「高分子物質（合成樹脂が大部分である）を主原料として人工的に有用な形状に形づくられた固体である。ただし、繊維、ゴム、塗料、接着剤などは除外される。」この定義からすると、プラスチックは合成樹脂に含まれた固体の部分ということになる。合成樹脂は人工的に作られたものを意味するので、これに対しては、天然樹脂の部分がある。この定義からすると、溶けた（液体状の）プラスチックという言葉は技術的に間違いということにもなるが、このあたりについては、のちほど熱可塑性樹脂と熱硬化性樹脂の違いのところで説明するとして、ここでは、まずプラスチックも合成樹脂も同じものとして説明を進める。プラスチックは人工的に作られた高分子なので、まず、高分子の説明をする前に、原子と分子から考えてみよう。ちなみに、その後の 1994 年版からは定義が変わっており、時代とともに言葉の定義も変化している。

▶ 4.1.1　原子と分子

　物質は分子でできていることを昔学んだことであろう。酸素、水素、二酸化炭素、水などの分子である。酸素はオーツー（O_2）、水素はエイチ・ツー（H_2）、二酸化炭素はシー・オー・ツー（CO_2）、水はエイチ・ツー・オー（H_2O）である。
　この O や H、C などは原子と呼ばれるものであり、小さな数字は原子の数であることも思い出したことであろう。原子は、+ の電荷を持った陽子と電荷を持たない中性子、さらにそれらを取り巻く − の電荷を持った電子でできている。それぞれの原子は、それらの組み合わせでできており、陽子、中

表 4-1 原子と手の数

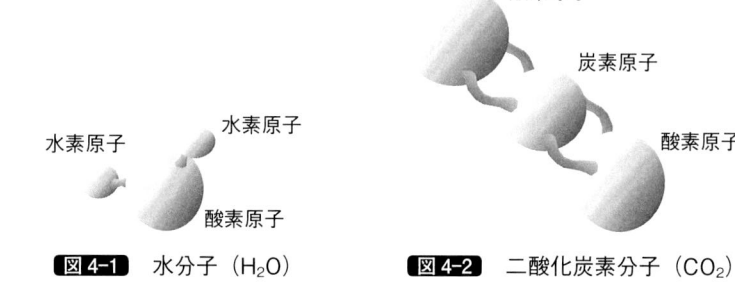

原子	記号	手の数
水素	H	1
炭素	C	4
酸素	O	2
窒素	N	3
フッ素	F	1

図 4-1 水分子（H_2O）

図 4-2 二酸化炭素分子（CO_2）

性子の数が増えたものは、それに比例して重くなっている。

　分子は、原子によって構成されている。原子単体では自然界で安定しないので、自然界で安定する形に原子が組み合わされて分子となっている。少し単純化して考えると、それぞれの原子は相手を求める「手」を持っていると考えるとわかりやすい。**表 4-1** には、いくつかの原子が有している手の数を記している。それらの手が、手を余らせないように相手と手をつなぎ合うのである。手が余ると、相手を求めてさまようことになるので安定しない状態であると考えればよい。

　水、二酸化炭素、エチレン、プロピレンの分子の構造を**図 4-1**〜**図 4-4** に示す。それぞれの原子は手をつなぎ合っているので安定している状態なのである。

▶ 4.1.2　分子と高分子

　ここで、たとえば、エチレン（ethylene）を例にとって説明しよう。この

図 4-3 エチレン分子（C₂H₄）

図 4-4 プロピレン分子（C₃H₆）

C：炭素原子
H：水素原子

エチレンの二重結合がはずれて、1万個以上つながったものがポリエチレン。

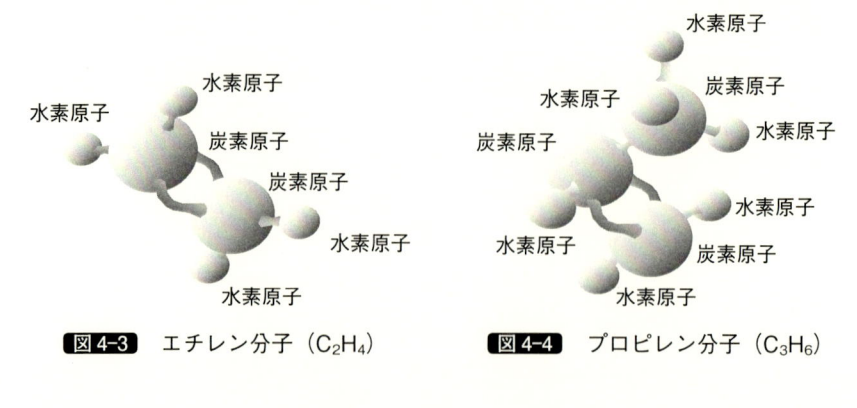

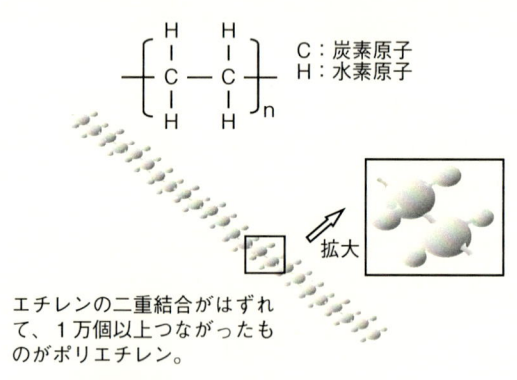

図 4-5 ポリエチレン分子（C₂H₄）ₙ

　エチレンの炭素同士は、手を二重につなぎ合っている。この状態を二重結合と呼ぶ。この二重結合の手の片方を離すと、エチレン分子の両端に、相手を求める手がさまようことになる。これが**図 4-5**のようなつながり方をすると、エチレンがどんどん長くつながっていくことが理解できるであろう。このように、分子がつながって長くなる状態が高分子なのである。通常、モノマーが1万以上つながったものをポリマーと呼ぶ。また、このつながりの数を、(C₂H₄)ₙのnで示し、これを重合度という。

　つながって高分子になる状態がポリマー（polymer）であり、エチレンの前にポリをつけて、ポリエチレン（Poly Ethylene）と呼ばれる高分子のプラスチックとなる。ポリマーの前の状態、すなわち高分子となる前のひとつ

116

第 4 章　プラスチックと樹脂

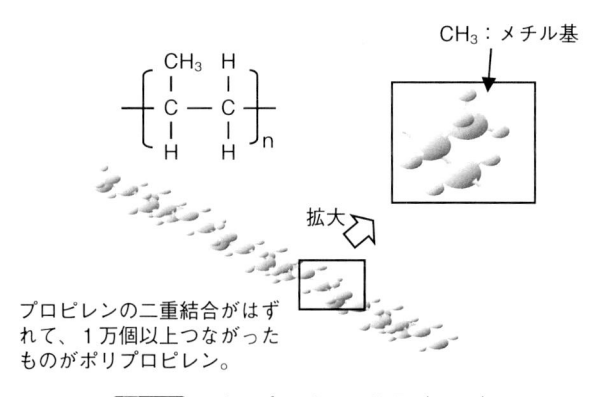

図 4-6　ポリプロピレン分子 $(C_3H_6)_n$

の単独の状態がモノマー（monomer）と呼ばれる状態である。ちなみに、ポリとは「多くの」を意味し、モノはモノレールのモノと同じで「ひとつの」という意味である。

次に、同様にプロピレン（propylene）をエチレンと同様に考えてみると、**図 4-6** のようになることがわかる。

プロピレンのモノマーが長くつながったものが、ポリプロピレン（Poly Propylene）なのである（注1：PE や PP は、オレフィン系ポリマーと呼ばれるが、これは作られる原料からくる名称の分類である。これについては、4.3.1 にても説明する）。

▶ 4.1.3　天然高分子と人工高分子、有機化合物と無機化合物

プラスチックは人工的に作られた高分子と説明したが、高分子にも天然のものと人工のものがある。我々の体を構成している DNA（デオキシリボ核酸）やでんぷん、セルロース、タンパク質やアミノ酸も高分子である。

これら天然の高分子に対して、人工的に作られる高分子が合成樹脂であり、プラスチックもそれである。JIS K 6900 の合成樹脂は、樹脂のなかの人工的に作られた部分を意味している。

天然高分子も人工高分子も、通常は、炭素を中心としてできている高分子である。炭素は手を 4 本持っているので、他とつながりやすいことによる。

昔は、でんぷん、セルロース、タンパク質、アミノ酸などは、生命体しか

117

作れないものと考えられていた。そのため、そのような炭素を中心としてできた物質を有機物質として区別したのである。これに対して、生命体でなくともできるものを無機物質と呼んだ。すなわち、有機化学は、炭素を中心とした学問であるが、炭やダイアモンド、グラファイトは有機物ではなく、無機物に分類される。

しかし、現在では、そのような有機物も人工的に作ることができるようになったので、有機物の定義が変化しているが、過去の慣習から、炭素を中心にして作られた高分子を有機化合物と呼んでいる。

4.2 熱硬化性樹脂と熱可塑性樹脂

プラスチック（plastic）の本来の意味は、可塑という意味からきている。可塑とは、粘土のように形が変形する状態のことである。合成樹脂には熱可塑性と熱硬化性のものがある。熱可塑性樹脂、熱硬化性樹脂である。プラスチックの意味が、可塑という意味だとすると、熱硬化性樹脂はプラスチックには分類されないのであろうか、という疑問が湧いてくる。そこで、次に、熱可塑性と熱硬化性について説明しよう。

▶ 4.2.1 熱可塑性樹脂

熱可塑性樹脂は、英語で thermoplastic resin といわれる。ここでは可塑の意味の plastic が使われている。レジン（resin）とは樹脂のことである。熱可塑性樹脂とは、温度が低いときは固体状態であっても、熱を加えると粘土のように可塑化することが可能な状態となり、また温度を下げると固体状態に可逆的に変化する樹脂である。一般的に温度が上がるということは、分子の運動が激しくなることである。分子運動が激しくなるので、分子が動きやすくなり柔らかくなる。熱可塑性樹脂は、あまり温度を上げると、分子がちぎれてしまって（分解）して燃えてしまう。図4-7にこのイメージを示す。

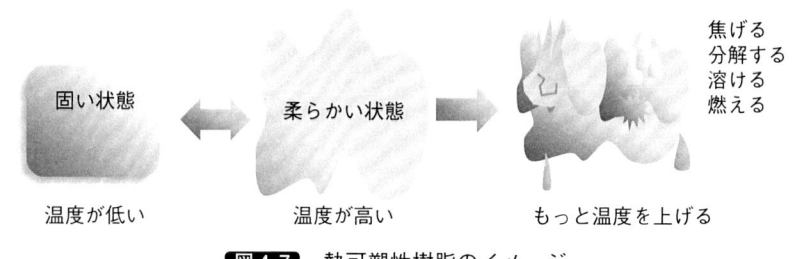

図 4-7 熱可塑性樹脂のイメージ

熱可塑性樹脂では、熱を加えて柔らかくして、変形させて形を作る（成形）ことで成形加工ができる。射出成形もそのひとつである。

▶ 4.2.2 熱硬化性樹脂

　熱可塑性樹脂に対して、温度が低いときには固体であるが、熱を加えても柔らかくならず可塑（plastic）化状態にならない樹脂をいう。これは、熱硬化樹脂（thermosetting resin）と呼ばれる。

　物質の温度が上昇すると分子は動きやすくなると説明したが、熱硬化性樹脂は、分子同士が縛り合っていて動けなくなっているので、柔らかくなれない。それでもさらに温度を上げると、柔らかくならないまま、焦げて分解してしまう。図 4-8 にこのイメージを示す。この縛り合うことを架橋という。橋をかけてつなぎ合うのである。

　熱硬化性樹脂は、高分子になる前の柔らかい状態から、形を作った（成形）後、温度を高くして反応させることで分子が長くなって高分子になる。そのときに同時に架橋反応もする。熱を加えられて架橋することを set と考えればよい。すでに一度 set されると、その状態は固定されてしまう。熱硬

図 4-8 熱硬化性樹脂のイメージ

化性樹脂もset以前の状態からは、射出成形は可能であるが、圧縮成形が使われることが多い。

▶ 4.2.3　熱硬化性プラスチック

では、本来のPlasticの意味からすると、熱硬化性樹脂はPlasticの可塑ではないので、プラスチックではないことになる。熱硬化性プラスチックという言葉も、熱硬化であるのに可塑という、おかしな意味になるからだ。しかし、実際には、熱硬化性プラスチックという言葉も使われている。ここで、熱硬化性プラスチックという言葉が、すでに市民権を得て一般的に使われて

表4-2　熱可塑性樹脂と熱硬化性樹脂の種類

区　分	名　称	記号
熱可塑性樹脂	高密度ポリエチレン	HDPE
	低密度ポリエチレン	LDPE
	ポリプロピレン	PP
	ポリアミド（ナイロン）	PA
	ポリカーボネート	PC
	ポリアセタール（ポリオキシメチレン）	POM
	ポリメタクリル酸メチル（アクリル樹脂）	PMMA
	ポリ塩化ビニル	PVC
	ポリスチレン	PS
	アクリロニトリル・ブタジエン・スチレン	ABS
	ポリエチレンテレフタレート	PET
	ポリブチレンテレフタレート	PBT
	ポリフェニレンエーテル	PPE
	ポリフェニレンオキサイド	PPO
	熱可塑性エラストマー	TPE
	ポリフェニレンサルファイド	PPS
熱硬化性樹脂	フェノール樹脂	PF
	ユリア樹脂	UF
	メラミン樹脂	MF
	不飽和ポリエステル樹脂	UP
	エポキシ樹脂	EP
	ポリウレタン樹脂	PUR

いる点から、再度、合成樹脂とプラスチックの言葉の違いを考えると、すでに同義に近いことがわかるであろう。

熱可塑性樹脂と熱硬化性樹脂の種類のいくつかを、**表 4-2** に記す。

4.3 分子構造と樹脂の性質

熱硬化性樹脂は熱を加えても柔らかくならないので、性質的にも熱可塑性樹脂より硬いことは推測できよう。樹脂の性質と分子構造が関係しているのである。同様に、いろいろな分子構造の違いが樹脂に影響を与えているので、それを見ていこう。

▶ 4.3.1 構成される原子による違い

ポリエチレンとポリプロピレンの違いは、ひとつの水素原子 H が CH_3 と変わっている点である。これと同じように、H が Cl（塩素）に変わるとポリ塩化ビニルとなり、ベンゼン環（C_6H_5）の H がひとつ抜けたものがつくと、ポリスチレンになる。分子構造が変わると、プラスチックの性質も変化する。

前に、PE や PP はオレフィン系ポリマーであると説明した。オレフィン系ポリマーとは、PE や PP といった C_nH_{2n} で表されるオレフィン系炭化水素を原料とするポリマーの総称である。これに対して、$CH_2=CH-$ または $CH_2=C=$ 基を有する原料で作られた PVC、PS などはビニル系ポリマーと呼ばれる。

オレフィン系ポリマーは、炭素が主鎖（主となるチェーン；鎖）のみの炭素同士のつながりとなっているが、手はすべて二重結合ではなくなっている。二重結合を含むポリマーとしては、ポリブタジエン、ポリイソプレンなどがある。二重結合が残っていると、これがまだ反応性を持っているため、架橋反応を起こさせることができる。ポリイソプレンは、ゴムの原料として用いられる。ゴムも熱硬化性となる。

表4-3 いろいろな樹脂の分子構造例

ポリエチレン(PE)	ポリプロピレン(PP)	ポリスチレン(PS)
ポリ塩化ビニル(PVC)	四フッ化エチレン樹脂(PTFE)	ポリカーボネート(PC)
ポリフェニレンスルファイド(PPS)	変性ポリフェニレンエーテル(m-PPE)	ポリオキシメチレン(POM)
ポリメタクリル酸メチル(PMMA)	x:5 ポリアミド6(PA6) x:11 ポリアミド12(PA12)	x:4 y:4 ポリアミド46(PA46) x:6 y:4 ポリアミド66(PA66) x:6 y:8 ポリアミド610(PA610)

　この主鎖が炭素結合だけでなく、エステル結合（-COO-）を含むポリマーは、ポリエステルと呼ばれる。また、主鎖中にアミド結合（-NH-CO-）を含むとポリアミドとなる。ポリエステルもポリアミドも加水分解するので、予備乾燥を十分にして成形することが大切である。また、主鎖にベンゼン環を有するポリマーでは、その剛直性により耐熱性が高いという特徴がある……など、その分子構造によって、ポリマーの性質は大きく変わる。これらの分子構造は、それらの材料の一般的性質の目安を知るうえでのヒントになる。**表4-3**に、いくつかの樹脂の分子構造を例として示した。

▶ 4.3.2 つながり方による違い

　分子や高分子は、原子のつながり方によって性質が異なってくる。たとえば、ポリエチレンにしても、一筋に長くつながるばかりとは限らない。途中

で枝分かれしてしまう。その様子を**図4-9**に示すが、枝分かれの様子によって、その枝の間の隙間状況が変わってくることが理解できるであろう。すなわち、**図4-10**に示すように、枝分かれが多いと隣り合う分子との隙間が大きくなるので密度は小さい状態となり、逆に、枝分かれが少ないと隣り合う分子との隙間が狭くなるので、密度は大きい状態となる。密度が大きいも

低密度ポリエチレン分子

高密度ポリエチレン分子

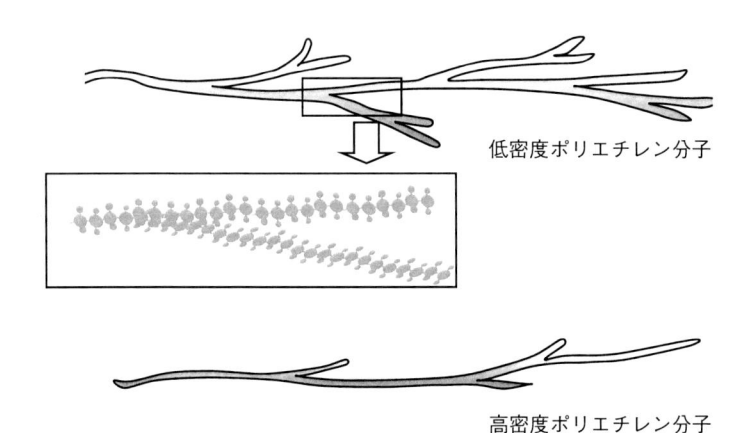

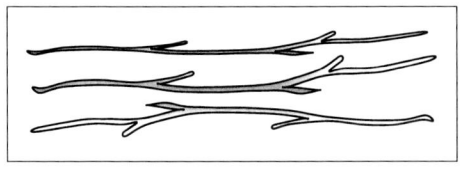

図4-9 高密度ポリエチレンと低密度ポリエチレンの分子構造

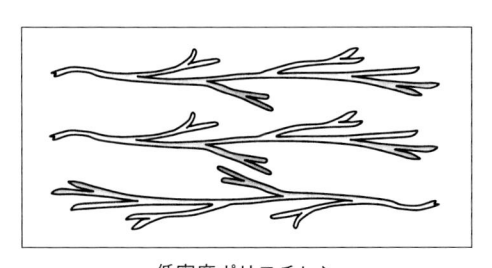

低密度ポリエチレン

高密度ポリエチレン

図4-10 高密度ポリエチレンと低密度ポリエチレンの分子の隙間

のを高密度ポリエチレン（High Density Poly Ethylene）と呼び、密度の低いものを低密度ポリエチレン（Low Density Poly Ethylene）と呼ぶ。この密度の違いによって性質も異なってくる。その中間で、枝分かれの短いものはLLDPE（Linear Low Density Poly Ethylene）と呼ばれている。

　枝分かれが多いと、隣同士の紐状の分子は整列しづらくなる。すなわち、結晶化がし難くなるので、結晶化度が低下する。結晶化度とは結晶化している割合のことである。結晶化は部分部分で起きるので、結晶化度の大きい樹脂は不透明になる。この説明を**図4-11**に示す。ただし、溶融すると全体が

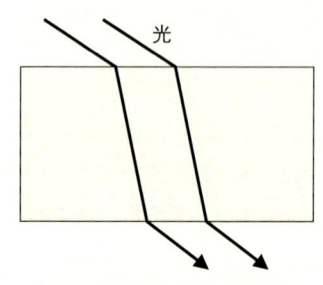

全体が非晶性で均一の屈折率であるため透明

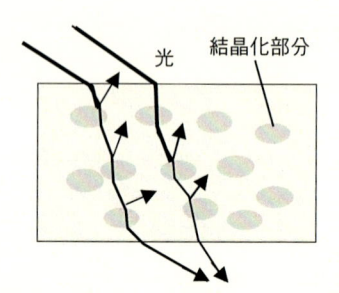

結晶化した部分と非晶性部分の屈折率が異なるので、ここを通過する光が複雑に屈折して反射。このため不透明になる。

図4-11　結晶性樹脂の固体が不透明な理由

結晶性樹脂も溶融状態では結晶化部がなく均一な非晶状態である。そのため溶融時には透明になっている。

図4-12　PPの溶融状態と固化状態

非晶状態になるので、図 4-12 の PP のように透明となる。

▶ 4.3.3　分子量の違い

たとえば、同じポリエチレンでも、分子量が大きくなると、物性にも影響を与えるようになる。通常の HDPE の分子量が 20 万程度に対して、UHMWHDPE（Ultra High Molecular Weight HDPE）は、分子量 100 万以上の HDPE である。これは耐摩耗性に非常に優れており、人工関節などにも使用されているが、通常の射出成形では成形できない。分子量の違いは、溶融粘度の違いにも影響を与えるからだ。

MFR（Melt Flow Rate）は、一定荷重下で 10 分間あたりにノズルから出てくる樹脂重量（g）のことで、その流れやすさを表すものであるが、これは分子量と関係している数値である。実際の射出成形に使用される状況での粘度ではないので注意が必要である。図 4-13 に MFR 測定器を示す。のちほど説明する粘度測定器との違いは、粘度のところで紹介する。

▶ 4.3.4　配列の位置

ポリプロピレンでは CH_3（メチル基）の取り付く位置が、規則的な場合とランダムにばらばらの場合があり、規則的な場合にも、同じ側にある場合と交互の場合があることがわかるであろう。この配置を図 4-14 に示すが、こ

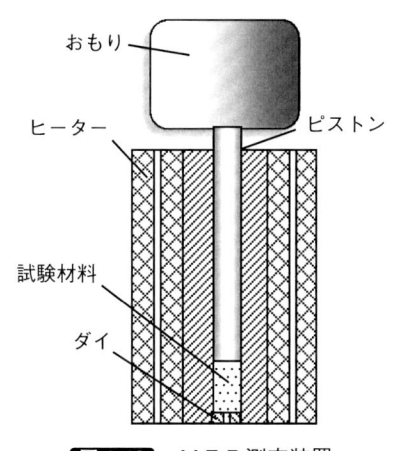

図 4-13　MFR測定装置

アタクチック・ポリプロピレン

アイソタクチック・ポリプロピレン

シンジオタクチック・ポリプロピレン

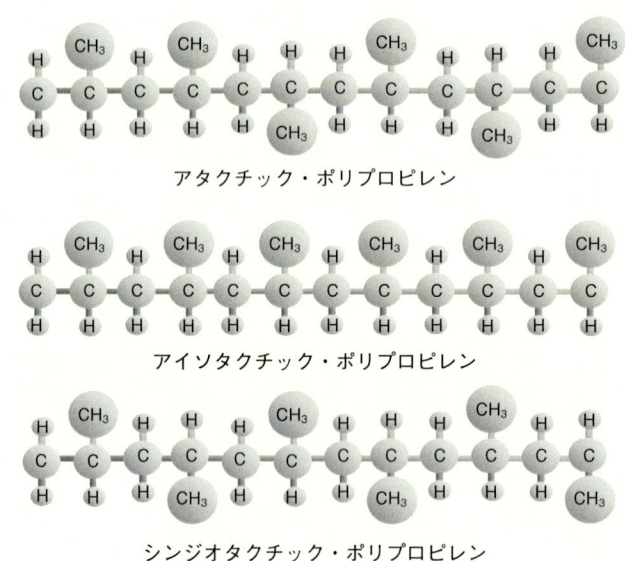

図 4-14 ポリプロピレンの配列

の配置によっても性質が違ってくる。ランダムな配列のものはアタクチック（Atactic）と呼ばれ、結晶化度も低く工業的には使えない。触媒を使ってアイソタクチック（Isotactic）の規則的な配置としたものが使われている。一般的に使われているPPはアイソタクチックであるが、エチル基が交互に並んだシンジオタクチック（Syndiotactic）も工業化されている。両方とも結晶性樹脂である。

▶ 4.3.5 コポリマー

ポリエチレンやポリプロピレンなどの単体のものをホモポリマー（homo-polymer）と呼ぶが、ポリエチレンとポリプロピレンを混ぜ合わせた分子構造も考えられるであろう。これはコポリマー（co-polymer）と呼ばれる。ポリエチレンをAとし、ポリプロピレンをBとすると、このつながり方にも、**図 4-15**に示すようないろいろなものが考えられる。ランダムにつながったものはランダムコポリマー（random co-polymer）、塊り（ブロック）でつながったものはブロックコポリマー（block co-polymer）と呼ばれる。

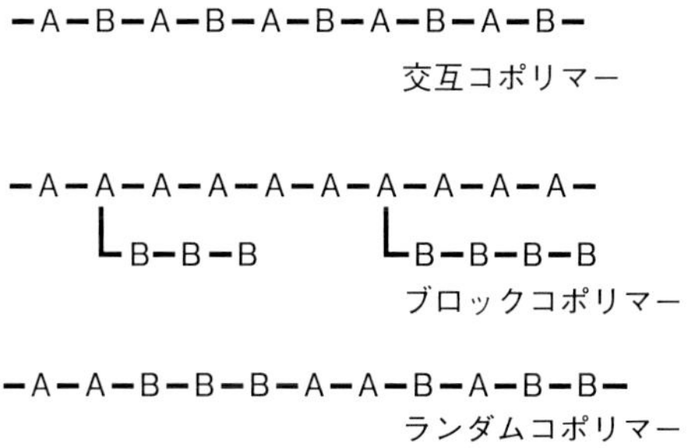

―A―B―A―B―A―B―A―B―A―B―
交互コポリマー

―A―A―A―A―A―A―A―A―A―A―
　　└B―B―B　　　└B―B―B―B
ブロックコポリマー

―A―A―B―B―B―A―A―B―A―B―B―
ランダムコポリマー

ポリマーAとBとのつながり方によって、コポリマーの性質も変わってくる。交互コポリマーやブロックコポリマーでは結晶化するが、ランダムコポリマーでは結晶化しない。

図4-15　コポリマーのつながり方

　ランダムだと整列しづらく、結晶化度も低く柔らかく透明であるが、ブロックになると多少整列しやすくなるので、結晶化度も高くなり、硬めで不透明となる。要求される特性に応じて使い分けられる。

　ポリスチレンは、C_6H_5の位置がランダムな配置となっているアタクチックな配列で非晶性であり透明であるが、これにアクリロニトリルゴムを加えたSAN（スチレン・アクリロニトリル）樹脂のコポリマーも透明である。

　これにブタジエンゴムを混合したコポリマーはABS（アクリロニトリル・ブタジエン・スチレン）樹脂である。ABS樹脂も非晶性ではあるが、ブタジエンゴムが可視光線の波長より大きく、光を遮るので不透明となる。ブタジエンゴムを光を遮らないほど小さくしたABSは透明になる。スチレンにブタジエンゴムを混ぜたものは、耐衝撃性PS（HIPS：Hi Impact PS）である。この関係図を**図4-16**に示す。

　参考として、ベンゼンが交互に並んだシンジオタクチックの結晶性のPSも開発されている。

▶ 4.3.6　ポリマーアロイ

　ポリマーをナノレベルまで小さくして混ぜ合わせることでも、ポリマーの特性を調整することができる。ゴム的な性質を熱可塑性で持たせた熱可塑性エラストマーがあるが、これは**図4-17**に示すように、ゴム的な性質を出す

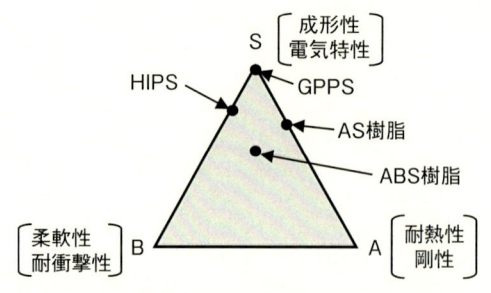

[成形性
電気特性]
S
HIPS　GPPS
　　　　　AS樹脂
　　　　　ABS樹脂
[柔軟性
耐衝撃性] B　　　A [耐熱性
剛性]

スチレン（S）とブタジエン（B）、アクリロニトリル（A）の各特性をバランスよく共重合して、HIPS、AS樹脂やABS樹脂を作り出している。

図4-16　スチレン系プラスチック

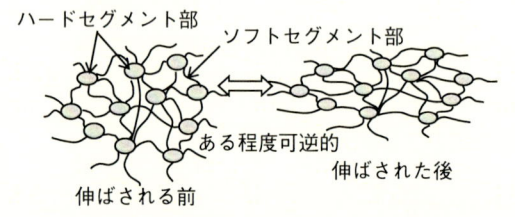

ハードセグメント部　ソフトセグメント部

ある程度可逆的

伸ばされる前　　伸ばされた後

エラストマーでは、柔らかなソフトセグメントの海の中に、ハードセグメントが島状に分散しており、このハードセグメント部分がゴムの架橋の役目をする。しかしゴムほどの可逆的作用はない。

図4-17　エラストマーの弾性発現原理

ためのソフト成分がハード成分と混じり合ってできているもので、分子同士が架橋によってつながれているものではない。そのため熱可塑性樹脂として、再度温度を高くすると溶融するのである。ちなみに、熱硬化性のゴムは、分子間が架橋によってつながれており、これが図4-18のような挙動をすることによって、伸縮の機能を発揮するのである。

▶ **4.3.7　添加剤**

樹脂単体だけでなく、補助するものとして添加剤が通常混ぜられている。添加剤としては、分子が紫外線によって分解し難くするものや、結晶するときの核としての働きをする造核剤、分子間を滑りやすくする滑剤など、いろいろある。滑剤などは、分子間の滑りをよくして柔らかくするもの（内部滑

第 4 章　プラスチックと樹脂

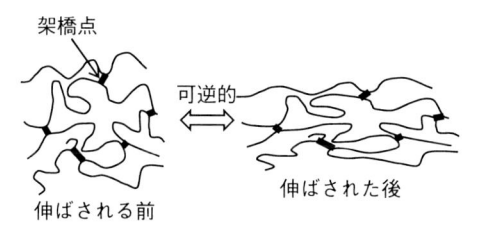

ゴムは、熱硬化性樹脂であり、分子間が架橋されている。このために応力を加えられて伸ばされた高分子も、この架橋点により元に戻されるのである。

図 4-18　ゴム弾性の発現原理

剤）と、成形後に分子の外に出て、金型との滑りをよくするようなもの（外部滑剤）もある。

また、強度を強めるために、ガラス繊維や炭素繊維、タルクなどが混合さ

表 4-4　添加剤の種類と用途

添加剤	用途
酸化防止剤	熱や空気酸化による酸化劣化を防止する添加剤。
光安定剤	光、特に紫外線による酸化劣化を防止する添加剤。紫外線吸収剤もこれである。
可塑剤	熱可塑性樹脂に加えて、柔軟性を持たせる。特にPVCでは、硬質、軟質と柔らかさを変える。
滑剤	材料の間に混入して、材料同士の摩擦を軽減する内部滑剤。機械や金型と材料との摩擦係数を低減する外部滑剤がある。外部滑剤によって、スクリューでの可塑化状況も影響を受ける。
帯電防止剤	樹脂は帯電しやすいので、この帯電を抑えるために使われる添加剤。
難燃剤	樹脂は可燃性なので、これを燃え難くするための添加剤。
造核剤	結晶性樹脂は結晶化度によって物性が変わるので、核剤によって、結晶化度を調整するもの。
充填剤	製品の強度、硬度、耐熱性などの調整のために増量剤として使用されるもの。タルク、ガラス繊維、シリカなど。
発泡剤	熱によって二酸化窒素や二酸化炭素を発生して、樹脂を発泡させる添加剤。製品の軽量化に使われる。
着色剤	商品価値を上げるため、製品に色をつけるための添加剤。

れることもあるし、炭酸カルシウムのような増量材として使われるものなど、各種のものがあり、この添加剤（材）によってもプラスチックの性質が大きく異なってくる。**表 4-4** に、各種添加剤の種類と用途を示す。

▶ 4.3.8 樹脂の種類と分類

樹脂には、別の分類法として、汎用樹脂、エンジニアリングプラスチック、スーパーエンジニアリングプラスチックと分ける方法がある。この分類方法は、耐熱温度と強度で分類されることが多い。しかし、明確な定義があるわけではない。

4.4 射出成形と樹脂特性

射出成形の成形条件に大いに影響する樹脂の特性を3つ説明しておこう。流動性に影響する粘度、収縮率と関係する PvT、反り・変形の矯正に影響のある応力緩和である。

▶ 4.4.1 粘度

溶融した樹脂が、金型のなかを流れるときの流れやすさを示す指数が粘度である。溶融樹脂の粘度は、温度だけでなく、せん断速度によっても変化するので面倒である。この概念を知っておくことは大切である。

（1）ニュートン流体と非ニュートン流体、せん断速度

図 4-19 に、横軸にせん断速度、縦軸に粘度の関係を記したが、粘度がせん断速度によって変化しないニュートン流体と、変化する非ニュートン流体がある。変化の様子にも2種類あり、せん断速度が大きくなると粘度も増加するダイラタントと、粘度が低下するチキソトロピーである。日本語では、せん断速度と訳されているので、勘違いしやすいが、[m/秒]のような単位ではない。せん断速度とはずれの程度あるいは、ずれの速度のことで、ずれ

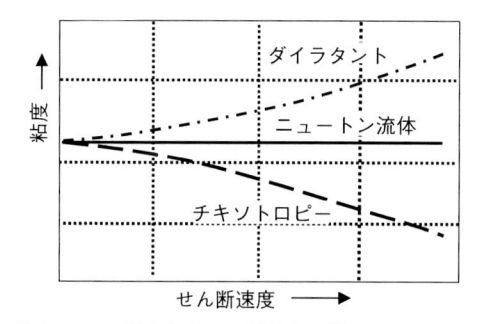

粘度は、せん断応力をせん断速度で割ったものである。ニュートン流体では、粘度はせん断速度に影響されず、非ニュートン流体では、粘度がせん断速度によって変化している。溶融樹脂は、せん断速度の増加により粘度が低下する。

図 4-19 ニュートン流体と非ニュートン流体

速度とも呼ばれる。英語では shear rate である。速度の傾斜を意味するので、速度［m/秒］を、その距離［m］で割った［1/秒］が、せん断速度の単位である。

　水や油は分子が小さいので、これにずれを加えても、分子の形状が変わるわけではない。そのため、せん断速度によって粘度は変化しないニュートン流体である。しかし、樹脂は高分子で紐状であるために、ずれを加えると、**図 4-20** のように形状が変化する。構造的に変化が生じるために粘度が変化するのである。溶融樹脂の粘度は、せん断速度が大きくなると、粘度が低下してくるチキソトロピーに分類される。ちなみに、ダイラタントとしては、片栗粉と水を一対一で混ぜ合わせたものがテレビで紹介されていた。この液

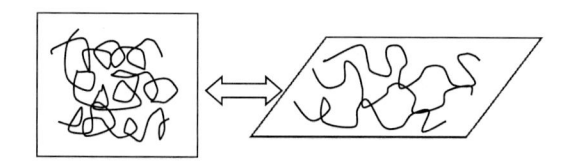

ずれが加わる前の樹脂は分子がほぐれておらず、粘度も高い。ずれが加わると、分子構造が変化し延ばされて滑りやすくなり、粘度も下がる。

図 4-20 溶融樹脂のせん断速度と粘度の関係

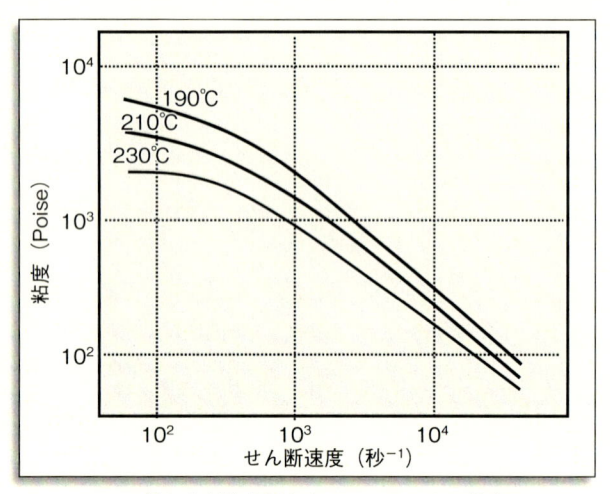

X、Y軸とも対数表示となっていることに注意。

図 4-21　溶融樹脂の粘度特性（POM の例）

体の上を速く足を動かすと沈まないが、疲れて足の回転が遅くなると沈んでしまうというゲームである。足を速く動かすことが、液体と接触している部分でのせん断速度を大きくして、粘度が高まるので沈まないのである。

（2）粘度の温度依存性、せん断速度依存性

溶融樹脂の粘度線は、流動解析でも使うので見たことがあるであろうが、横軸と縦軸は対数表示されている。この例を**図 4-21** に示す。この傾斜角度が大きいものは、せん断速度を少し変えると粘度も大きく変化することを意味する。これを粘度のせん断速度依存性が大きいという。また、グラフのなかに複数の線があるが、これは異なる温度のデータである。同じ温度間隔で記された場合、これらの線の幅が広いということは、同じ温度変化に対して粘度変化が大きいことを示している。これを粘度の温度依存性が大きいという。この特性によって、成形条件的にも不良に対する対策案が違ってくるが、これについては、バリのところ（第 10 章 10.1）で再度説明する。

（3）見掛けと真

樹脂の粘度について多少調べていくと、「見掛けの粘度」とか「真の粘度」という言葉が出てくるので、これについて少し紹介しておこう。

粘度は、細い管路を流れる流量と圧力によって次のように計算される。

$\eta = \pi \cdot p \cdot R^4 / 8QL$

$\gamma = 4 \cdot Q / \pi R^3$

ここで

Q：単位時間あたりの流量

R：管の半径

L：管の長さ

η：流体の粘度

p：管のある距離 L 部の圧力差

γ：せん断速度

ただし、これはニュートン流体と仮定した場合の計算式である。すなわち、管路内での粘度は、その場所場所のせん断速度によって変化していない、とする計算式である。しかし、実際のせん断速度は壁面で最大で、中心ではゼロであるので、中心から壁面にかけて粘度は変化している。であるから、ニュートン流体として計算することは間違っているのだが、だからといって非ニュートン流体での計算は簡単ではない。そこで、ニュートン流体の計算式で出された粘度を、見掛けの粘度、見掛けのせん断速度と呼ぶのである。

図 4-22 に、細管内でのニュートン流体とチキソトロピーである溶融樹脂との流れ方の違いを示す。

実際に、圧力損失などを計算する場合には、「見掛けの粘度」を「真の粘度」に修正して使用する。見掛けの粘度、見掛けのせん断速度を補正して、真の粘度、真のせん断速度に修正する方法が、ラビノビッチ補正である。粘度は、せん断応力をせん断速度で割ったものとして計算される。粘度にもせん断速度にも、見掛けと真があるので、せん断応力はどうかというと、これにも、やはり見掛けと真がある。粘度を計算するせん断応力は、圧力から計算されるのだが、ピストンを押す力をシリンダー断面積で割った圧力で計算すると誤差が出る、というものである。その理由は、**図 4-23** で説明しているように、細管の出入り口部での圧力損失があるからだ。これを補正する必要があり、バーグレーの補正方法が知られている。

細管の長さが短いと誤差も大きくなることが理解できるであろう。MFR 測定装置は、これが短いし、MFR で測定されるせん断速度領域は、非常に小さいのである。

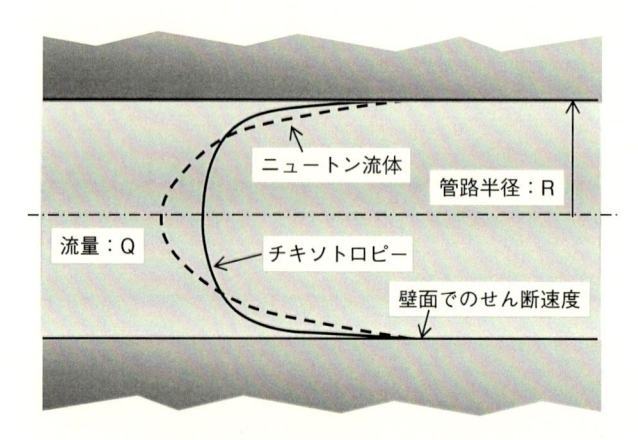

ニュートン流体とチキソトロピーの流れ方は同じではないが、ニュートン流体として計算された粘度が「見掛けの粘度」である。チキソトロピーでは、場所場所によってせん断速度が違うので、粘度も異なっている。

図 4-22　ニュートン流体とチキソトロピーの流れ方の違いのイメージ

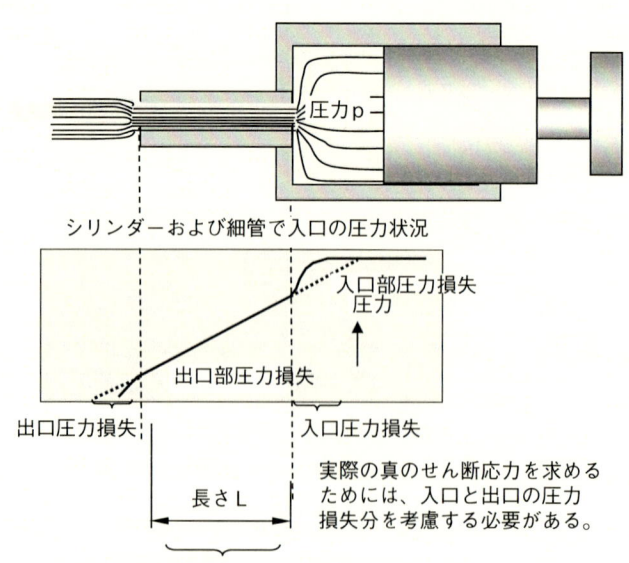

この距離で計算したせん断応力は、見掛けのせん断応力となる。
この長さが短いと誤差が大きくなる。

実際の真のせん断応力を求めるためには、入口と出口の圧力損失分を考慮する必要がある。

図 4-23　見掛けのせん断応力

第 4 章　プラスチックと樹脂

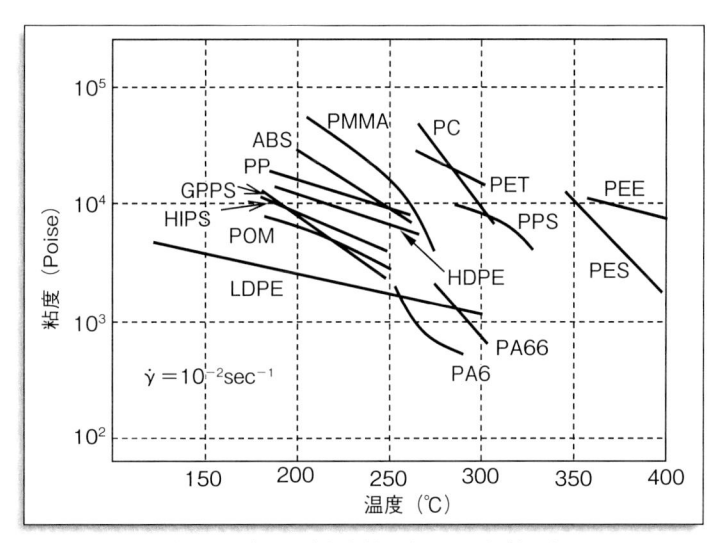

傾斜の緩やかな線は、粘度の温度依存性が小さく、傾斜が大きいものは、温度依存性が大きい。線が横に長いものは成形の温度範囲が広いことを示す。

図 4-24　各樹脂の温度と粘度の関係（せん断速度 10 秒$^{-1}$）

図 4-24 は、せん断速度が 0.01／秒の場合のいろいろな樹脂の粘度を横軸を温度として記したものである。実際の射出成形でのせん断速度は、10^3〜10^5（秒$^{-1}$）であるので、これはそのままでは使えないが、いろいろな材料の成形温度領域として参考に記した。

▶ 4.4.2　PvT

PvT とは、圧力（Pressure）と温度（Temperature）を変えたときの、非容積（Specific volume）の変化を示したものである。樹脂も温度が高いと膨張し、冷えると収縮する。また、圧縮性のある材料なので、圧力を加えると圧縮される。その関係を示すものが PvT 線図と呼ばれるものだ。**図 4-25**と**図 4-26** に、結晶性樹脂と非晶性材料の PvT 線図を示す。結晶性樹脂では、途中で折れ曲がっているところは融点 Tm である。結晶性であるので、融点が明確となっている。非晶性材料でも、同様に折れ曲がっているところがあるが、これは融点ではなく、ガラス転移点 Tg と呼ばれるものだ。樹脂材料がこの温度以下だと、ガラスのようにもろくなることからそう呼ばれる。

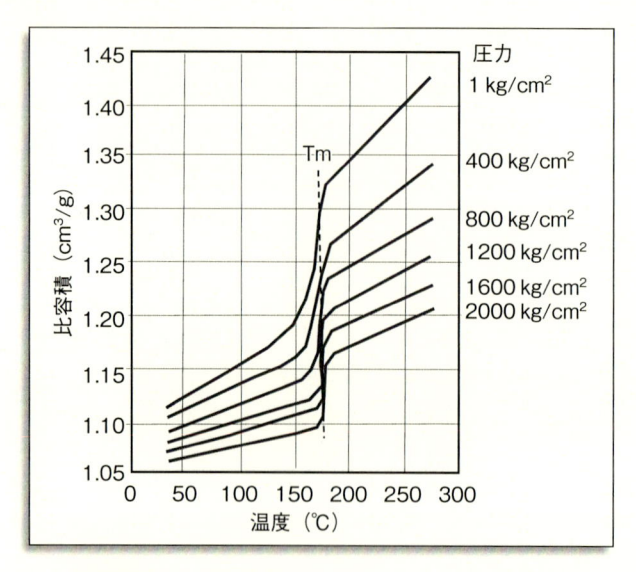

図 4-25 結晶性樹脂ポリプロピレンのPvT線図

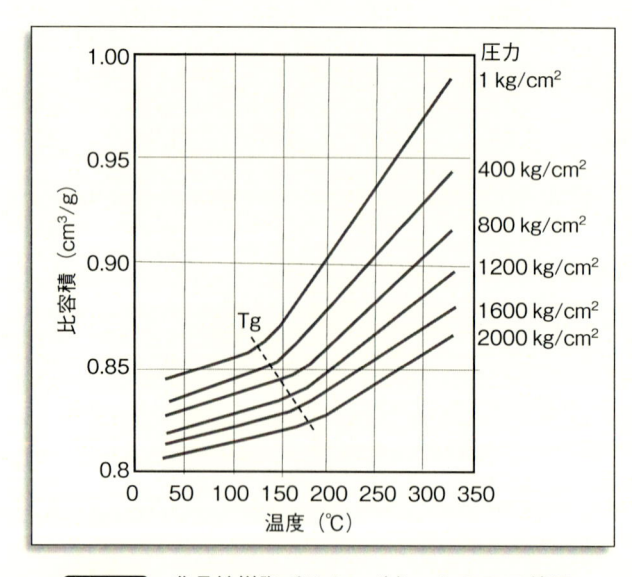

図 4-26 非晶性樹脂ポリカーボネートのPvT線図

結晶性樹脂の融点と非晶性のガラス転移点は類似のものではない。結晶性樹脂にもガラス転移点は存在するが、これは融点よりもっと低いところにある。ただし、射出成形する場合には、溶融させる温度を知る感覚としては、結晶性樹脂の融点、非晶性樹脂のガラス転移点を目安にすればよいであろう。

　溶けた樹脂を、常温常圧（23℃1気圧）の状態まで圧縮するには、それなりの圧力が必要であることが理解できよう。また、非晶性樹脂よりは結晶性樹脂のほうが大きい圧力を必要としていることもわかる。同じ成形圧力である場合には、結晶性材料のほうが収縮率が大きいのはこのためである。

　このPvT線図は、また成形条件の計量値の予測のところで説明する。

▶ 4.4.3　温度と内部応力による寸法変化

　成形後の製品寸法は、通常48時間程度放置してから寸法測定することが推奨されている。これは、ひとつには成形品を取り出してすぐには、まだ温度が高いという問題もあるが、1時間も放置しておけば、温度は常温となる。樹脂の線膨張係数は、材料や添加剤（材）によっても異なるが、$50〜200 \times 10^{-6}$/℃なので、10℃の温度差があると、0.05％〜0.2％は寸法に違いが出てくる。そのため、公差が厳しいときには、測定時の温度に注意する必要がある。しかし、このことが48時間も待つ理由ではない。別の理由は、成形時に内部に応力が残っていると、これが徐々に緩和していくので、寸法も多少変化するからである。

　これを早めに緩和させるには、成形品を高い温度で30分から1時間保持すればよい。この温度は、材料の熱変形温度よりも10℃程度低くする。

　成形品に反りが発生したときなどは、治具などを使って矯正することがあるが、これも外部から応力を加えて変形させていることになる。この内部応力も時間と温度によって緩和状況が変化するので注意が必要である。これについては、反りのところ（第10章10.2）で再度説明する。

▶ 4.4.4　結晶化収縮

　内部応力とは別に、結晶性の場合には成形後での結晶化収縮もある。これは、48時間どころではなく、もっと長い時間ゆっくりと進行する。成形条件によっても違ってくるが、48時間後には0.1％、2週間後にはさらに0.1

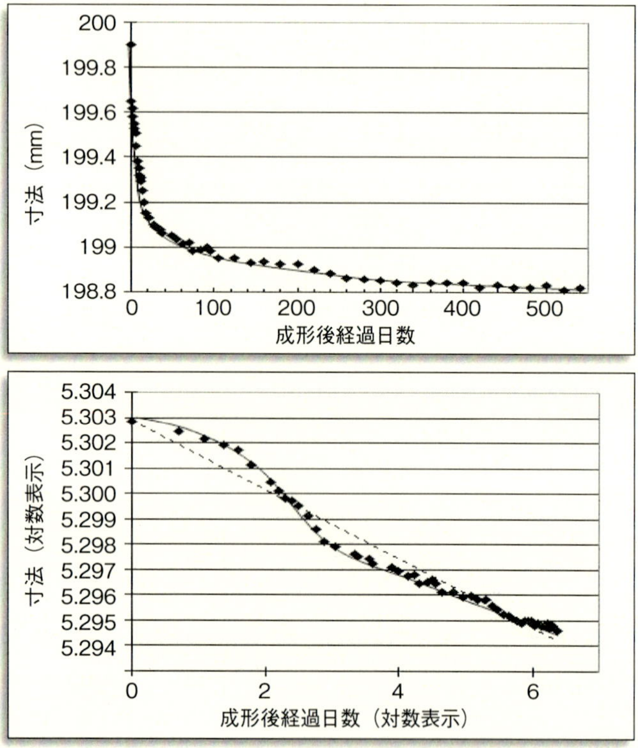

PPは結晶性樹脂のため、成形後も結晶化が進行する。高い温度であるほど、この進行は早い。塗装後の乾燥などでも、早期に収縮が進行する。上図は横軸に日数、縦軸は寸法であるが、下図は縦横とも対数を表示している。

図 4-27　ポリプロピレンの二次収縮

%程度は収縮することが多々ある。成形後の最終的な結晶化収縮量も、成形品の加熱で知ることはできるが、量産において、結晶性樹脂の成形品を常に加熱処理することはできない。そこで、厳しい寸法公差の成形品では、時間による寸法の変化を予測する必要がある。**図 4-27** に、ポリプロピレンの成形品を、2年近くにわたって寸法を計測した結果を示す。空調された測定室での測定値である。結構長い時間収縮していくことがわかる。

▶ 4.4.5　応力緩和

ばねは、力を加えて伸ばしても、降伏していない範囲であれば、離すと元

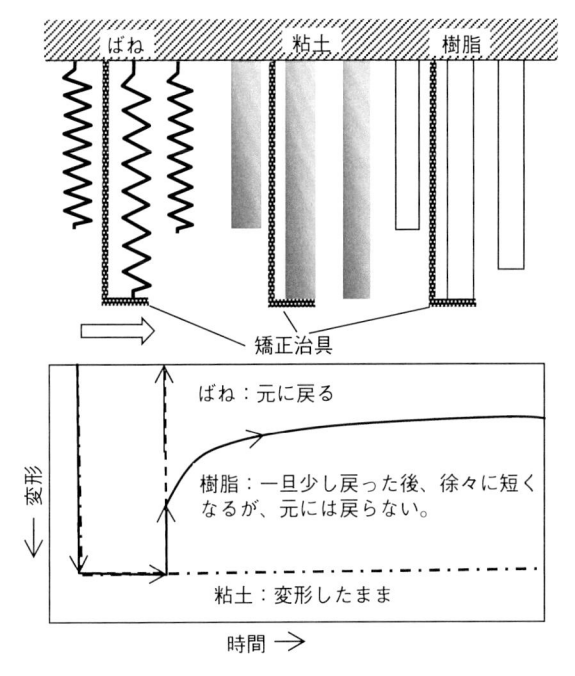

図 4-28　矯正による変形の様子

に戻る。粘土のような塑性体は、伸ばすと伸びたままとなる。樹脂は、その中間で伸びる部分と元に戻ろうとする部分の両方がある。

　たとえば、ばねの長さがちょっと短いので、荷重をかけて伸ばしたとしよう。しかし、ばねは荷重を離すと元に戻るので、この方法で寸法を矯正することはできない。粘土はどうかというと、これは伸ばしたら、伸ばした分だけ長さは伸びる。では、樹脂はどうかというと、この中間なのである。ただし、すぐにその中間のどこかの寸法となるわけではなく、一旦ある程度のところまで戻った後にも、じわじわと短くなり続けるのである。これを**図 4-28** に示す。これは、樹脂が伸ばされて、一旦ある程度戻っても、まだ内部に応力が残っており、これが段々と緩和されていくことが原因である。これは、成形品に反り、変形が発生したときに、これを矯正しようとすると、いろいろと厄介なことが起こす。これについては、また、成形不良の対策のところ（第 10 章）で説明する。

第 5 章

射出成形用金型

　金型は成形品を作るために直接必要なものである。その金型は客先からの支給であることもあるが、製品形状を与えられて自社で金型を作らなければならない場合もある。成形品の出来栄えや生産性は、製品設計や金型設計によっても大きく影響を受ける。成形不良の原因も製品形状や金型の作り方から発生していることも多々ある。射出成形を効率的に不良なく行うことは非常に重要なポイントである。ここでは射出成形用金型について説明する。

5.1 どのような製品を作るのか

　まずは、顧客が希望する製品はどのようなものか、その要求品質について考える。
（1）形状（製品図）
　客先からの製品図は、最近ではCAD（Computer Aided Design）でデータを作ることが多くなってきた。CADデータでは、3D（三次元）でデータを作ることができるので、現物の細かなところまで、データで指示することが可能である。また、CADデータを使って、流動解析などのCAE（Computer Aided Engineering）を行うことも、CAM（Computer Aided Manufacturing）に変換して機械加工することも容易になる。しかし、射出成形のことを十分に理解していない場合のCADデータでは、金型が作れないことが多い。このような場合には、CADデータを射出成形が可能になるように作り替える必要がある。
　射出成形ができないような製品データとはどのようなものか見ていこう。
（2）抜き勾配
　金型から成形品を取り出すためには、抜き勾配が必要である。たとえば、コップのような成形品の場合には、可動側に成形品が収縮するので、成形品は固定側から離れて、可動側と一緒に開く。そのとき、**図 5-1** のように、抜き勾配がついていないと突出しのときに成形品に無理な力がかかり、突出しピンが成形品を突き破ったり、成形品の一部が可動側に残ってしまうなどの問題が発生する。
　CADデータに抜き勾配が入っていない場合は、自社で抜き勾配をつけたデータに作り直すか金型メーカに頼む必要がある。抜き勾配も、抜きの高さ（長さ）や抜き方の方法（金型設計）などによって異なるが、1～5°くらいは必要である。**図 5-2** に、抜き勾配をつけた例を示す。抜き勾配の有無で、本来の形状とは微妙に変わってくるので客先の了解も必要である。もしも、

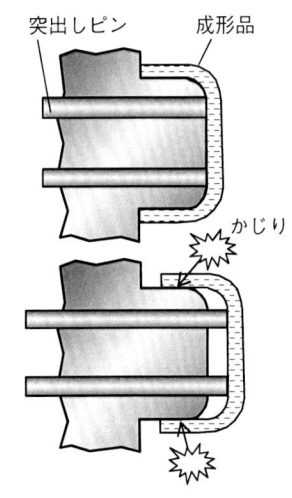

第 5 章　射出成形用金型

図 5-1　抜き勾配のない設計

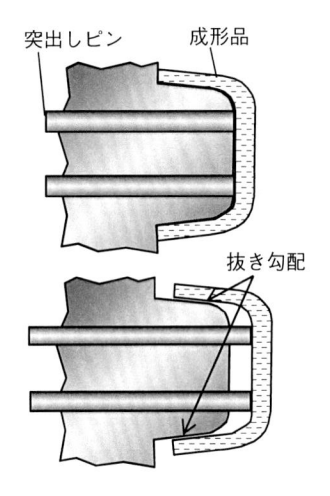

抜き勾配がない場合、突出し時にかじりが発生。場合によっては成形品を突き破ることもある。

図 5-2　抜き勾配のある設計

抜き勾配をつけることで、突出しが簡単になるが、形状的（寸法）が本来より違ってくるので注意が必要。

本当に抜き勾配をとってはいけないのであれば、金型構造は大きく変わるからである。

（3）アンダーカット

アンダーカットとは、金型を開こうとしたり、取り出そうとしたとき、そのままではひっかかって、金型から取り出せない形状のことである。事前に、金型構造を考えながら製品設計をしていかないと量産用の金型が作れないこともある。たとえば、**図 5-3** の場合などは、スライドコアや傾斜スライドを使おうにも、内側で干渉してしまう。**図 5-4** のように、置き駒を入れて、成形する方法もあるにはあるが、量産向きではない。試作品作りのときに使われるやり方である。置き駒とともに成形品を突き出し、その後、置き駒を取り外すのである。

しかし、この方法は、毎回置き駒を金型にセットしなければならないため、連続生産には不向きである。その形状が、その製品の設計にとってどうしても外せないものであるならば仕方がない場合があるかも知れない。しかし、その場合には、人手もかかるし、サイクルも長くなるので、事前に高価にな

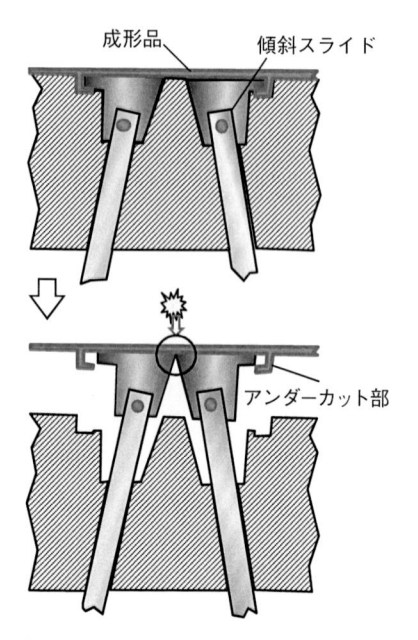

図 5-3 アンダーカットが抜けない形状

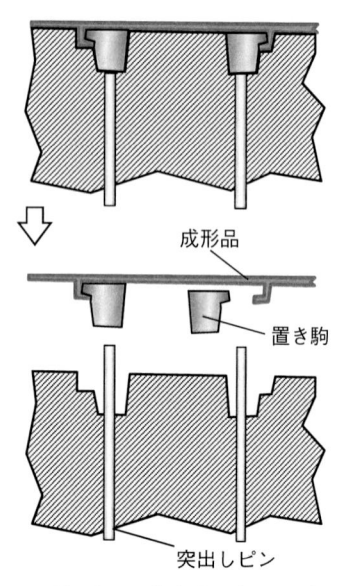

上図のようなアンダーカットを傾斜スライドで処理すると、突出し時に傾斜スライドが干渉してしまう。

図 5-4 置き駒でのアンダーカット処置

アンダーカット部を置き駒とし、毎ショットにこれを片側ずつ取り外した後、再度金型に取り付ければ可能。ただし、量産性に支障がある。

ることを、客先に話をしておく必要がある。アンダーカットの処理方法にもいろいろな方法がある。**図 5-5** に、いくつかの例を紹介しておく。

(4) 外観要求品質

　製品が、目に見えるところに使われるものの場合、外観も重要な品質になる。バリなどは当然として、ヒケ、反りなどの成形不良が許されるかどうか、客先と事前に相談しておく必要がある。たとえば、リブやボスの肉が厚いと当然ヒケやすい。これらの見えやすさは、成形品の表面の要求品質にも関係する。シボなどがつけられる場合には見えにくくなるが、高度の磨きが要求されると見えやすくなる。**図 5-6** にヒケの例を示す。特殊な工夫をすれば表面にヒケを出さない方法もあるが、金型や装置が特殊となる。

　また、肉厚が均一でないものや、金型に冷却水が通せず、冷却が不均一に

第 5 章　射出成形用金型

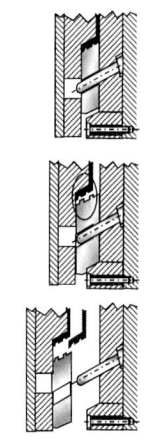

外側スライドコア方式

アンギュラーピンによって、型開き時にスライドコアが外側に動かされることによって、アンダーカット部を抜く。

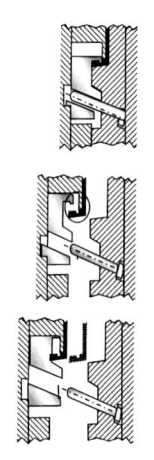

内側スライドコア方式

同様に、アンギュラーピンによって、型開き時にスライドコアが内側に動かされることによって、アンダーカット部を抜く。

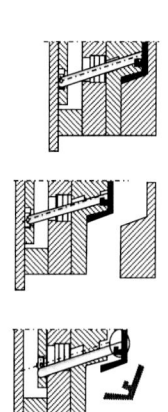

傾斜スライド方式

傾斜した突出しピンにアンダーカット部を設け、突出し時にアンダーカット部が成形される。

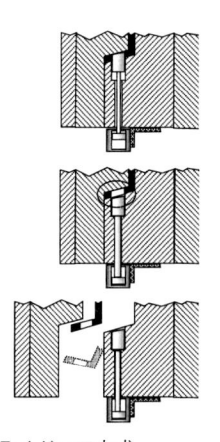

油圧スライドコア方式

アンギュラーピンの代わりに、油圧または空圧シリンダーによって、型開き前にスライドコアを動かしてアンダーカット部を抜く。スライドコアの動作タイミングは、アンダーカットによって異なる。

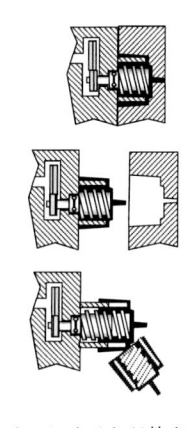

モーターによるねじ抜き

ねじ部はアンダーカットとなっているので、ねじ抜きモーターによって、成形品のねじ部を回転させて押し出す。このとき、成形品がモーターと一緒に回転するとねじ抜きできないので、成形品の回転を止めておく必要がある。

図 5-5　いろいろなアンダーカット処置方法

145

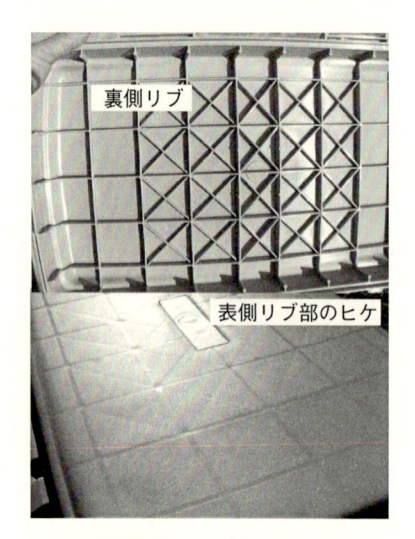

図 5-6 リブ部のヒケ

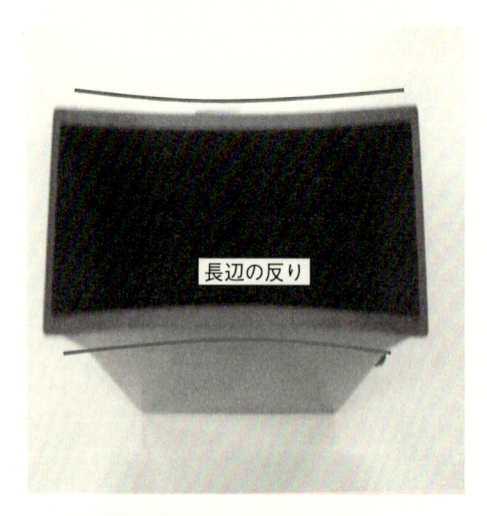

図 5-7 箱形状の長辺の反り

なるものは反りの発生も懸念される。よく知られている箱型形状の内反りの例である。成形の不良現象と製品設計とは大きな関係があるので、事前に予測し、客先と相談して、形状修正できるところは金型を削る前に織り込んで

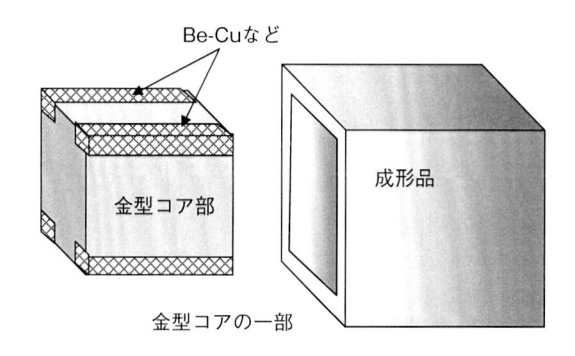

ベリリウム銅など熱伝導率のよい材料を、コア側の角部に使用
して、角部の冷却を促進する。
図のコア部は、概念を理解するために一部分のみを記している。

図 5-8　箱形状のコア角部冷却

おきたい。図 5-7 のような箱の反りは、内側角部の冷却が他に比較して悪いことが原因である。製品設計時点から予測できる問題なので、できれば、設計時に製品の内側角部を薄くするなどの対策を行っておきたい。ただ、製品設計上、それが許されないのであれば、内側角部だけを図 5-8 のように、ベリリウム銅（Be-Cu）などで冷却効率をよくしておくとか、反対に外側角部が内側に対して温度が上がるような金型の工夫をしておく。

（5）寸法公差

CADデータは寸法公差が入っていない理想の形である。しかし、実際には、誤差のない理想どおりの製品を作ることは工学的ではない。製品の寸法公差は別途 2D の図面なり表なりで決める必要がある。その場合に、CAD データでは製品の目標となる中央値となっているので、金型を加工したり、成形品となる場合には、その中央値の周囲にバラツキをもって出来上がることになる。このため、公差が±0.5 の場合と、＋0、－1.0 とでは、金型を作るときには気をつけなければならない。このことについて図 5-9 を用いて説明する。

60 mm の部分の公差は±0.5 であるが、100 mm の部分は＋0、－1.0 である。金型を作るときの収縮率を 10/1000 として、CAD からそのまま計算すると、60.6 mm（60.0×1.01）と 101.0 mm（100.0×1.01）になる。しかし、100 mm の部分は、99.5±0.5 と書き換えることができるので、100.495 mm（99.5×

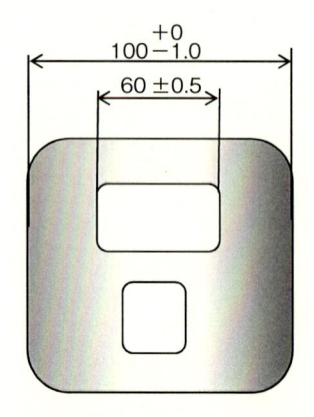

上図のような公差の場合、100、60 に収縮率をかけて金型を作ってはいけない。99.5、60.0 として金型加工する。

図5-9 注意すべき製品公差

1.01）を目標にして作らなければならない。これはポカミスの原因ともなりやすいので注意が必要なところである。収縮率や射出成形品の寸法公差については、次ページ以降の金型仕様のところで説明する。

（6）シボ、メッキ

これも、外観要求品質とも関係するところであるが、シボは通常では3Dデータには記されないので、この厚さ分を考慮する必要がある。シボの種類によってもヒケが目立ちにくくなるし、メッキなどを施す場合には、メッキ前の表面磨きも重要である。磨きの程度が細かくなると、ヒケなども目立ちやすくなる。また、形状によっては、磨き作業のための手が入らないとか、シボ加工ができない場所が出ることもある。このあたりは、金型メーカやシボメーカとも事前の相談が大切である。

（7）その他の要求品質

プラスチック製品は、外観や寸法だけでなく、機械的な強度やレンズなどの光学的な機能、ギアなどの摩擦抵抗など、いろいろな要求品質がある。これらについては、別途事前の検討や実験などで、実際の製品となったときの目処をつけておかなければならない。

5.2 金型仕様

製品図は、すでに射出成形を考慮した形状となっているとして、次に、金型仕様について考えてみよう。この仕様は、金型の製作に入る前に、金型メーカと打ち合わせをしておく必要がある。

（1）生産数量と鋼材

金型の鋼材が柔らかいものだと、機械加工の時間は短くなるし、鋼材自体の価格も安くすむ。試作型の場合には、アルミニウムや亜鉛合金が使われることもある。しかし、ある程度量産するとなると、鋼材自体もそれなりの硬度が必要になる。日本では、S50C、S55CとHRC18程度の柔らかめの鋼材が使われることが多い。これは、海外では柔らかすぎて金型破損の原因ともなるので使われることは少ないが、このあたりは、成形の技能（腕前）とも関係するところである。ちなみに、S50C、S55Cは、JIS（日本工業規格）で、炭素Cが0.5％、0.55％入った鋼材（Steel）の意味であるので、海外で話をするときには注意が必要である。海外では、HRC32～40のプリハードン鋼が使われることが多い。生産数量がもっと多い場合には、焼き入れ鋼も使用される。

金型寿命は、成形条件や保守点検によっても大きく左右されるが、一般的には、生産数量が増えると硬度は高いものが使われる。

（2）取り数

ひとつの金型に、成形品をひとつだけとするのか、同じものや対照的なものを多数個取りとするのか、異なった形状のものを多数個取りにするのかなどの組み合わせである。成形品の形状やゲート位置、使用する成形機との関係によっても変わってくる。

（3）ゲート位置と形状

たとえば、サイドゲートで、成形後に切断する場合、その切断跡が目に見えたり、人の手に触れると怪我をするなどの問題となる製品もある。特に化

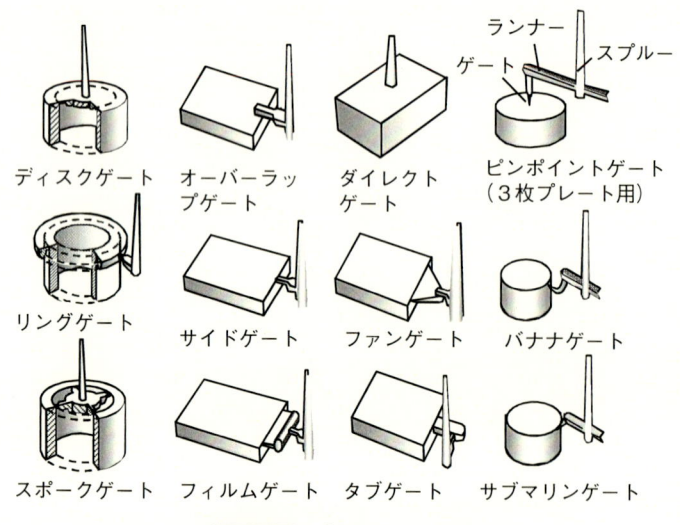

図 5-10　各種ゲート形状

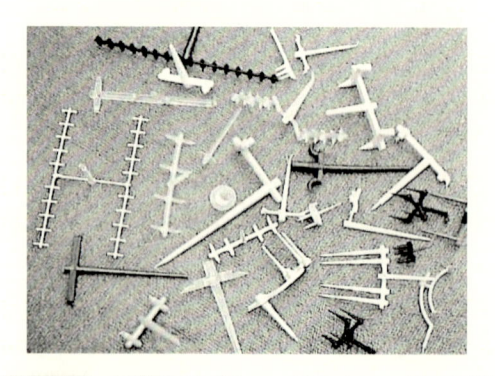

図 5-11　実際のスプルー・ランナー・ゲート例

　粧品の部品などは見た目も重要な品質であるし、乳幼児にとってはちょっとした角部やバリなども危険である。ゲート切断面が見えることを嫌う製品では、その位置や形状が指定されることもある。図 5-10 に各種のゲート形状を、図 5-11 にランナーの各種写真を示す。
　金型から成形品を取り出すときに、自動的にゲートが切断されるような、サブマリンゲートやピンゲートが要望されることもある。図 5-12 に、2 枚

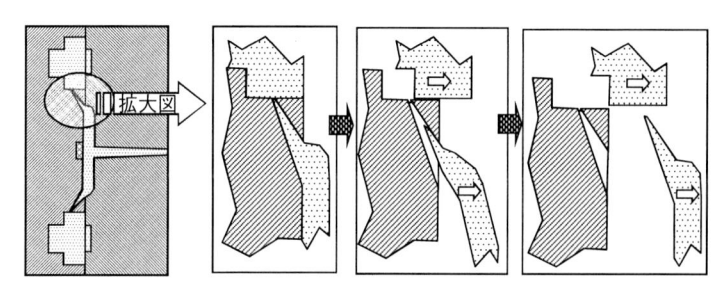

突出しのときに、成形品とゲートが金型によって分離されるので、切り離される。ここでは、わかりやすいようにゲート部サブランナーの角度を広げて記している。

図5-12 サブマリンゲートのゲート自動切断方法

型でのサブマリンゲートの自動切断の様子を、図5-13には、3枚型でのピンゲートの自動切断の様子を示す。

　サブマリンゲートでは、ゲート部を拡大すると、図5-14のように、引っ張りによってちぎられるような切断をする場所がある。材料によっては、これが残って次の成形に異物として入り込む不良もある。そこで、2段突出しで、ゲート部の突出しを成形品に対して遅らせることで、切断しやすくする方法が使われることもある。3枚型のピンゲートも引きちぎりになるので、図5-15に示すような、ゲート部の掘り込みなどの形状で、製品表面にゲート跡が出ないようにする工夫もなされる。

（4）コールドランナー、ホットランナー

　コールドランナーの場合は、金型費は安くなるが、ランナーの再生利用をしない場合には材料が無駄になるし、ランナーの再利用をする場合にも、粉砕などの手間がかかる。ホットランナーは、ランナー部の流動抵抗を減らせるとともに、材料の無駄がない。ただし、値段は高くなるので、生産数量と合わせて検討すべきである。また、バルブゲートを使って、ウエルドライン対策を行う場合など、CAEにて流動解析を行い、ゲート位置なども事前に打ち合わせる必要がある。

（5）キャビティとコア

　射出成形用の金型は、大別して固定側と可動側に分けられる。通常は、金型が開いて成形品の取り出しがやりやすくなるよう可動側に成形品を残す。

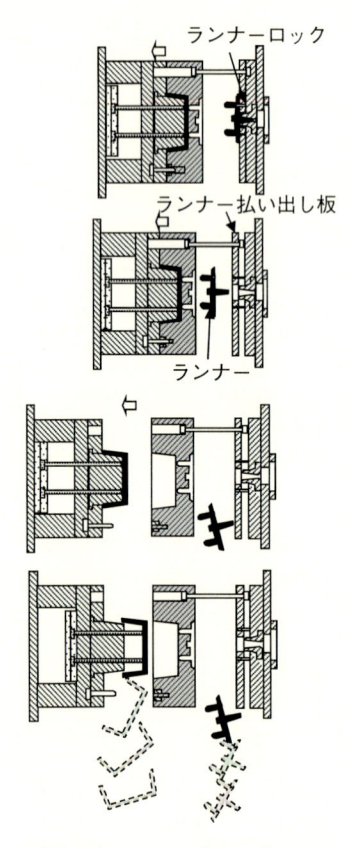

型開き時に、それぞれのプレート部分の開く順序が上図の状態となって、ランナーを先に成形品から切り離すことができる。

図5-13 3枚プレート型のゲート自動切断方法

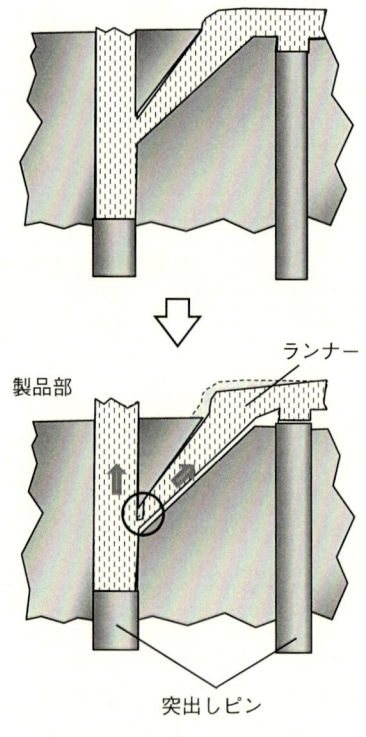

製品が突き出されると、ランナーはたわみながらサブマリンゲート部下の○部を引きちぎりながら出てくる。

図5-14 サブマリンゲートの引きちぎり切断

　成形品は収縮すると、内側に小さくなるので、コアと呼ばれる雄型につきやすい。そのときには、外側からは離れやすくなっている。反対側の雌型をキャビティと呼ぶ。

　コアは「芯」という意味で凸形状を示し、キャビティとは火山の噴火口や、虫歯などの凹形状を示す。通常は可動側が凸形状、固定側が凹形状となるので、可動側をコア型、固定側をキャビティ型と呼んでいるが、成形品の底面

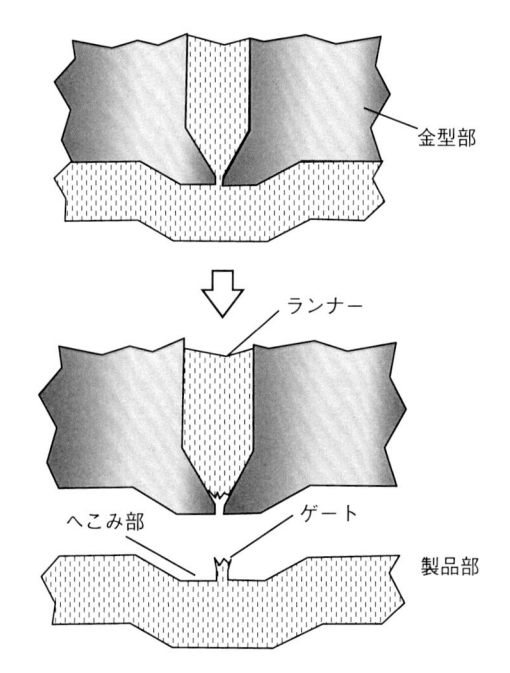

［図の説明］
金型部
ランナー
へこみ部　ゲート
製品部

3枚プレート型のピンゲートも、引きちぎりで切断されるので、製品表面に出てこないような工夫（へこみ）がされることもある。

図5-15 3枚プレート型ピンゲートの引きちぎり切断

にゲートなどの跡が残ることを嫌う製品では、**図 5-16** のように、凹凸が反転するような金型とすることもある。

このような場合には、キャビティとコアの言葉の使い方にも注意が必要である。ちなみに、成形品をあえてキャビティ側に残したい場合には、キャビティとコアの抜き勾配の調整、あるいはアンダーカットなど、何らかの配慮が必要である。

（6）突出しピンの位置

これは、(4) とも関係するところであるが、可動側で突き出す場合、突出しピンの位置はどこでもいいとは限らない。突出しピンの位置には、多少なりともピンの跡がつくし、ときには微少な段差やバリが発生することもある。後で他の部品と組み合わせたりする場合には、これらが邪魔をすることもあ

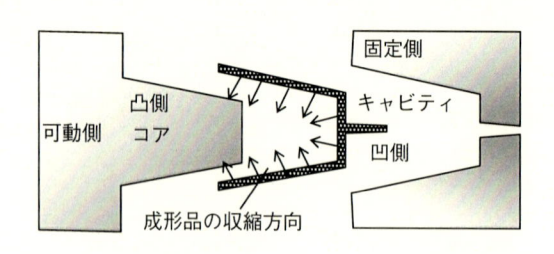

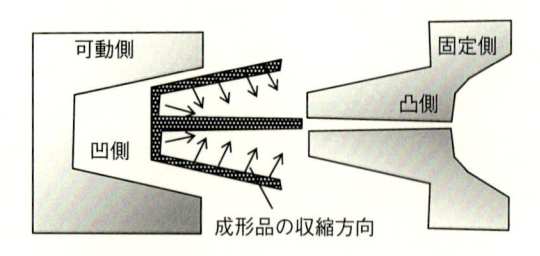

同じ製品形状であっても、ゲートの位置が制限されることがある。下の図の場合には、成形品が固定側につきやすい。固定側から突出しを行うか、可動側に付着させる工夫が必要である。

図 5-16 キャビティ、コアが逆転する金型の例

るので、そのような位置へは、突出しピンをつけないなどの打ち合わせが必要となることもある。

図 5-17 に、突出しピンの位置によっては、突出し時に成形品が変形する様子を示すが、このような場合には、図 5-18 のような方法の考慮も必要である。

(7) 収縮率

金型を作る場合には、製品の CAD データに収縮率を加えて、金型を加工するための CAM データを作成する。実際には、収縮率は別途説明するように、肉厚、圧力、流動方向など、いろいろな要素が関係している。かといって、方向ごとにそれらを織り込んで CAM データを作り込むことなどは考えられない。もし、織り込んだとしても、逆に成形条件が固定された場合に限定されるので、成形条件に制限が出てくる。収縮率は金型メーカや樹脂メーカに任せるものではないのである。樹脂メーカのカタログには、収縮率は保証されるものではないことが記されている。

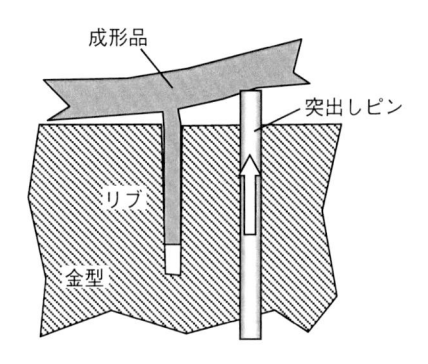

突出しピンの位置や方法が悪いと、突出し時に成形品を変形させることがある。

図 5-17　突出し位置不良

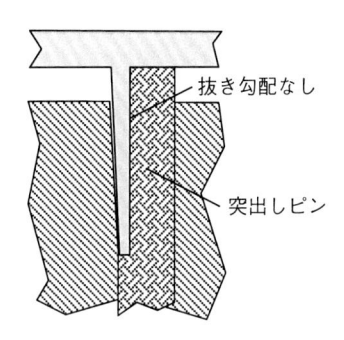

片側抜き勾配がないような場合でも、図のようなリブ部と一緒に突出しを行う方法で無理なく突き出すことができる。

図 5-18　突出し方法の工夫

(8) 割り面

　取り出された成形品の形は同じであっても、**図** 5-19 の上側と下側とでは、金型の割り方が異なっている。これの意味するところは、成形品の形状は同じであっても、もし微少なバリが発生した場合には、割面の作り方でバリの発生方向が異なることである。図5-19の上側では製品として受け入れられない場合には、割り面も下側のように作らなければならない。この方向も事前に打ち合わせておく必要がある。

155

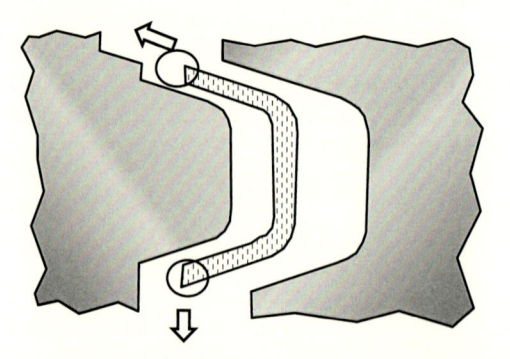

図の上側と下側の形状は同じであるが、金型の割り方が異なる例である。バリが発生した場合、バリの方向(矢印)が違ってくることになる。また、下側はシボも末端まで入るが、上側では難しく、見切り部が必要となる。

図5-19 金型割り面の違い

(9) 寸法公差

CADデータに係る寸法公差については前に述べたが、ここでは射出成形品の寸法公差について説明する。射出成形では、直接製品を加工するのではなく、金型を転写することで、収縮が済んだ後の寸法が要求値である。場合によっては、応力緩和や結晶化の進行による後収縮による寸法の経時変化も考えられるので、金属加工のような高い精度を要求することは難しい。

表5-1にドイツの規格であるDIN16901-82の公差を例に示した。

金型の固定側、可動側両方に係る寸法Aと、片側だけで決まる寸法Bとが示してある。図5-20に、この関係の図を示す。

表5-1 DIN16901-82の寸法公差

単位：mm

種別	記号文字	30以下	30～70	70～120	120～160	160～200	200～250	250～315	315～400	400～500	500～630
		\multicolumn{10}{c}{許容幅±}
ABS、PC、PS、ポリエステル	A	0.27	0.38	0.51	0.6	0.7	0.9	1.1	1.3	1.6	2
	B	0.17	0.28	0.41	0.5	0.6	0.8	1	1.2	1.5	1.9
PA6、PA66、PBT	A	0.34	0.5	0.7	0.85	1.05	1.25	1.55	1.9	2.3	2.9
	B	0.24	0.4	0.6	0.75	0.95	1.15	1.45	1.8	2.2	2.8

第 5 章　射出成形用金型

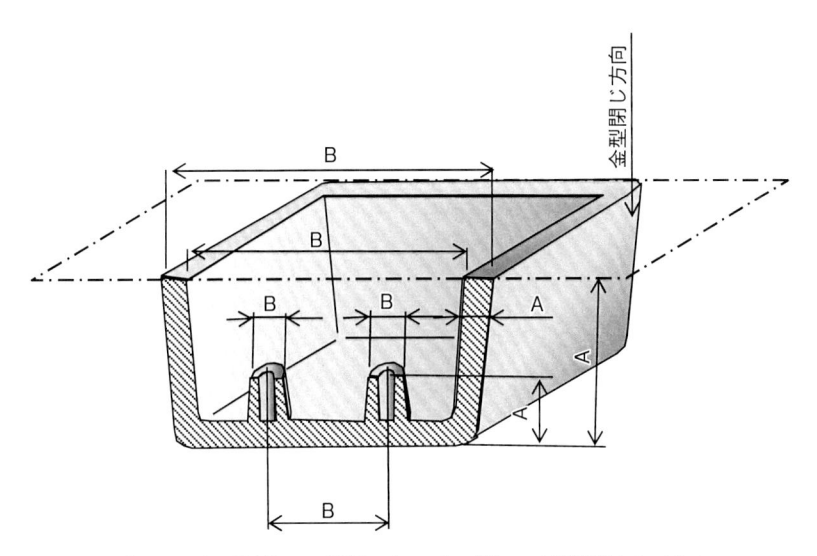

寸法 B は型開閉方法とは関係しないが、寸法 A は型開閉方向である。

図 5-20　DIN16901-82 の成形品形状

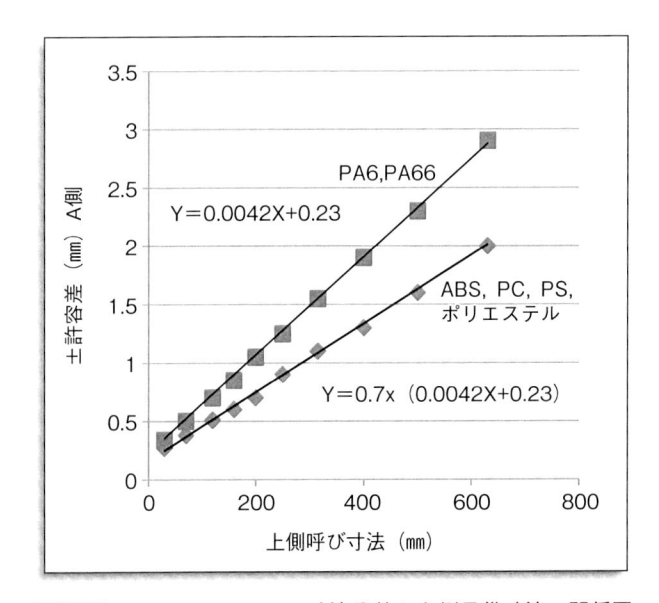

図 5-21　DIN16901-82 の寸法公差と上側予備寸法の関係図

157

表 5-2 JIS B 0405-1991（ISO 2768-1：1998）の寸法公差

単位：mm

公差等級		基準寸法の区分					
記号	説明	0.5(1)以上 3以下	3を超え 6以下	6を超え 30以下	30を超え 120以下	120を超え 400以下	400を超え 1,000以下
		許容差（±）					
f	精級	0.05	0.05	0.1	0.15	0.2	0.3
m	中級	0.1	0.1	0.2	0.3	0.5	0.8
c	粗級	0.2	0.3	0.5	0.8	1.2	2
v	極粗級	—	0.5	1	1.5	2.5	4

　呼び寸法の多いほう（たとえば、30〜70の場合は70）をX、その公差の片側をYとしてAの許容幅をグラフにしたものが**図5-21**である。このグラフの線を近似式で表してみると、結晶性のPA6、PA66、PBTの場合には、$Y = 0.0042X + 0.23$ で近似され、非晶性のABS、PC、PS、ポリエステルでは、この0.7倍で近似されている。A寸法は、金型の開かされ具合にも影響を受けるので、Bよりも0.1 mm緩い規格となっている。これは、成形された成形品の寸法許容幅（公差）であるので、金型は当然もっと厳しい精度で加工されなくてはならない。これは、ひとつの参考例であって、大手のメーカには各社で決めた公差がある。

　参考として、**表5-2**にJIS B 0405-1991（ISO 2768-1：1998）の公差等級を示し、これらの近似式を示したものを**図5-22**に示した。

　金型自体が非常に精度よく出来上がったとしても、成形品は場所場所によって微妙に収縮率が違っている。それは、射出成形品自体に成形時に圧力分布があり、また配向も異なっているからである。場合によっては、成形条件などを固定した後に、バラツキのデータを採取して、再度金型を修正しなければならない場合もある。この場合には、事前に金型メーカとも、製品に求められる要求品質を打ち合わせしておく必要がある。

(10) 磨き

　金型の最終磨きは、特別の場合を除き、通常は人の手によって行われるが、磨きには熟練が必要である。特に鏡面磨きなどになると、磨きの少しの歪み

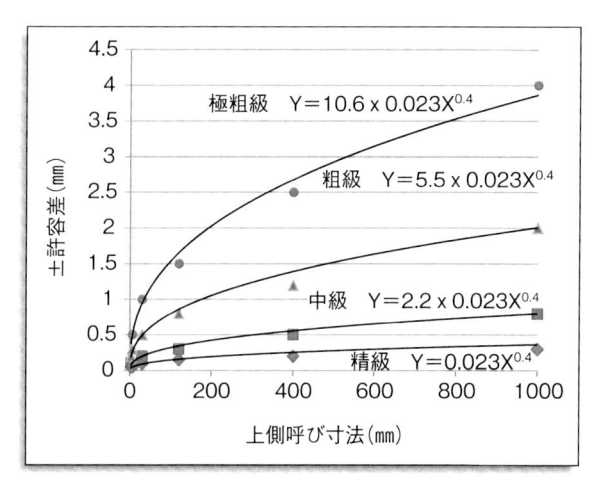

図5-22 JIS B 0405-1991 の寸法公差と上側呼び寸法の関係図

でも目立ってしまう。また、形状によっては、手や工具が入らないために、磨くことができない場合もある。そのような場合には、磨くことができるように、金型を分割するなどの事前配慮も大切である。

(11) シボ

シボをつける方法には、直接機械加工で施す場合も最近ではあるが、通常はサンドブラストやエッチングなどで、金型加工後に行う。これも磨きと同様に、サンドブラストが均一に入る形状かどうか、エッチングシートが貼れるかどうか、などの事前配慮が大切となる。また、パーティングの作り方によっては、図5-19の上側の場合には、ぎりぎりまでシボ入れが可能であるが、下側の場合には、端からの余裕代（見切り代）を設けておかないと、シボ部が微少なバリとなってしまうこともある。

(12) 冷却配管

成形品をどのように冷却するかによっても、その成形品の部分部分の収縮率に影響を与える。金型をどのように冷却すべきかは、金型メーカに依存するのではなく、成形品質を理解して、成形する側から要望を出すべきものである。冷却配管の向きが違ったことで、反りの対策ができる場合とできない場合がある。

（13）機械との関係

何トンのどのような機械に取り付けるかによっても、機械との取り合いが関係する。型盤やタイバー間隔、型開きストローク、デーライトについては、機械選定のところ（第6章6.1.2）で説明する。ロケートリング径、ノズルR、ノズル径なども機械との関係に配慮する必要がある。

（14）工場仕様

それぞれの工場には、工場の仕様がある。たとえば、金型の型盤への取り付け方法、水配管のカプラーや熱電対、リミットスイッチなどである。それらは、別途工場仕様として一式まとめられたものを用意しておくべきである。

5.3 金型製作上での重要事項

ここからは、製品や工場仕様に係るところではないので、通常は金型メーカの設計や調整に任せることになるだろう。しかし、任せたままだと後々問題が発生することも結構あるので、注意点を説明しておこう。

（1）金型剛性

射出成形用の金型が他のプラスチック成形の型や金型と大きく異なる点は、剛性である。すでに説明したように、射出成形を行うときの金型内での樹脂圧力は、他のプラスチック成形とは異なって非常に高い。機械から金型へ溶融樹脂が流動するときの圧力損失もあるので、機械側での圧力がそのまま金型に伝わるものではないが、機械側の射出圧力は 2000 kgf/cm^2 を超えるものも多々ある。このような高圧を扱う金型を設計する場合には、鋼材や構造も特殊なものとなってくる。

金型を設計する場合には、内部平均樹脂圧力は 500 kgf/cm^2 程度を考えて設計しなければならないことは普通である。金型剛性が低い場合には、内部の高圧の樹脂圧力による変形も考慮しておかなければ、精密な形状の製品は得られない。また、金型は、型締め方向だけの力を受けるだけではなく、製

側壁方向への力

型締め方向への力

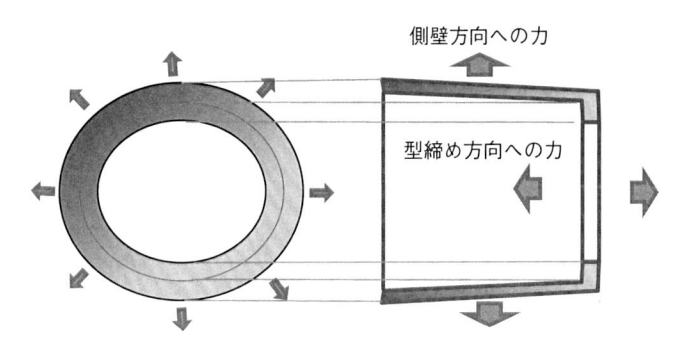

底の抜けた形状では、型締め方向よりも、側壁方向に金型を開く力が大きい。金型剛性を考慮した金型設計が重要である。

図 5-23 側壁への力が大きい成形品形状

　品形状によっては、型締め力方向とは異なる方向の力が大きい場合もある。たとえば、**図 5-23** のような底の抜けたコップのような形状では、樹脂力（樹脂圧力×面積）の型締め方向への作用は小さい。しかし、側面への樹脂圧力は大きく、金型が膨らもうとする方向に変形する。そのために、外側の変形を抑えるような金型設計が重要となる。しかし、もし剛性が低ければ、インターロックなどの部分が樹脂圧力によって外側が内側を強く締め付けてしまうことになり、摩擦が強くなって、金型が開かなくなることさえある。そのため、樹脂圧力による金型の変形を少なくするような剛性設計は重要である。

　さらに、前にも述べたが、対照的でない場合には、力が片側だけに働いて、金型をずらすような力が作用する。この場合、これらを止めるインターロックとかコッターとか呼ばれる構造が必要になるが、設計図だけでなく、構造的に、どの順序で当てていくか……という手順も大切な技術ノウハウになる。理想的には、同時に接触させたとしても、現実には数十ミクロン台は結構難しいからである。

（2）位置合わせ

　金型が開いた状態では、金型の平行度は機械の固定盤や可動盤の平行度任せとなる。特に可動側は、可動盤と一緒に金型も「おじぎ」をしやすくなる。そこで、最近の機械では、可動盤の下にスライドを設けて、可動盤を倒れに

くく設計しているものが多くなっている。しかし、機械側だけでは平行度の確保にも限界がある。

このような状態で、金型の部材が組み合わされてできているところがずれてしまうと問題になる。しかし、この合わせを完璧に段差なしで作ることは難しい。ここの段差部には、やはり技術者的には、+0、-0.05などの公差は必要である。この要求される公差によって、金型の作り方も変わってくるので、型費にも影響する。場合によっては、スライドなどは、一体に組み込んで同時加工したり、磨いたりして合わせを限りなく小さくするようなことも行われる。

金型にもガイドピン、ガイドブッシュでガイドされることはよくあるが、これにも実際には隙間がある。ガイドピンで可動側が固定側に合わせられていきながら、その後も、次のガイド、次のガイドへと、位置合わせを厳しくしていく調整が必要である。そして、最終的には、可動側と固定側が接触したときに、要求公差以内のずれに調整していくのである。ただ、このときにも、先の剛性のところでも述べたが、合わせ部の調整がきついと、それによる型締め力の消費ともなるし、また、型開き時の抵抗となって、型開きに支障が出ることもあるので、型開閉方向には、強い合わせではなく、弱い合わせで、かつ射出圧力などの変形力に対しても十分な剛性が必要である。

これも、やはり設計だけの問題ではなく、実際の最終的な組み立て時の手順によって出来栄えが変わってくるものである。

(3) パーティング面の合わせ

最近の金型加工の機械加工精度は向上したとはいえ、ある程度の大きさの金型になると、20 μm 以下の精度で金型を加工することは容易ではない。しかも、材料によっては、ガス抜き溝深さ自体が 20 μm 以下であるので、それ以下の合わせ調整が必要になる。これは人の手によって調整することになるので、その手順や技能は重要である。しかし、この最も重要で、製品の出来栄えを大きく左右するといっても過言ではないこの合わせについて、現場の技能者に任せたままの金型メーカの多いことに驚く。これら技能をどのようにして技術分野に引き込めるかが、金型メーカの大きな課題である。

この合わせ調整については、成形不良のバリのところ(第10章10.1)でも詳しく説明するので、ここでは省略する。

5.4 金型の保守・点検

　金型に問題が発生すると、生産が停止することになる。大至急問題を解決して、生産を再開しなければならないが、ここでは問題を発生させないための保守・点検について述べよう。**表 5-3** にこの例を示すが、特にこだわる必要はない。

(1) 日々の点検
1) 生産前点検
　金型を取り付ける前に、金型の周囲をウエスなどで清掃しながら、異常の有無を確認しよう。金型が取り付けられたら、金型を開き、パーティング面に汚れがあれば拭き取る。スライドコアや突出しピンが正常であることを確認する。パーティング面にガス汚れなどが蓄積していると、その蓄積厚さ分、金型に異物が挟まれているのと同じになるので、バリも発生しやすくなる。冷却水配管などの水漏れの有無も確認する。

2) 生産中の異常確認
　生産が開始されて、連続運転になっているときも、異常音などには常に気をつけておく。五感を常に働かせておくことが大切である。

3) 生産終了後の保全
　生産が終了した後は、パーティング面や突出しピン、スライドコアなどの汚れを拭き取る。錆止めも兼ねて薄くグリースなどを塗って、次の生産に備えておく。
　水配管などを取り外したときなどは、水が金型にかからないように気をつける。金型内に水が残って、錆の原因とならないように、エアで配管を吹いておくことも望ましい。

(2) 週ごとの点検
　生産数量や生産の頻度にもよるが、金型を週ごとに分解するのは大変である。しかし、スライドコアや入れ子程度の分解は、それほど大変ではないで

表5-3 金型の定期点検項目の例

	項目		点検項目	点検内容	担当	記録
日常	生産中	音	型開閉、突出し、射出保圧時	異常な音がしないことの確認	作業者	チェックシート
		金型合わせ面	合わせ面	バリ、傷、汚れなど	作業者	チェックシート
		可動部	スライドコア、傾斜スライドなど	傷、かじりなど	作業者	チェックシート
		電気関係	リミットスイッチ、コネクター、ホットランナーなど	緩み、弛み、断線など	作業者	チェックシート
		水漏れ	配管	コネクター、パイプ、ホースなど	作業者	チェックシート
	金型取り付け時	金型並行度	固定側、可動側の平行度	型閉じ状態で、上下の開き隙間の確認	作業者	開き量
		錆、汚れ	金型外観	汚れ、錆があれば清掃	作業者	チェックシート
各週	簡易分解	清掃	固定側、可動側	パーティング面の清掃	作業者	チェックシート
		潤滑	可動部、摺動部	清掃、グリース、潤滑剤塗布	作業者	チェックシート
各月	分解	清掃	グリース、樹脂油など	洗浄液にて清掃、グリース、潤滑剤塗布	作業者	チェックシート
		電気関係	通電状況、電圧など	目視以外、電圧、電流計使用	作業者	チェックシート
定期的	金型全体	金型全般	金型メーカ点検内容	合わせの再調整など	金型メーカ	報告書

あろう。摺動部などは、グリースを一度拭き取って塗り直すなどしておくとよい。簡単に分解することで、異常の有無も確認できる。

（3）毎月点検

これも生産数によるので、生産数の少ない金型では毎月は必要ないかも知

れない。定期的に金型を分解して、突出しピンや傾斜スライドなども拭き取って清掃しよう。ブッシュなども片当たりして摩耗していないかどうかを確認する。ブッシュなどが摩耗すると、金型の平行度にも影響を与えてくるので、噛み合わせ部なども破損しやすくなる。早期発見が大切である。

(4) 半年点検

　これも生産状況によるが、半年か1年に一度は、金型メーカに依頼して保守点検をしてもらうとよい。長期に使っていると、成形条件の調整や成形の不安定性などによって、多少バリ癖がつくこともある。バリ癖がつくと、バリが成長しやすくなるばかりでなく、良品の成形条件幅も狭くなりやすい。自動車の車検ではないが、定期的なメンテナンスは生産性の効率化にとって大切である。

　長い間使わない金型は、湿気などによって知らない間に錆などが発生していることもあるので、プラスチックシートをかけて、錆防止の揮発剤を使うことも考えよう。

第6章

機械の選定と成形サイクル

　射出成形は生産性を重要視する生産方式である。ある成形品がどのような機械で、どのような成形サイクルで生産することができるのかを事前に検討することは、非常に大切である。これができなければ、客先に成形するための機械の大きさや単位時間あたりの生産数、必要とする機械の台数などが説明できない。客先との交渉に限らず、自社内での検討にも重要なポイントである。射出成形機の一般的な情報を統計的に集計して、このデータからこれらを検討する方法を説明する。

生産開始に先立って、まず想定成形品を、**図6-1**と考え、その情報を**表6-1**のようなものとする。金型の大きさも**図6-2**に示す。スライドコアや傾斜スライドは、ここの機械選定のところでは不要な情報であるが、のちほど成形サイクル（6.2）を検討するときに使う。

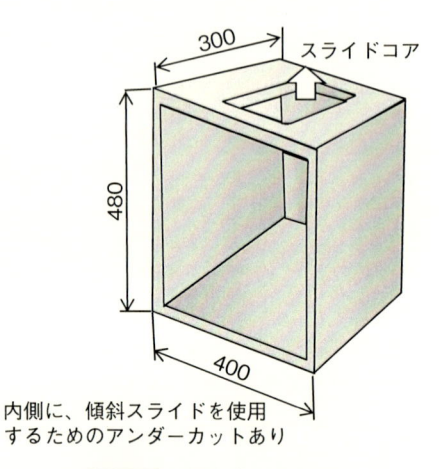

図6-1 想定成形品形状

表6-1 成形品と金型情報

材料	ABS	単位
製品重量	1720	g/個
投影面積	1820	cm^2/個
取り数	2	個
平均肉厚	2.8	mm
最大肉厚	3.2	mm
金型サイズ縦	950	mm
金型サイズ横	1300	mm
金型サイズ奥行（深さ）	1200	mm
必要型開きストローク	900	mm
スライドコアの有無	あり	
傾斜スライドの有無	あり	

図 6-2 想定金型寸法

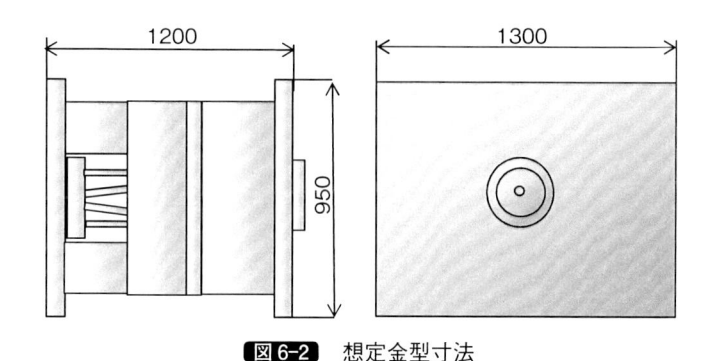

ここで、概略、大きなポイントとして考えなければならないことは 4 つある。それは、
① 型締め力
② 金型と機械の関係
③ 製品と機械の関係
④ 射出側の問題

である。これらについて、順次検討していく。

実際には、自社が所有している機械の仕様と比較することになるが、ここでは、機械関係のデータとして、いくつかの機械データを統一した計算式で近似したものを作り、他の成形品にも一般化できるように試みた。

6.1 機械選定

▶ 6.1.1 製品の大きさと型締め力

ここで、必要とされる型締め力は、平均金型内圧に投影面積をかけたものとして計算されることは説明した。

この例の場合、ABS なので、250–350 kgf/cm^2 であるが、ここでは、この中央値の 300 kgf/cm^2 を使おう。250 や 350 を使うには、少し経験的なとこ

表 6-2 材料と金型平均内圧

材料名	金型内平均樹脂圧力 (kgf/cm²)
PE、PP	200～300
PS	200～300
HIPS、ABS	250～350
POM	250～400
PA	250～400
PMMA	300～450
PC	350～500

ろが必要なので、ここでは説明は省略するが、もし心配であるならば、安全のために高い側の平均圧力を使えばよい（**表 6-2**）。投影面積は、1720 cm² が2個なので、300 kgf/cm² ＊ 3640 cm² = 1092000 kgf となり、型締め力は1092 トン以上が必要となる。ここでは、1200 トンの機械があるとして、これを選定した（本書では、掛け算の計算式を×の代わりにエクセル式の＊でも示している）。

▶ **6.1.2　金型寸法と機械の関係**
（1）金型サイズと機械の型盤

　次に、金型サイズであるが、機械に金型を取り付けることができるかどうか、という問題である。型締め力的には問題がなくても、金型の構造上、金型が機械に取り付けられないほどの大きさであれば、もっと大きな機械を選択しなければならない。図 6-3 に、この関係を説明する図を示す。タイバー間隔と型盤サイズというこの2つが、ここでポイントとなっていることがわかるであろう。

　ちなみに、数十台の機械の仕様から集めたデータから、型締め力とタイバー間隔の関係を図 6-4 に、型締め力と型盤サイズの関係を図 6-5 に示した。ここで、実際のデータから計算された近似式は指数が 0.5 ではないが、後で述べるいろいろな仕様も確認すると 0.5 乗付近が多いので、この値にまとめ

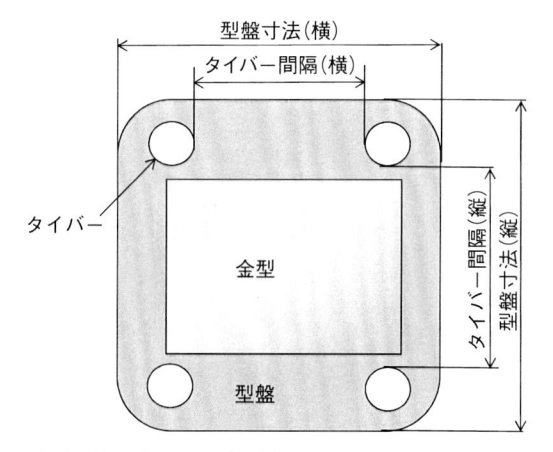

図 6-3 金型と型盤寸法、タイバー間隔の関係

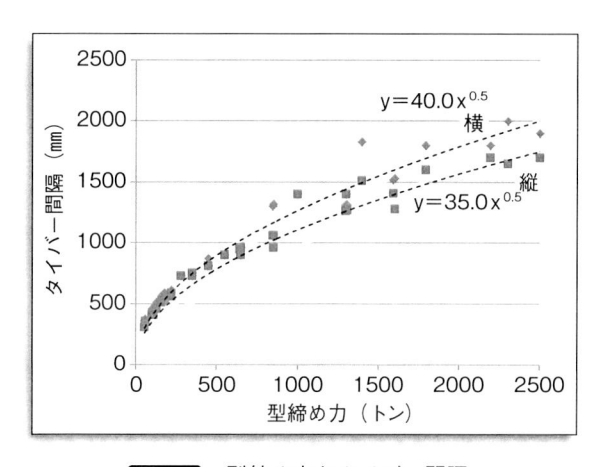

図 6-4 型締め力とタイバー間隔

てみた。この 0.5 に技術的な意味はないが、たとえば、型盤の縦横をかけた型盤面積は、機械にほぼ比例（$Y = aX^{0.5} * bX^{0.5} = abX$）する結果となっていることが図 6-6 からわかる。もっと多くの機械のデータを集計すると、この数値は当然変化するはずなので、ここでは射出成形機のサイズの概要の全体像を見る、という程度の意味と考えて欲しい。

実際には、機械に取り付けることができるかどうかの検討は、それぞれの

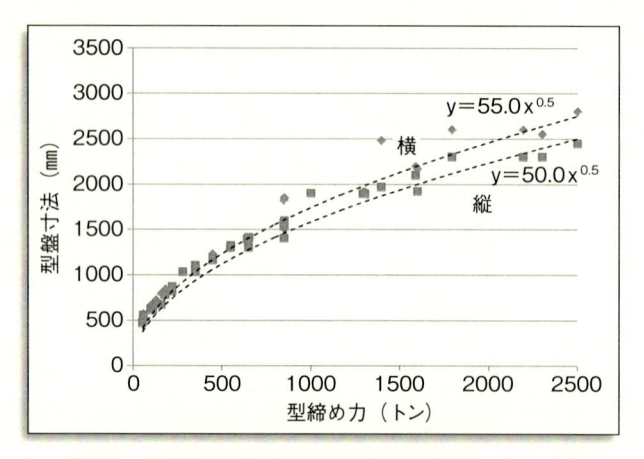

図6-5 型締め力と型盤寸法

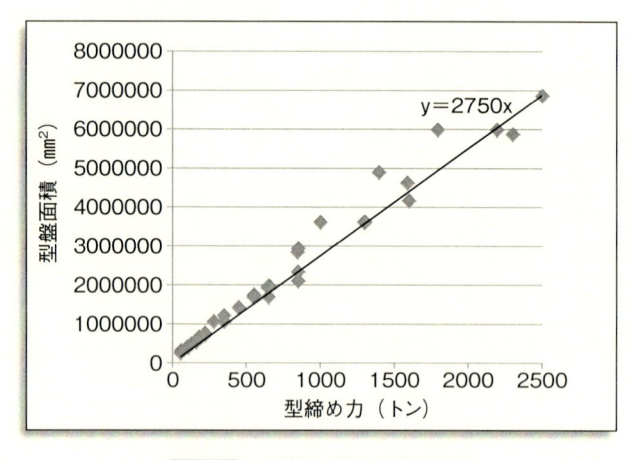

図6-6 型締め力と型盤面積

　会社で持っている機械の仕様を使うのであるが、ここでは全体像として概略を見るために、回帰された近似式を使ってみた。

　たとえば、タイバー間隔は、横＝40＊1200$^{0.5}$＝1386、縦＝35＊1200$^{0.5}$＝1212、型盤寸法は、横＝55＊1200$^{0.5}$＝1905、縦＝50＊1200$^{0.5}$＝1732と計算される。

　金型の縦横は、950 mmと1300 mmなので、1200トンの型盤で大丈夫であることがわかる。グラフ中の式は、それぞれの寸法をY、型締め力はX

として記しており、その近似線を入れている。

（2）取り出しの可否

　成形された製品を、金型から取り出すためには、**図6-7**に示すような関係が必要である。取り出し機などを使用する場合には、特に取り出し機が入るための空間も重要である。深物と呼ばれるバケツのような底の深い成形品では、特に問題となる。これには、最大型開きストロークがポイントとなるが、直圧式成形機の場合には、金型厚さによって最大型開きストロークが変わってくるので注意が必要である。**図6-8**は、今回の金型が製品を取り出すために必要なストロークの関係を示している。取り出しロボットを使う関係から、型開きストロークとして900 mm、このときの金型の固定側から可動側までの距離は、金型厚さ1300 mmを合わせて、2200 mmということになる。

　図6-9に、型締め力と最大型開きストロークの関係を示す。ここでも、1200トンの最大型開きストロークは、$38*1200^{0.5}=1316$であり、900 mmより大きいので大丈夫である。

　ちなみに、固定盤と可動盤が最大に離れた距離をデーライトと呼ぶが、この関係を**図6-10**に示す。1200トンでは、$75*1200^{0.5}=2598$であり、図6-8の2200 mmより大きいので、この点でも大丈夫である。

　ちなみに、デーライトの考え方は、トグル式と直圧式とで考え方が異なる

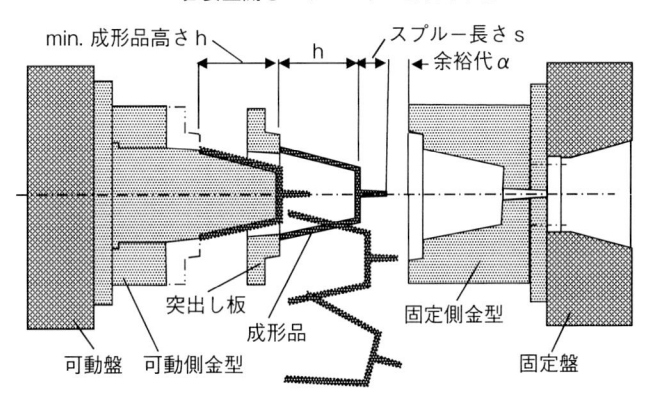

必要型開きストローク＝2h＋s＋α

min. 成形品高さh　　スプルー長さs　　余裕代α
突出し板　成形品　固定側金型
可動盤　可動側金型　固定盤

図6-7　型開きストロークの確認

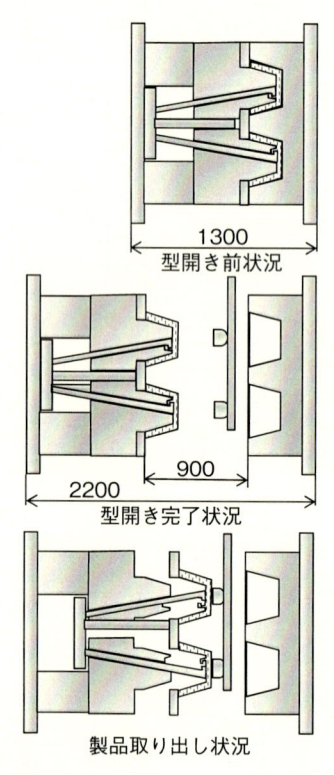

図6-8 型開きストロークの関係

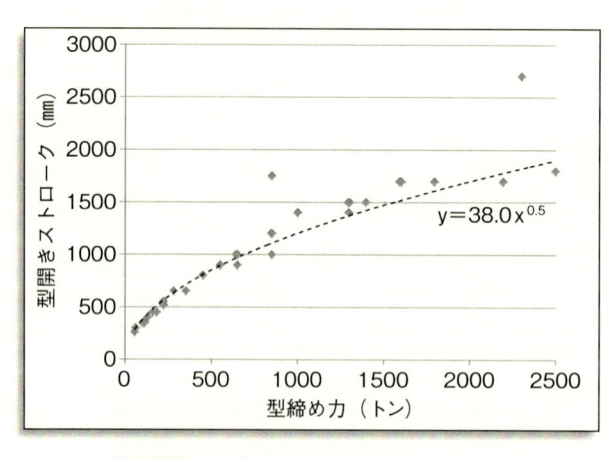

図6-9 型締め力と型開きストローク

$y = 38.0 x^{0.5}$

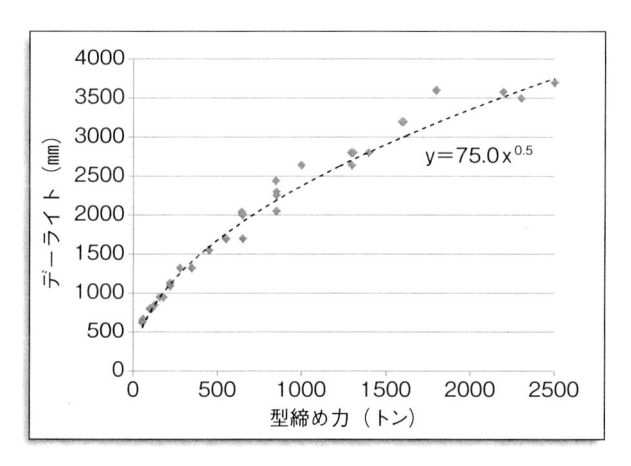

第 6 章　機械の選定と成形サイクル

図 6-10　型締め力とデーライト

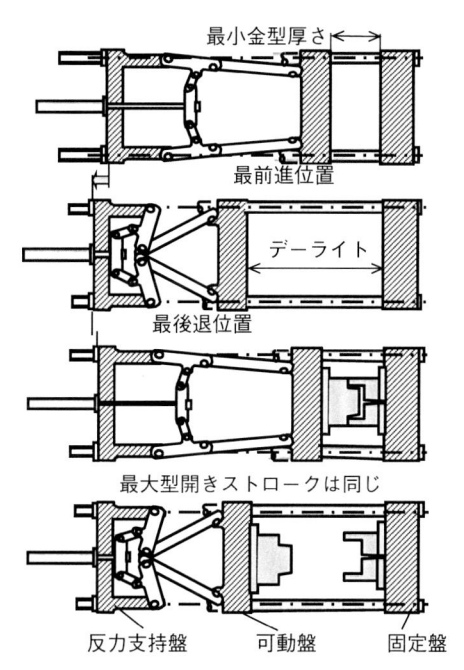

$y=75.0x^{0.5}$

最小金型厚さ
最前進位置
デーライト
最後退位置
最大型開きストロークは同じ
反力支持盤　可動盤　固定盤

トグル式では、金型厚さに関わらず、型開閉ストロークは一定である。

図 6-11　トグル式の場合のデーライトと型開きストローク

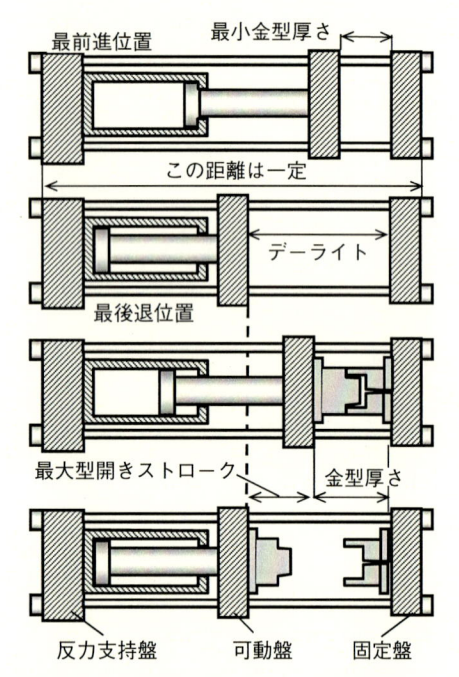

図中のラベル:
最前進位置　最小金型厚さ
この距離は一定
デーライト
最後退位置
最大型開きストローク　金型厚さ
反力支持盤　可動盤　固定盤

直圧式では、金型厚さによって、最大型開きストロークが変化する。

図6-12 直圧式の場合のデーライトと型開きストローク

ので、参考として、**図6-11**、**図6-12**に説明しておく。

▶ 6.1.3 製品重量と射出容量

次に、射出される樹脂重量は、**図6-13**に説明しているように、射出装置側に関係する。使用するスクリュー・シリンダーの径と最大計量ストロークが、最大射出容積である。

（1）スクリュー径

スクリュー・シリンダーの径は、機械の型締め力が決まっただけでは決まらない。同じ型締め力でも、スクリュー径の選択は可能である。しかし、型締め力が大きくなる機械では、製品も大きくなるので、スクリュー径も大きくなる。この関係を**図6-14**に示す。通常は、同じ型締め力でも3種類程度の径から選択されるが、ここでは安全（容量不足）を考えて、図中に示す点

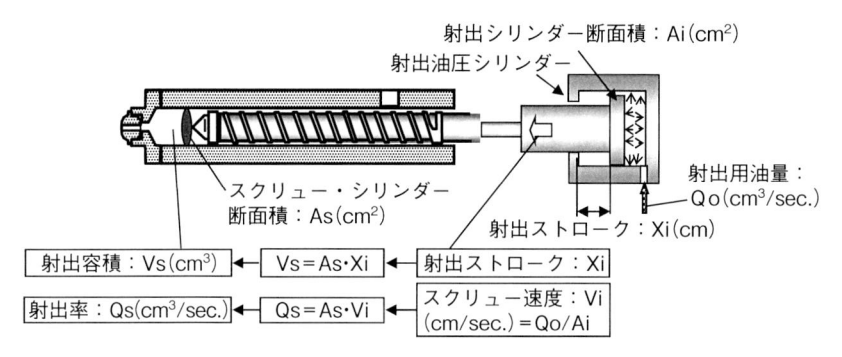

第6章　機械の選定と成形サイクル

図6-13　射出できる最大容積の関係

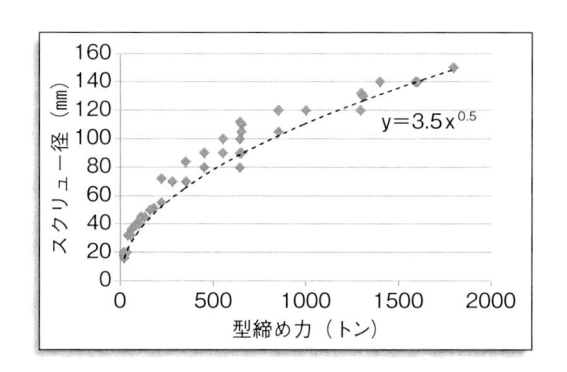

図6-14　型締め力と射出用スクリュー径の関係

線の近似式 $D = 3.5 * F^{0.5}$（F：型締め力）のスクリューサイズとしよう（グラフ中では、$Y = 3.5 * X^{0.5}$ と記されている）。

$3.5 * 1200^{0.5} = 121$ であるので、1200トンでは、120 mmのスクリューとした。自社の機械のスクリュー径がわかっているのであれば、その径を入力すればよい。

（2）計量ストローク

最大計量ストロークは、型締め装置とは別のユニットとして、型締め装置とは別に選択できるものもあるが、通常機械によって決定（設計）されている。この関係を**図6-15**に示す。ここでは、縦軸は最大計量ストローク（S）をスクリュー径（D）で割ったS/Dで表している。3から6程度まで広がっている。機械サイズが大きくなると、全体的にS/Dが大きくなっていく。

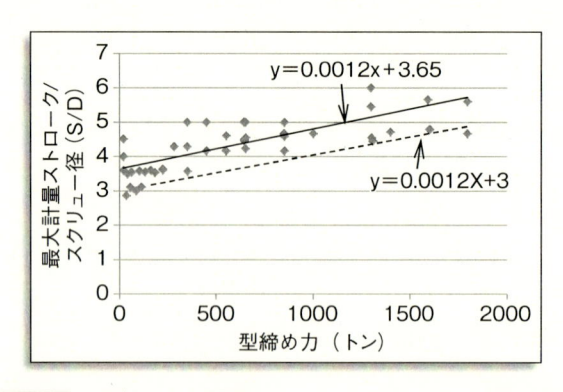

図6-15 型締め力と計量ストローク/スクリュー径の関係

中央の実線で示す式は、これら全体の近似式であるが、ここでは、安全を考えて、最大計量ストロークを $(0.0012*F+3)*D$（F：型締め力、D：スクリュー径）とした。これを計算すると533 mmとなる（グラフ上ではFはXとなっている）。

（3）射出容量

スクリュー径と計量ストローク（射出ストローク）から、射出容量は、$D^3 \cdot \pi/4 * (0.0012*F+3)$ として計算すればよい。ここでは、D=12（cm）、F=1200として、6022 cm^3 となる。

ここでは、スクリュー径はmmで表現し、射出容量はcm^3 と、単位の統一性がないが、機械仕様がこれで記されていることが多いので、これを採用した。

（4）射出される樹脂重量

この射出容量を目一杯計量したとしても、溶融した樹脂は膨張していて、常温の場合よりも密度は小さくなっている。図6-16に非晶性のABS、図6-17に結晶性のPOMのPvT線図を示す。ABSでは固体になると90％程度、POMでは82％程度となることがわかる。結晶性のほうが非晶性に比較して膨張の程度が大きい。射出時には、逆流防止弁のところでの逆流もあるし、保圧時のクッションなども残しておかなければならない。材料別にこの比を求めれば精度も向上するが、ここでは非晶性も結晶性も20％の余裕を考えて、0.90*0.8=0.72、0.82*0.8=0.66として、65％と考えよう。

すなわち、常温固体時の製品体積は、製品重量を樹脂密度で割ったもので

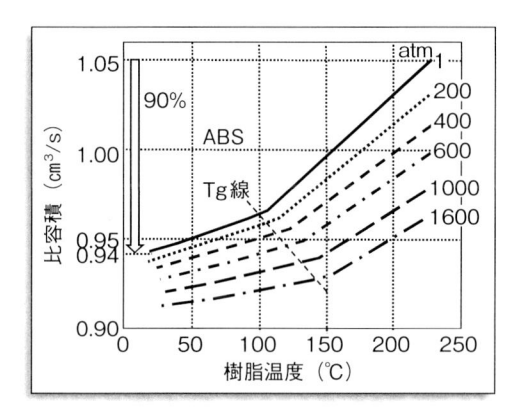

図6-16 ABSのPvT線図

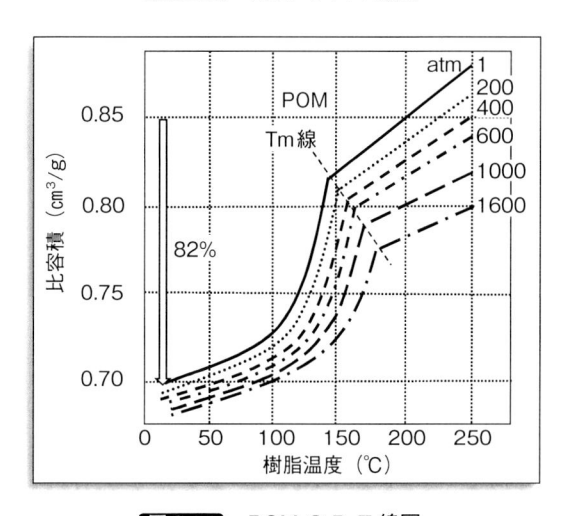

図6-17 POMのPvT線図

ある。これを溶融時の膨らんだ樹脂体積に換算する場合に、安全をみて0.65で割ったものとするのである。この製品は1720g／個で2個取りであるので、全重量は3440gであり、樹脂密度は1.06（g/cm³）である。この固体時の体積は、3440/1.06＝3245cm³であるので、溶融時はこれを0.65で割って4992cm³となる。

これから計量ストロークを計算する場合には、スクリュー面積で割ればよい。スクリュー面積は、単位をcmとして、$12^2 * \pi/4 = 113$ cm²である。

表6-3 機械選定の計算式

	計算	決定
型締め力（ton）	Pa*Ap*n/1000	F（左記計算結果から決定）
スクリュー径 Ds（mm）	3.5*F^0.5	Ds（左記計算結果から決定）
スクリュー・ストローク（mm）	(0.0012*F+3)*Ds	g：製品重量、n：取り数、ρ：樹脂密度
計量ストローク（mm）	g*n/((Ds/10)^2 * 3.14/4*ρ*0.65)	

	横	縦
タイバー間隔（mm）	40*F^0.5	35*F^0.5
型盤サイズ（mm）	55*F^0.5	50*F^0.5
最大型開きストローク（mm）	38*F^0.5	
デーライト（mm）	75*F^0.5	

注）ここでは、掛け算は*、累乗は^で示している。

4992/113＝44.18 cm から 442 mm と計算され、最大計量ストローク 533 mm 以下であるので問題はない。

単位は、いろいろと混合しているが、機械カタログで通常使われている単位を使っているので、注意して欲しい。

ここまで説明してきた計算式を**表6-3**に、この計算結果を**表6-4**にまとめた。

（5）1個取りの場合

次に、先の表6-1では、取り数を2個としたが、これを取り数1個の場合を**表6-5**として、その計算結果を**表6-6**に示す。1個取りとなるので、金型サイズは小さくなるが、深さ方向は同じ寸法とした。型締め力600トンで、90 mm のスクリューが選定された。しかし、マークをつけている計量ストロークがスクリュー・ストロークより大きいので、射出容量が不足していることになる。実際には、スクリュー・ストロークにも余裕を考慮しているので、問題はないかも知れないが、確認は必要である。

もうひとつ、デーライトが足りていない。そこで、型締め力を800トン、

表6-4　2個取りの例の計算結果

射出側

項目	計算	決定	単位
型締め力	1092	1200	ton
スクリュー径Ds	121	120	mm
スクリュー・ストローク	533		mm
計量ストローク	442		mm

型締め側

項目	横	縦	
タイバー間隔	1386	1212	mm
型盤サイズ	1905	1732	mm
最大型開きストローク	1316		mm
デーライト	2598		mm

表6-5　成形品と金型情報

材料	ABS	単位
製品重量	1720	g/個
投影面積	1820	cm^2/個
取り数	1	個
平均肉厚	2.8	mm
最大肉厚	3.2	mm
金型サイズ縦	500	mm
金型サイズ横	700	mm
金型サイズ奥行（深さ）	1200	mm
必要型開きストローク	900	mm
スライドコアの有無	あり	
傾斜スライドの有無	あり	

表6-6 1個取りの例の計算結果

射出側

項目	計算	決定	単位
型締め力	546	600	ton
スクリュー径 Ds	86	90	mm
スクリュー・ストローク	335		mm
計量ストローク	393		mm

型締め側

項目	横	縦	単位
タイバー間隔	980	857	mm
型盤サイズ	1347	1225	mm
最大型開きストローク	931		mm
デーライト	1837		mm

表6-7 1個取りの修正計算結果

射出側

項目	計算	決定	単位
型締め力	546	800	ton
スクリュー径 Ds	99	100	mm
スクリュー・ストローク	396		mm
計量ストローク	318		mm

型締め側

項目	横	縦	単位
タイバー間隔	1131	990	mm
型盤サイズ	1556	1414	mm
最大型開きストローク	1075		mm
デーライト	2121		mm

スクリュー径100 mmと変更してみると、**表6-7**に再計算したように、スクリュー・ストロークもデーライトも問題がなくなることがわかる。

ここでは、まず概略計算が簡単にできるように、機械情報は近似式を使ったが、その後の確認は、実際、工場にある機械の仕様書の数値から再度比較検討すればよい。

ここではわかりやすいように分解して説明したが、エクセルなどを使って自動判定するプログラムを組めば、適切な機械サイズを選定することは容易にできる。

6.2 射出成形サイクル

成形品が何秒で1回成形できるかという成形サイクルについて考えみよう。成形サイクルは、成形品の売価のうちの加工費に直接関係するものであり、適切なサイクルでないと競争力がないものになってしまう。同じ成形品を、競合相手は1分に2個（成形サイクル30秒）作っているのに、自分の会社では1個（成形サイクル60秒）しかできていないのであれば、その製造コストは高くなってしまい、競争力はなくなる。

しかし、適切な成形サイクルがどのようなものかを説明しているものがなかなか見当たらない。いろいろな成形工場を見ても、同じような製品でも、成形サイクルは結構異なっている。

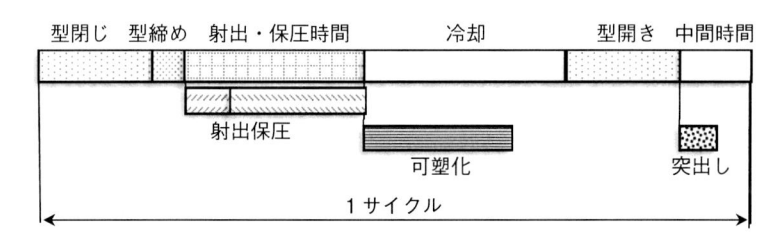

図6-18 射出成形の一サイクル

成形サイクルは、**図6-18**に示すように、型閉じから始まり、型締め、射出・保圧、冷却、冷却時間中の可塑化、冷却終了後の**型締め弛緩**、型開き、突出し、製品取り出し、の繰り返しである。

　機械と金型の仕様から、この製品の成形サイクルを求めてみよう。これも一般化を試みた。半自動成形の場合やノズル先端温度を調節する必要がある場合には、ノズル前進、後退を使用することもあるが、オープンノズルを使用しているときには、ノズルから樹脂漏れをするため、一般的にはノズルタッチのままの成形が通常である。ここでは、ノズル前進、後進は省略した。

▶ 6.2.1　型開閉

　プラスチックの展示会などでも見られるように、薄い成形品で形状的にも単純なものは、非常に短い成形サイクル時間で成形されている。型開閉の速度が非常に速い例もあるが、ここでは、通常の金型を想定した型開閉時間を考えてみよう。

（1）型閉じ

　型閉じ工程の動きは、型締め装置のところで説明したとおりである。まずは、低速、高速、低速、低圧（金型保護）、金型タッチ確認、型締めの順序となる。慣性の法則のため、最初から高速にはならないので、最初の低速は高速工程につなぐための助走期間である。その後、高速とするが、金型がぶつかる前には、速度を低下させる必要がある。これも慣性の法則で高速となったものにブレーキをかけるのである。金型がぶつかる直前では、金型のなかに異常なもの（たとえばプラスチックの切れ端など）が残っていると金型を傷つけるので、圧力を低下させてゆっくりと金型を接触させる（金型保護）。ここで、固定側、可動側が接触したことで、金型内に異物が残っていないことを確認した後、高圧で型締めするのである。

（2）型開き

　型開きも型閉じと同様に考えることができる。まずは、強い力で型締めされている状態から、これを弛緩する。その後、低速から高速、そして停止位置を確実にする低速の工程となる。型閉じと異なる点は、金型保護の工程がないので、型閉じ工程に比較すると短い時間である。

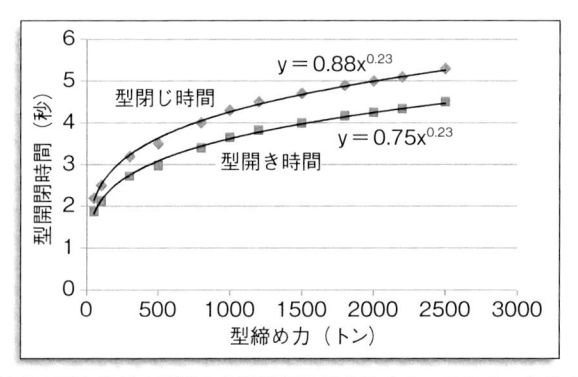

第 6 章　機械の選定と成形サイクル

[グラフ: 型締め力（トン）と型開閉時間（秒）。型閉じ時間 $y = 0.88x^{0.23}$、型開き時間 $y = 0.75x^{0.23}$]

自社の金型と機械の標準的な型開閉時間を決める。これを一般化するために近似式で近似。スライドコアを使用する場合には、係数をかける。

図6-19　型締め力と標準型閉じ・型開き時間

（3）型開閉標準時間

　金型が重いと慣性力も大きくなるので、型開閉時間は金型の重さによっても変わってくることになるが、これを考慮し始めると複雑になりすぎるので、概略は、成形機の大きさで標準の型閉じ時間を予測するといいであろう。

　図6-19は、大体こんな感じであろう、という型開閉時間をグラフにしたものである。型開き時間は型閉じ時間の85％と考えればよいであろう。この図中では、一般式とするために、近似曲線を求めている。これらは、Fを型締め力（図中では、式はFはXで表示されている）として、型閉じ時間 $0.88*F^{0.23}$、型開き時間 $0.75*F^{0.23}$ として一般化することとした。

　$0.88*1200^{0.23} = 4.5$ 秒、$0.88*1200^{0.23} = 3.8$ 秒

　この標準時間は、先に少し触れた、薄物成形の超ハイサイクル（短いサイクル）成形の型開閉時間からすると結構長いものであるが、超ハイサイクル成形用には、いろいろ細かな点で（たとえば金型の材質やブレーキ性能など）も特別に成されているので、ここでは一般的と思われるものに限定した。

（4）型開閉の位置ばらつき

　型閉じ工程で、金型保護前の低速型閉じ位置がばらつくと、金型が接触するときの状況にも影響を与えて、金型保護の効く余裕がないことにもなる。また、型開閉においても、型開きの完了停止位置がばらつくと、たとえば取り出し機を使って製品取り出しをするときに、取り損ねることにもなる。そ

のため、この型開閉時間には、これらを考慮したものでなければならない。これは、機械の性能によっても違ってくる。

(5) スライドコアなどの影響

型開閉時に、金型内でスライドコアなどの動く動作がない金型では、金型の可動側が固定側に接触する直前まではある程度の高速も可能である。しかし、スライドコアなどの金型内でいろいろな動きの動作がある場合には、確実にスライドコアが動作していることを確認しないと危険であり、無理に型開閉を速くすると、金型破損の危険性が増すことになる。一旦金型を破損すると、金型を修理するまで、生産が停止してしまう。特にスライドコアが入り始める直前には、金型の閉じる速度はゆっくりとしたいものである。

そのため、金型自体にスライドコア、油圧コアなどの動作が必要な場合には、これらの動きも考慮して、ある程度ゆっくりとした型開閉時間が要求される。また、スライドコアなどでも、大きなものほど動作確認に余裕を持つ必要があるので、スライドコアの大小で多少の違いをつける。たとえば、大きなスライドでは30％増し、単純なスライドでは15％増しなどである。ここでは、小さなスライドとして、型開閉とも15％増しで、5.2秒と4.4秒とした。型開閉時間はストロークが長いとその分当然長くなる。成形品深さとの関係を加えることも一案である。

▶ 6.2.2 突出し

型開き後の突出しも、自動落下と取り出し機を使う場合とでは異なってくる。自動落下の場合は、取り出し機を使う場合よりも短い。型開閉時間と同様、これらの時間を感覚的に想定したものを **図6-20** のようにグラフ化し、近似曲線を求めて一般化した。

取り出し機を使う場合には、自動落下の60％増し程度を想定している。また、傾斜スライドなどがあると、突出しにも気を使う必要があるので、これも15％増しとする。今回は、取り出し機なので、$0.0016*F+2.9$ とし、傾斜スライドがあるので、この1.15倍とすると、$(0.0016*1200+2.9)*1.15=5.5$ 秒とした。突出しも深物成形品だとストロークが長くなるので、型開閉同様成形品深さにも関係させることも一案である。

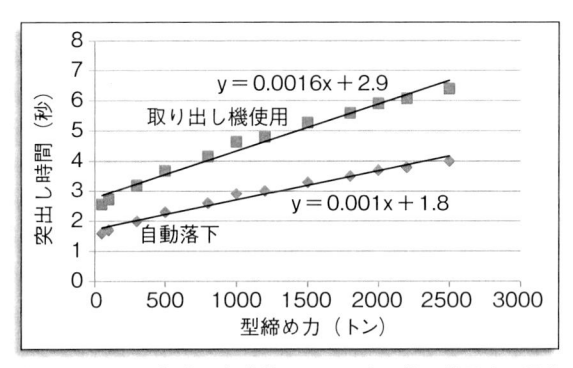

第 6 章　機械の選定と成形サイクル

突出し時間も一般化。自動落下と取り出し機を使用する場合で使い分ける。また、傾斜スライドがある場合は、突出し時間に係数をかける。

図 6-20　型締め力と標準突出し時間

▶ 6.2.3　射出保圧時間

射出保圧時間は、樹脂を充填する射出工程と保圧の工程に分けられる。

（1）射出時間

射出時間は、成形品の品質にも係るものなので難しい課題である。たとえば、バリとかシボの転写不良などが発生すると、射出速度を遅くしなければならなくなる。このようなことは多々あるからである。過去の古い文献には、射出時間を求める計算式を述べたものもあったが、これは意味がない。実際の射出速度が現場でどのように決定されているかというと、成形品の表面状態（表面の成形不良）を見ながら決めているのである。

もっといえば、射出時間を短くするためには、金型設計のいろいろなところ（ゲート形状、ゲート位置、ガス抜き方法、合わせ状態など）を詳細に検討しなければならない。このため、理論的に射出時間（注入時間）が決められるものではないが、ここでは機械の射出容積と射出率の関係を調べてみた。

1）射出容積と射出率

ここで、考慮しなければならないことは、機械が異なることで、射出保圧時間が変わるのはおかしいということ。また、取り数が2個であっても、1個であっても成形品1個あたりを充填する場合の時間は同じであるべきであろう。そこで、成形品1個あたりで考える。

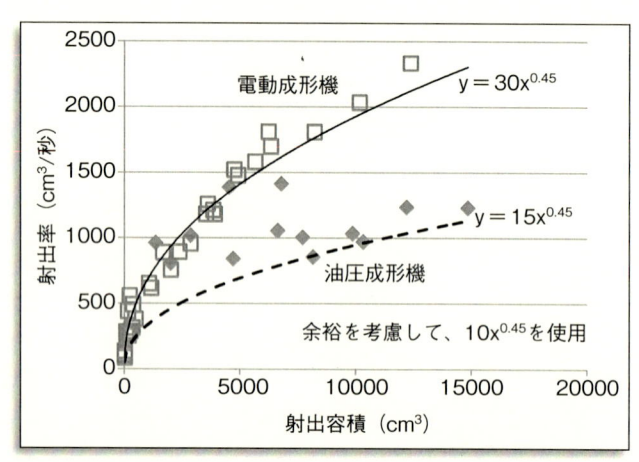

[図 6-21 のグラフ：射出容積と射出率の関係。電動成形機 $y = 30x^{0.45}$、油圧成形機 $y = 15x^{0.45}$、余裕を考慮して $10x^{0.45}$ を使用]

射出時間は、機械サイズが変わっても変化せず、成形品情報から決定されるべきである。射出時間は射出速度に関係し、射出速度は、成形品の表面品質によっても変化するので、計算は困難である。ここでは、成形品容積と射出率の関係を使って一般化した。電動成形機と油圧式成形機では、射出率は異なっているが、油圧機の 2/3 の余裕のある値を使用。

図 6-21 射出容積と射出率

　まず、機械の射出容積と射出率の関係を**図 6-21** に示す。ここでは2つのグループに分かれているが、射出率の大きいのは電動の成形機であり、小さいほうは油圧の成形機である。電動成形機の射出容積と射出率の関係は、$Y = 30.35 * X^{0.45}$ と表される。ここで、$Y = 15 * X^{0.45}$ を点線で入れているが、これだと油圧成形機を含めた射出率と考えても余裕がある線となる。

　通常は、射出速度設定を 100％の目一杯で使用することはあまりない。40％～70％程度であろうから、射出率としては2/3として、簡単に、$Y = 10 * X^{0.45}$ を使用しよう（ここで Y は射出率、X は最大射出容積）。

2）射出時間の算出

　実際に射出時間を計算する場合には、成形品分の容積分を、この射出率で充填する時間となる。ただ、スクリュー・シリンダー内部の溶融樹脂は、成形品となった固体の樹脂よりも膨らんでいるので、この膨らんだ容積で計算する。前には、スクリュー側の射出容量から射出重量を計算したが、ここでは逆の計算になる。しかしクッション分は考えなくてもいいので、0.65 では

なく、0.75 で割ることにする。すなわち、成形品重量 1 個分の重量 W を常温時の樹脂密度で割って容積とし、さらに膨張分を考えて 0.75 で割れば求められる。

ここで使用する射出率は、X = 1720/1.06/0.75 = 2164 cm^3 として計算して、射出率は 317 cm^3/秒と計算される。

射出時間は、その成形品 1 個分の容積を先の射出率で割れば求められる。先の X を W として、計算すると、Y = 0.1 * (W/ρ/0.75)$^{0.55}$ = 0.1 * 2164^0.55 = 6.8 秒と計算される。このあたりについては、自社で成形している成形品のデータを採取して補正すればいいであろう。

3）実際の機械の射出率での確認

先の射出率は 1 個分であった。射出時間は、2 個同時に充填するので同じでよいが、機械に要求される射出率は、ここでは成形品は 2 個取りであるので、2 倍必要となる。先の 1 個分の射出率は 317 cm^3/秒であったので、2 個分では 634 cm^3/秒となる。念のために、スクリュー径と射出率の関係を調べてみると、**図 6-22** のようになった。ここでも電動成形機と油圧成形機の違いで 2 つに分かれるが、電動成形機の場合、スクリュー径と射出率との関係は、Y = 1.60 * X$^{1.43}$ と計算される。その半分の Y = 0.8 * X$^{1.43}$ を点線で示

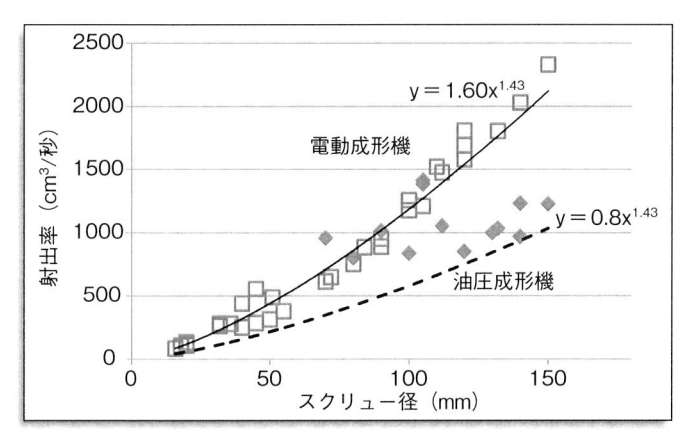

成形品から計算した射出率が、選択した機械のスクリューでも問題はないか否かの確認。選択したスクリュー径と射出率の関係でチェック。ここでも、油圧成形機でも余裕がある条件で比較する。

図 6-22 スクリュー径と射出率

しているが、この線は油圧の場合にもすべて下回っているので、この線を目安にすれば安全である。これでスクリュー径120 mmの場合の射出率を計算すると、752 cm³／秒となり、634 cm³／秒より大きいので安全である。

しかし、機械の射出率が小さかったとしても、射出速度が遅くなって射出時間が長くなるだけで、成形は可能であるかも知れないので、ここではあくまで参考としたい。ただ、射出速度が相当遅くなると、射出中に冷却が進行して入りきれなくなる可能性もあるので注意が必要である。

4) 保圧時間

保圧時間は、充填完了後の成形品の収縮量を補うための工程である。溶融した樹脂が金型に入ってからは、金型によって熱を奪われ始めているので、特に保圧時間は冷却時間の一部として考えることもできるという説明もした。しかし、実際には、ゲート近傍では新しい熱い溶融樹脂が成形品に入り込んでいるので、この場合のゲート近傍部分は冷却時間とすることは厳しい。

保圧が有効に作用する時間は、ゲートシールまでの時間であるが、このゲートシール時間を理論的に求めることは難しい。保圧中に、溶融樹脂が補充されるのは、どれだけ製品部が冷えて収縮するかにもよるが、製品の容積にも関係する。ここでは、経験的に、先に求めた射出時間の50 %をゲートシールまでの保圧時間とする。ここでは、6.8秒の50 %で、3.4秒とした。

▶ 6.2.4　冷却時間

冷却時間の計算方法は、すでに説明したので、詳しい説明はここでは省略するが、計算を簡単にするために、**表6-8**に材料別の標準の成形条件例とその場合の冷却時間計算用の係数を参考用に示す。

ここでは、ABSで最大肉厚3.2 mmであったので、係数2.8を肉厚の2乗にかけて、$2.8 * 3.2^2 = 28.7$ 秒となる。

▶ 6.2.5　可塑化時間

型開閉中にも可塑化（スクリュー回転）が可能な特殊な機械でなければ、可塑化計量は冷却時間中に完了させる必要がある。可塑化時間がどの程度必要になるかは、可塑化能力で考える。

スクリュー径を横軸とした可塑化能力を**図6-23**に示す。このときの材料

表6-8 材料別標準条件例

樹脂	温度(℃) Tr	Tc	Tm	係数B
HDPE	180	55	30	2.0
PP	220	90	30	2.2
PVC	185	55	30	3.1
PS	200	70	40	2.5
ABS	230	80	50	2.8
ASN	220	75	50	2.9
PA6	225	75	60	3.2
PA66	275	90	70	3.3
POM	190	110	60	2.0
PC	245	110	60	1.6
PMMA	235	80	50	3.2

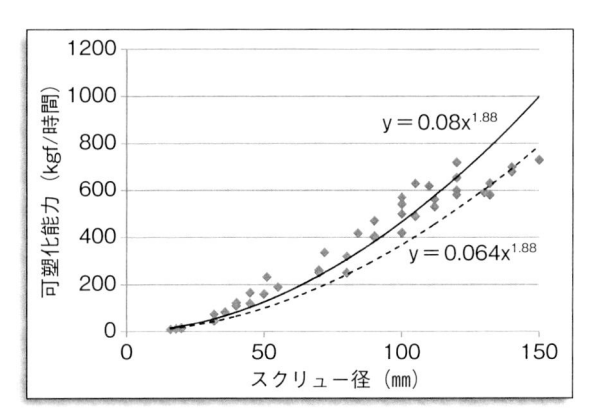

GPPSでの可塑化能力を示す。異なる材料の可塑化能力は樹脂の密度に比例するものとして計算することとした。

図6-23 スクリュー径と可塑化能力

は通常 GPPS である。可塑化能力が不足すると冷却時間を長くする必要があるので、安全を考慮して、ここでは $0.064*D^{1.88}$（ここでは D はスクリュー径）を考える。また、可塑化能力の単位は、1 時間あたりの kg 数なので、3.6 で割って、1 秒あたりの g 数として計算する。GPPS の密度は、1.05 であるので、樹脂が違うときには、密度に比例させて考慮する。ここでは、ABS の密度を 1.06 としたので、$0.064*1.06/1.05*120^{1.88}/3.6=145$ g／秒となる。製品重量は 3440g であったので、23 秒かかることとなり、冷却時間 28.6 秒中に完了できる計算結果となる。

　可塑化時間が冷却時間より長く計算された場合には、冷却時間は可塑化時間となるが、可塑化時間は多少変動するので、可塑化時間の 1.05（5％増し）程度の冷却時間とする。型開閉中の可塑化案も考えられるが、その場合には、樹脂が金型から漏れないようにバルブゲートなども必要となる。

　実は、この可塑化時間を計算することは、非常に困難なのである。その理由は、スクリューの可塑化能力の基礎的な理論計算式は紹介したが、その理論計算どおりにはいかないからである。その点がスクリュー設計の難しいところなのである。材料の特性が温度によって異なったり、添加剤の状態や成形条件、スクリュー形状によっても大きく変化するからである。

　実際には、このように簡単に密度に比例して計算できるものではないので、それぞれの会社で使用する樹脂と機械との組み合わせ別の可塑化能力のデータを採取して、そのデータを使用すべきである。

▶ 6.2.6　無駄時間

　特に油圧の機械では、バルブの切換え時の圧力ショックが結構問題となる。そのために、型締めが完了して、射出開始となるときなどの動作が切り替わるときに、遅延時間が設けられていることが多い。その時間は、機械によって決まっており、製品や金型形状とは関係ない。そこで、型締め力に関係した数値（ここでは型閉じ時間）を使って、その 40％を無駄時間として安全を見込んでおく。これらも機械メーカの調整のやり方によって実際は異なっている。ここでは、$0.35*F^{0.23}$ とする。1.8 秒と計算される。

第 6 章　機械の選定と成形サイクル

表6-9 成形サイクル計算式

型締め力（ton）	F（機械選定結果から決定）
可塑化用スクリュー径	Ds（機械選定結果から決定）
機械スクリュー射出率	$0.8 * Ds^{1.43}$
射出時間用射出率	$10 * (g/\rho/0.75)^{0.55} * n$
可塑化能力（g/秒）	$0.064 * \rho/1.05 * F^{1.88}/3.6$

g：製品重量 g/個
n：製品取り数
ρ：常温材料密度

成形サイクルの内訳(秒)

型閉じ	$0.88 * F^{0.23} * Cs$
射出	$0.08 * ((g*n)/\rho)^{0.57}$
保圧	$0.5 *$ 射出時間
冷却	$Ct * t_{max}^2$
可塑化	$(g*n)/$可塑化能力
型開き	$0.75 * F^{0.23} * Cs$
突出し	$Lt * Rb * (0.001 * F + 1.8)$
無駄時間	$0.35 * F^{0.23}$
合計成形サイクル時間	可塑化時間を除く合計

Cs：スライドの有無
あり：1.15　なし：1.0

Ct：樹脂係数
t_{max}：最大肉厚（mm）

Cs：スライドの有無
あり：1.15　なし：1.0
Lt：傾斜スライドの有無
あり：1.15　なし：1.0
Rb：取り出し機使用の有無
あり：1.6　なし：1.0

▶ 6.2.7　成形サイクルの計算

　この計算方法のまとめを、表6-9にまとめた。型締め力1200トン、スクリュー径120 mmで、成形サイクルは、55.8秒と計算される。

　また、1個取りの場合は、型締め力800トンで、100 mmのスクリュー径としたが、この場合には54.0秒となり、型開閉関係分だけが少し速くなっている計算結果となる。

　あくまでも、機械情報からざっと計算する方法を紹介したので、自社に合わせて調整すればいいであろう。

第7章

成形加工費および売価

　成形品を生産する機械の大きさと成形サイクルがわかれば、次には、製造するための費用と、どの程度の価格を客先に提示すればいいかを検討することになる。そのためには、狭義の成形サイクルとは別に、広義の成形サイクルについても理解しておく必要がある。また、安い機械や油圧式、電動式での機械の違いが、どのように製品価格に影響するのかの検討も加えてみた。製品価格には、金型の償却が含まれる場合もあるが、金型費の検討は、特殊なことでもあるので、別途第8章で取り扱うことにする。

7.1 成形加工費の考え方

　成形加工費とは、ある射出成形品を生産するための加工費のことである。すなわち、成形サイクルに1秒あたりの加工賃を掛け合わせたものとなる。工場全体の組織が所有している設備や機械、使用する電気代、その他をそれで支払っていかなければならない。

　ここで、加工費の中の賃率について検討するために、図7-1の工場を想定して考えてみよう。この工場には、70トン4台、150トン2台、300トン

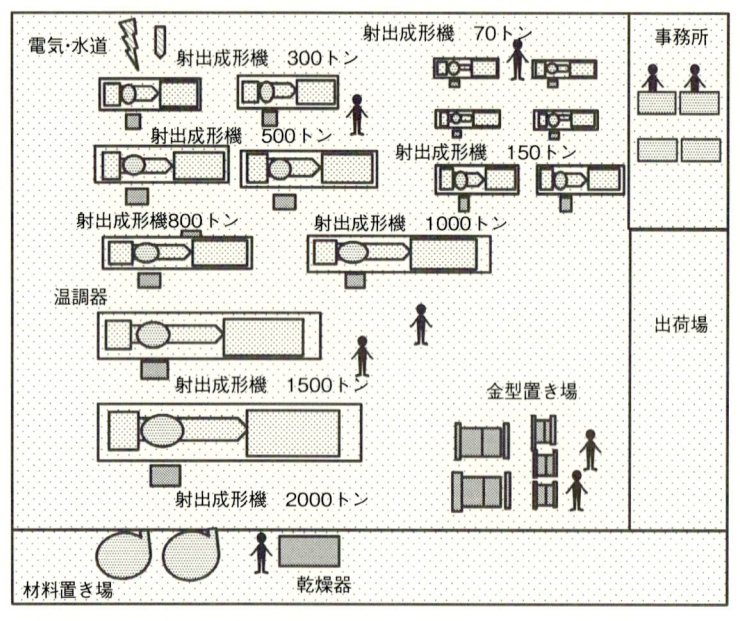

敷地800坪、建屋500坪、
70トン4台、150トン2台、300トン2台、500トン2台、800トン1台、1000トン1台、1500トン1台、2000トン1台、従業員10人、アルバイトあり

図7-1　賃率を構成する概念図

2台、500トン2台、800トン1台、1000トン1台、1500トン1台、2000トン1台、合計14台が稼働している。課長、係長をはじめ、機械の操作・金型交換要員は4人、金型保全関係は2人、設備・保全が2人で、合計10人の従業員がいる。機械について、取り出しなどの仕事は、アルバイトを使う。

　工場の敷地は、全体で800坪（約2640 m^2）、建屋は約500坪（約1650 m^2）とした。これらの数値は仮のものなので、Excel（エクセル）などのソフトに計算式を入れておき、数値を変えて確認することは容易である。検査、梱包、輸送などは、他の部署が担当している。土地、建物は、成形工場以外にも間接部門で使っている場所も含めることとする。

　成形工場での課長の職務は、製品を生産（成形）して、その費用で工場を運営していくことである。土地の金利、建屋の償却費、さまざまな補修や保全、保険、税金などや、成形品を製造するために必要な設備や動力などの費用も当然必要である。この費用の概念を**表7-1**に示す。

表7-1 賃率を構成する費用

分類	項目	番号
土地・建物費用	土地の金利	①
	建物償却費	②
	建物修繕費・管理費・保険	③
税金・金利他	固定資産税	④
	償却資産税など	⑤
	社内金利など	⑥
設備償却費	射出成形機	⑦
	温調器	⑧
	乾燥器など	⑨
共通設備償却費	クレーン	⑩
	クーリングタワー	⑪
	材料保管設備	⑫
	フォークリフトなど	⑬
設備据付費	設備据付費	⑭
修繕・保険費	保守・点検、修繕費	⑮
	保険費用	⑯
	治工具費	⑰
電力・水道費	電力費	⑱
	水道費	⑲
成形人件費	成形現場賃金	⑳

次に、下記に説明するこれら費用を、1年間の費用として計算し、年間の稼働時間で割って、単位時間あたりの成形加工費を求めてみよう。これが賃率である。たとえば、年間の稼働時間としては22時間／日、20日／月、12ヶ月／年とすると、5280時間／年であり、1秒単位にすると、19008000秒となる。最終的な成形サイクルは通常、秒の単位で記されるので、ここでは賃率も1秒あたりのものとして使用しよう。

150トンを例にして、賃率の計算シートを**表7-2**に示す。費用区分は、表7-1に記した費用の番号である。これで説明しよう。

(1) 土地・建物広さ

生産するための機械に使用する建物や敷地の面積が必要であり、温調器や材料、金型、完成品の置場、また事務所などを配分する。**図7-2**は、数社の成形機メーカ数十台の射出成形機の設置面積と型締め力の関係図である。トグルや直圧、油圧、電動に係らず、設置面積は型締め力にほぼ比例していることがわかる。この関係図から、それぞれの型締め力の成形機の設置面積を**表7-3**に示した。これを合計してみると、269.2m^{2}となる。ここには、いろいろな機械があるが、その機械面積に比例して配分することとした。

結果として、建物面積は機械自体の設置面積の約6倍（6.1）、土地は約10倍（9.8）なので、その倍率を計算に使用する。150トンの機械の設置面積は、7.7 m^{2}となる。比率の部分には、機械の面積を1とした場合の建物と土地の比率を記している。

ここでは、建物の1m^{2}あたりの単価を80千円（坪単価264千円）として、建物面積をかけて建屋価格を3840千円と算出している。そして、それを償却年数（ここでは20年）分の総労働時間（ここでは、1年あたりで5280時間）で割って、1時間あたりの費用を計算した。最終的には、1秒あたりの費用に計算するのであるが、電気代がkWhで表現されることが多いので、まずは時間単位での計算とする。これを3600秒で割れば、1秒あたりの加工費となる。建屋の固定資産税、保全費、保険なども仮定して入れている。

土地は年とともに古くなって価値が低下するものではないので、土地単価に広さをかけたものに、金利をかけて費用を計算する方法とするが、土地分の固定資産税分の算出も、実際には非常に複雑なので、ここでは金利・その他としてざっと10％（0.1）を入れた。

第 7 章　成形加工費および売価

表7-2　150 トンの機械例での賃率計算

機械トン数　150

項目	費用区分	単位	比率	償却年数	費用	単位	割合
機械設置面積		m²	7.7				
建屋面積		m²	46.2	6			
建屋単価		千円/m³	80				
建屋費用		千円	3,696				
建屋償却費	②	—	1	20	35.0	円/時間	1.3 %
建屋修繕費・保険・税金	③	—	0.2	—	7.0	円/時間	0.3 %
土地面積		m²	77.0				
土地単価		千円/m²	65	10	—	—	—
土地価値		千円	5,005	1	—	—	—
金利・その他	①④〜⑥	—	501	0.1	94.8	円/時間	3.6 %
機械価格	⑦	千円	11,100	1	8	262.8	円/時間	10.0 %
付帯設備価格	⑧〜⑬	千円	3,330	0.3	8	78.8	円/時間	3.0 %
その他経費	⑭〜⑰	千円	2,886	0.2	8	68.3	円/時間	2.6 %
機械電気容量		kWh	79	—	—	—	—
成形機電力(ヒーター)	⑱	—	0.3	1	174.5	円/時間	6.6 %
成形機電力(動力)	⑱	—	0.3	—	180.8	円/時間	6.9 %
その他電力	⑱	kWh	71	—	3	1,065.8	円/時間	40.5 %
電気単価		円/kWh	15	1	—	142.1	円/時間	5.4 %
水道単価	⑲	—	—	0.1	—	—	—	—
合計					2,109.9	円/時間	80.2 %

社員人件費	2,002	千円/年			379.2	円/時間	14.4 %
アルバイト人件費/人	3,000	千円/年・人			142.0	円/時間	5.4 %
機械配置人数	0.25	人			521.2	円/時間	19.8 %
人件費合計	⑳						

| 総合計 | | | | | 2,631.2 | 円/時間 | 100 % |

		単位
年稼働数		
月平均日数	22	日/月
日平均稼働時間	20	時間/日
年全稼働時間	5280	時間/年
人件費以外賃率/時間	2,110	円/時間
人件費以外賃率/秒	0.59	円/秒
人件費賃率/月	521	円/時間
人件費賃率/秒	0.14	円/秒
人件費込み賃率/時間	2,631	円/時間
人件費込み賃率/秒	0.73	円/秒
成形サイクル	25.0	秒
加工費	18.3	円/サイクル

199

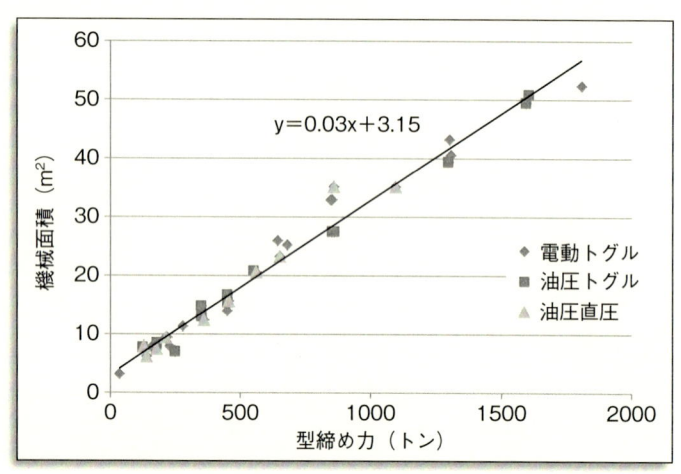

[図7-2のグラフ: y=0.03x+3.15、電動トグル、油圧トグル、油圧直圧]

射出成形機の占める面積と型締め力との関係を調べると、ほぼ直線的で、$0.03_x + 3.15$の近似式で表せる。

図7-2 射出成形機の型締め力と機械面積

表7-3 各射出成形機の機械面積と土地、建物、人件費の配分

型締め力(トン)	機械設置面積(m²)	土地(m²)	建物(m²)	人件費/年(千円/年)
70	5.3	52.0	32.5	1,378.2
70	5.3	52.0	32.5	1,378.2
70	5.3	52.0	32.5	1,378.2
70	5.3	52.0	32.5	1,378.2
150	7.7	75.5	47.2	2,002.2
150	7.7	75.5	47.2	2,002.2
300	12.2	119.6	74.8	3,172.4
300	12.2	119.6	74.8	3,172.4
500	18.2	178.5	111.6	4,732.5
500	18.2	178.5	111.6	4,732.5
800	27.2	266.7	166.7	7,072.8
1,000	33.2	325.6	203.5	8,633.0
1,500	48.2	472.7	295.4	12,533.4
2,000	63.2	619.8	387.4	16,433.9
合計	269.2	2640	1650	70,000

（2）機械・設備償却費

　射出成形機以外にも、乾燥器や温調器、取り出し機などの設備などの償却費がある。クレーンやクーリングタワー、材料輸送装置など、一般の工場設備も考慮しなければならない。射出成形機に直接関与している設備だけでなく、全般的な工場設備に対しても、割り勘的な配慮が必要というわけである。

　償却の計算方法には、定率償却法と定額償却法がある。たとえば、車の価値計算などには定率法が使われている。新車と中古車の1年後の価値が相当異なるのは、このためである。賃率計算に定率法を使うと、機械が新しい場合の加工費は高くなり、旧式となると安くなる計算になる。しかし、顧客にとって、機械の新しい古いは関係のないことであり、納入される製品の品質がよければいいのである。このため、賃率の計算に使う場合は、定額償却で考えよう。

　償却には、残存価格など面倒なものもあるが、償却期間を法定のものを使うかどうかの判断もあるので、機械購入価格を自社で考える償却年数で割るものとする。ここでは8年償却とした。機械価格は11,100千円（11,100,000円）とし、付帯設備費用は、この機械の30％（0.3）であるとしている。この機械価格は、参考として計算するために適当に想定したものである。ある文献から型締め力と価格情報の関係を図7-3に示すが、これもほぼ直線関係にあるようだ。ここでは、機械メーカにより価格も大きく異なるので価格の絶対値は省いている。

　また、機械の設置費用は、機械と設備、保険・税金等々も含め10％、その他経費も10％とした。経費には、機械や設備の保守や定期点検費なども含む。

（3）電気、水道費

　機械を動かすためには、電力が必要である。また、機械や金型の冷却用の水道水の費用などは、それぞれの機械に分配する。実際の計算では、工場で使う電力費や水道費などを、機械ごとに分配することになる。射出成形機としては、ここでは油圧の機械での例を使っている。現在の日本では、電動成形機が主流となっているが、この比較は別途行う。

　いくつかの油圧の射出成形機のモーターとヒーターのカタログ値と型締め力の関係のグラフを図7-4に示す。実際の機械の消費電力は、このカタロ

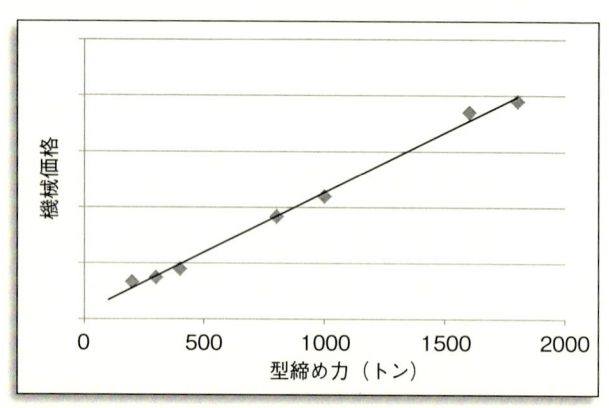

機械価格は、メーカや仕様によっても大きく異なるが、ここでは参考として、過去のある文献からの型締め力との関係を示す。実際には、各社の購入価格を使えばよい。

図7-3 射出成形機の型締め力と機械価格（参考）

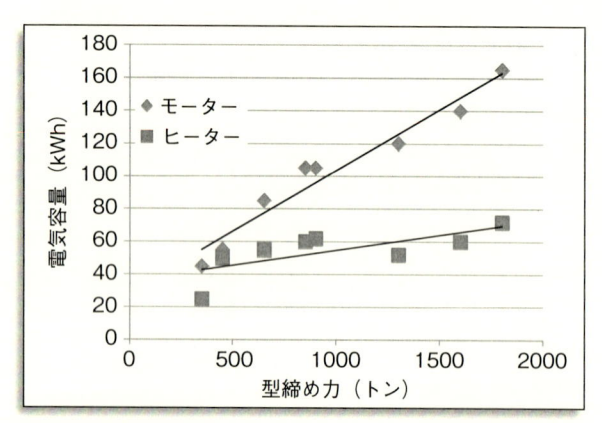

過去の油圧の成形機の、ヒーターとモーターの電気容量の型締め力との関係図である。電動成形機の場合には、このモーター部分の電力費が低くなる。

図7-4 射出成形機の型締め力と電気容量（油圧機）

グ値の40％とした。別途電動機と比較するために、あえてヒーターとモーターに分けた。

　射出成形機だけではなく、温調器や乾燥器などの周辺機器や、照明も電力を消費する。その割合を成形機の消費電力の3倍として計算した。電気料金

第 7 章　成形加工費および売価

は、季節や時間帯、使用量などによって変化するが、ここでは平均値として使った。水道費は、電力費の 8 %（0.08）としている。

　結構、細かなものも計算に入れたが、これらの影響する度合いを見るために、表には賃率のなかで、それらが占める割合を記しておいた。これを見ると、保全費や税金などの仮定が多少違っていても、それほど大きな影響はないので、このあたりに神経を使わず、まずは全体像を考えてみよう。

（4）成形人件費

　製造現場での直接費の人件費を配布する。ここでは、直接機械について作業する。成形工場の従業員の人件費は、合計で 70,000 千円であるとした。10 人いるので、平均 7,000 千円となるが、これには賞与や各種保険なども含まれるので年間給与だけではない。この人件費も、機械の設置面積で配分することにする。これも表 7-3 には計算して分配している。

　人件費として、もうひとつ、機械の傍で成形品を取り出したり、箱詰めしたりするアルバイトの人達がいるが、これは、先の人件費には含めていない。この必要人数は、機械の大きさにも関係しており、概略図 7-5 の如くとする。アルバイトの人件費予算は年間 1 人あたり 3,000 千円とした。

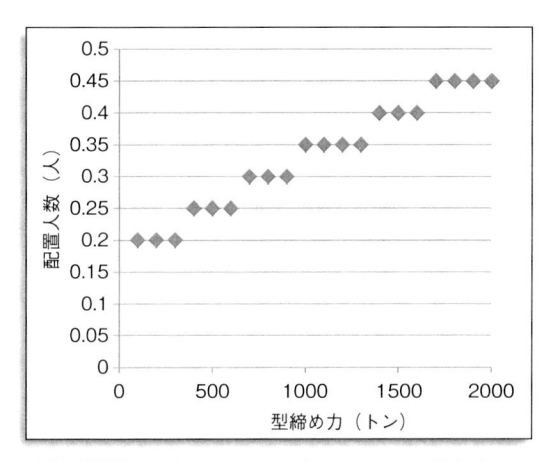

小型成形機の場合には、アルバイトひとりで数台分のランナー処理や梱包などができるが、大型成形機となると面倒を見れる台数は少なくなる。ここでは概略上図の関係とした。

図 7-5　射出成形機 1 台あたりのアルバイト人員

表7-4　標準成形機での成形加工費

金利・その他	501	①④〜⑥	—				94.8	円/時間	3.6 %
機械価格	11,100	⑦	千円	1		8	262.8	円/時間	10.0 %
付帯設備価格	3,330	⑧〜⑬	千円	0.3		8	78.8	円/時間	3.0 %
その他経費	2,886	⑭〜⑰	千円	—	0.2	8	68.3	円/時間	2.6 %
機械電気容量	79		kWh				—		
成形機電力(ヒーター)	39	⑱	—	0.3	1		174.5	円/時間	6.6 %
成形機電力(動力)	40	⑱		0.3			180.8	円/時間	6.9 %
その他電力	71	⑱	kWh	—	3		1,065.8	円/時間	40.5 %
電気単価	15		円/kWh	1					
水道単価	—	⑲	—	0.1			142.1	円/時間	5.4 %
合計	—		—	—	—		2,109.9	円/時間	80.2 %

社員人件費	2,002		千円/年				379.2	円/時間	14.4 %
アルバイト人件費/人	3,000		千円/年・人				142.0	円/時間	5.4 %
機械配置人数	0.25		人				521.2	円/時間	19.8 %
人件費合計		⑳							

| 総合計 | | | | | | | 2,631.2 | 円/時間 | 100 % |

人件費込み賃率/時間	2,631	円/時間
人件費込み賃率/秒	0.73	円/秒
成形サイクル	25.0	秒
加工費	18.3	円/サイクル

204

人件費についても、年合計稼働時間が増加すると、人員の増加や残業手当の増加などを考慮する必要があるが、ここでは固定とした。もし計算に追加したければ人件費部分に追加すればよい。

それぞれの機械に、これらの費用を分配して、個別の成形機の加工費を求めたものが、成形加工費である。この分配方法は、実際の機械ごとに詳細に調べて配布するのか、機械の設備の大きさに比例して配布するかは、それぞれの会社で考え方もいろいろあろう。ここでは標準計算として、**表 7-4** に一例を示した。ここでの計算では、機械の償却費や電力、人件費の割合が大きくなっている。ここで社員人件費の部分はこの機械に配分する割合分である。

7.2 機械と成形加工費

この賃率は、いろいろな仮定の上で計算しているが、ここでは、機械の違いで賃率がどうなるかを比較してみることにする。たとえば、安価な機械を購入して生産する場合や、電動成形機との比較などである。

（1）安価な成形機

射出成形機の価格は機械メーカによって異なっているが、やはり高い機械は性能もよい。そこで、極端な例として、成形機を半値で購入した場合で計算したものを**表 7-5** に示す。その場合、賃率 0.73 円／秒であったものが、0.69 円／秒と 0.4 円安くなる。しかし、そのときには、性能面で、成形サイクルは 25 秒ではなく、30 秒かかるとしよう。そうすると、25 秒で 18.3 円の成形加工費であったものが、成形機は安くなっても 30 秒と成形サイクルが延びることで、20.6 円と高くなってしまうことになる。

（2）電動成形機

電動成形機は油圧式に比較して高価格である。その反面、消費電力は少ない。我が国では電気代が高いので、その電力節約だけでも数年で元をとって

表7-5 安価な成形機での成形加工費

金利・その他	501	①④〜⑥	—	0.1	94.8	円/時間	3.8 %
機械価格	5,550	⑦	千円	1	8	131.4	円/時間	5.3 %
付帯設備価格	3,330	⑧〜⑬	千円	0.3	8	78.8	円/時間	3.2 %
その他経費	1,776	⑭〜⑰	千円	—	0.2	8	42.0	円/時間	1.7 %
機械電気容量	79		kWh	—	—	—	—	—
成形機電力(ヒーター)	39	⑱	—	0.3	1	—	174.5	円/時間	7.1 %
成形機電力(動力)	40	⑱	—	0.3	—	180.8	円/時間	7.3 %
その他電力	71	⑱	kWh	—	3	—	1,065.8	円/時間	43.1 %
電気単価	15		円/kWh	1	—	—	—
水道単価	—	⑲	—	0.1	—	—	142.1	円/時間	5.7 %
合計	—		—	—	—	—	1,952.3	円/時間	78.9 %

社員人件費	2,002		千円/年		379.2	円/時間	15.3 %
アルバイト人件費/人	3,000		千円/年・人		142.0	円/時間	5.7 %
機械配置人数	0.25	⑳	人		521.2	円/時間	21.1 %
人件費合計						

| 総合計 | | | | | 2,473.5 | 円/時間 | 100 % |

人件費込み賃率/時間	2,476	円/時間
人件費込み賃率/秒	0.69	円/秒
成形サイクル	30.0	秒
加工費	20.6	円/サイクル

206

第7章 成形加工費および売価

表7-6 電動成形機での成形加工費

金利・その他	501	①④〜⑥		0.1		94.8	円/時間	3.8 %
機械価格	14,430	⑦	千円	1	8	341.6	円/時間	13.0 %
付帯設備価格	3,330	⑧〜⑬	千円	0.3	8	78.8	円/時間	3.0 %
その他経費	3,552	⑭〜⑰	千円	—	0.2	8	84.1	円/時間	3.2 %
機械電気容量	79		kWh			—	—	—
成形機電力（ヒーター）	39	⑱		0.3	—	174.5	円/時間	6.6 %
成形機電力（動力）	40	⑱	—	0.3	1	90.4	円/時間	3.4 %
その他電力	71	⑱	kWh	—	3	1,065.8	円/時間	40.6 %
電気単価	15		円/kWh	1	—			
水道単価	—	⑲	—	0.1	—	133.1	円/時間	5.1 %
合計	—		—	—	—	2,105.1	円/時間	80.2 %

社員人件費	2,002		千円/年		379.2	円/時間	14.4 %
アルバイト人件費/人	3,000		千円/年・人				
機械配置人数	0.25		人		142.0	円/時間	5.4 %
人件費合計		⑳			521.2	円/時間	19.8 %

| 総合計 | | | | | 2,626.3 | 円/時間 | 100 % |

人件費込み賃率/時間	2,626	円/時間
人件費込み賃率/秒	0.73	円/秒
成形サイクル	23.0	秒
加工費	18.8	円/サイクル

207

しまう。それで、我が国では電動成形機が当たり前になっているが、海外ではまだ電動成形機は少ない。最近では、ヨーロッパでも電気代が高くなってきているので、電動成形機は見直されてきている。工業用電力費が国策で低く設定されている国では、電動成形機への興味は少ない。

消費電力が安くなるのは、モーターの部分だけで、ヒーターには影響しないので、モーターとヒーターを分けて計算した。

機械価格は30％高くなると仮定した。消費電力は油圧のモーターの場合の40％程度になるといわれているが、ここでは安全を見込んで半分と仮定した。これを**表7-6**に示す。

成形機の電気代は、1時間180.8円から90.4円となり、1時間あたり約90円の節約になる。これは機械の30％分を7年で取り戻す計算である。電動成形機だと電力節約分だけで、3年から5年で元を取り戻すという話も納得できる。その結果、賃率は0.73円／秒となる。電動成形機は、消費電力が少ないだけでなく、型開閉の停止位置などもいいことから、成形サイクルを短くすることができる。そこで、25秒の成形サイクルが23秒に可能となったとすると、成形加工費は、18.3円が16.8円と安くなる。電動成形機にすることによって、初期投資費用は高くなるが、長い目で見るとコストダウンになることが理解できる。

7.3 射出成形品の売価

射出成形品の価格はどのようにして決まるかを考えてみよう。

製品価格が決められる方法には、大別して二通りある。ひとつは、独占的な製品で競争相手がいない場合の決め方で、売り手が勝手に好きな価格をつける場合である。実際に作るための費用に大きな利益を乗せて売る場合である。しかし、通常は、競争相手がいるので、このような勝手な価格では顧客に買ってはもらえない。妥当な競争力のある価格であることが大切である。

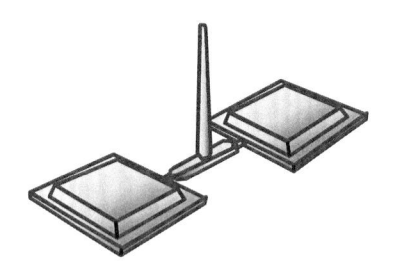

図7-6 売価計算用成形品図

通常の、競争相手がいる場合の売価について、その構成と詳細を説明しよう。

金型費については、別途客先から支払われるものとして、ここでは考慮しない。

(1) 売価の構成

射出成形品の売価は、大きく分けて、材料費、加工費（成形費）、販売管理費、利益の4項目で構成されている。ここでは、図7-6のような成形品を例に取り上げてみよう。この場合、射出成形品同士を組み立てたり、たとえば、クリップなどを後工程で取り付けたりするような材料費や加工費は取り上げず、射出成形加工の部分のみについて考える。

(2) 材料費

成形材料の原料代である。1回の成形には、スプルーランナー分の代金も含まれる。成形の立ち上がり時の不良や、連続生産中の成形不良分の材料費も入れておく必要がある。表7-6に、成形品の重量、取り数などの情報を示す。ここでは、材料は1kgあたり350円のABSで2個取りの例である。成形機は150トンの機械を使うとする。一度の生産ロット数は2000個生産であるので、その生産のためのショットは1000ショットとなる。

(3) 段取りと成形開始時、不良率

表7-7では、成形スタート前の段取りで、材料替え、色替えに使用する材料をショット数換算で、材料替え不良15ショットとして示している。生産スタート時にも、成形が安定するまでには時間がかかるので、捨て射ち（良品がとれるまで製品を廃棄すること）分を、立ち上がり時不良10ショットとした。その後、連続生産が始まり製品を採取するが、すべてが良品ばかりであるとは限らない。ここでは、不良率0.5％としている。

表 7-7 成形品情報と生産ロット数

単位

製品重量	g/個	60.0
取り数	個	2
製品総重量	g	120.0
スプルーランナー	g	10.0
材料名	—	ABS
材料単価	円/kg	350.0

ロット生産数	個	2000
ロット生産ショット	ショット	1000

表 7-8 量産開始前と量産中の良品と不良品

単位

材料替え時不良	ショット	15
立ち上がり時不良	ショット	10
量産時不良	%	0.5
量産時良品	ショット	ロット数

表7-8は、これらをショット数に換算して計算した結果である。良品1000ショットを作るためには、不良率0.5％なので、5ショット余分に作らなければならない（5/1005＝0.005）。

段取り換え後、材料替え、成形を開始して、良品を採取するまで、合計25ショット、量産時にもときどき不良が発生する様子を、**図7-7**に視覚化して示した。金型交換時間中は、材料は使用しない。**表7-9**は表7-8をショット数に換算したものである。

表7-10には、これらの中で廃棄される部分を×で記し、くどくなるが、これを**表7-11**にショット数、**表7-12**に樹脂重量で示した。

この例では、ロット2000個を作るための材料投入量が、約133.9kgであるので、材料費は46,865円、製品1個あたりの材料費は四捨五入して、23.4円となっている。

第7章　成形加工費および売価

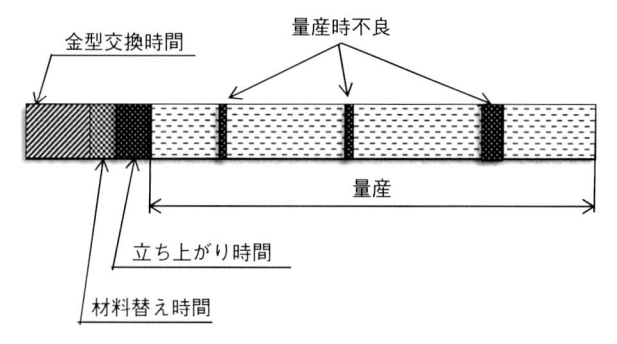

図7-7　金型交換から量産まで

表7-9　量産開始前と量産中のショット数
単位

材料替え時不良	ショット	15
立ち上がり時不良	ショット	10
量産時不良	ショット	5
量産時良品	ショット	1,000

良品ショット数×不良率／(1－不良率)

表7-10　廃棄するスプルーランナーと不良品

	スプルーランナー	製品
材料替え時不良	×	×
立ち上がり時不良	×	×
量産時不良	×	×
量産時	×	○

○：良品、×：廃棄

（4）加工費

　次に、加工費について見てみよう。加工費は、射出成形機を使って成形する部分の費用である。加工費は、通常、賃率（単位時間あたりの加工費）に成形サイクルをかけて求められる。実際の成形サイクルが30秒であるとすれば、成形加工費に使う成形サイクルにそのまま、その30秒を使うと、段

表7-11 廃棄するスプルーランナーと不良品のショット数

	スプルーランナー	製品
材料替え時不良	15	15
立ち上がり時不良	10	10
量産時不良	5	5
量産時	1000	0
取り数／ショット	1	2
ロット数	1000	2000
ロットショット数		1000

注：片側不良の場合は、もう一方も不良として処理

表7-12 廃棄する樹脂と良品分樹脂重量（単位g）、必要投入重量と製品材料費

	スプルーランナー	製品
重量	10	120
材料替え時不良	150	1800
立ち上がり時不良	100	1200
量産時不良	50	600
量産時	10000	0

			合計	
廃棄合計重量	10300	3600	13900	g
良品重量			120000	g
必要投入重量			133900	g
総材料費			46,865	円
製品1個あたり材料費			23.4	円／個

取り時間や成形スタート時の不良、不良の成形などの時間分が自費になってしまう。実際には、成形の段取り前には、金型交換のために、機械は成形していない時間もある。その時間も加えて加工費を考える必要がある。

　ここでは金型交換時間を15分とする。また、15ショット分の材料替え時間は、パージだけなので5分としよう。この関係を**表7-13**に示す。**表7-14**では、この製品を生産するための合計必要時間を秒で計算し、1ロット

表7-13 金型交換から量産までの必要時間と1ショットサイクル

単位

金型交換時間	分	15
材料替え時間	分	5
立ち上がりショット数	ショット	10
良品ショット数	ショット	1000
不良ショット数	ショット	5
実成形サイクル	秒/ショット	30.0

表7-14 金型交換から量産までの必要時間と1ショット換算サイクル・成形加工費

単位

金型交換時間	秒	900
材料替え時間	秒	300
立ち上がりショット数	秒	300
良品ショット数	秒	30000
不良ショット数	秒	150
総必要時間	秒	31650
1ショット換算サイクル	秒	31.7

賃率	円/秒	0.73
1サイクル成形加工費	円/ショット	23.2
成形加工費/1製品	円/個	11.6

生産に必要な平均の成形サイクルを求めている。

たとえば、成形の賃率が0.73円/秒であるとすると、1ショット（サイクル）あたりの成形加工費は23.2円であり、1ショット2個取りなので、四捨五入して、製品1個あたり成形加工費は、11.6円と計算される。

（5）検査費、梱包、輸送費

特殊な検査などがある場合には、検査費を別に計算することもあるが、通

常は、間接費のなかで一般管理費に入れることが多い。梱包、輸送費は、梱包仕様や輸送形態を客先と相談して決定する。ここでは省略する。

（6）販売管理費

営業活動の費用や、製造に係る直接費以外の間接費の部分であるが、これは通常、割合で求められることが多い。材料取扱いや、設計、管理部門などの費用である。ここでは、材料と成形加工費の合計の15％としておく。

（7）利益

会社経営は事業活動を通じて利益を確保することにあるが、この利益が余り大きいと合計の値段が高くなるので競争力がなくなる。客先から、この利益の割合を決められることもあるであろう。材料費、成形加工費、販売管理費の合計の5％としておく。

（8）売価

これらを計算した結果を**表7-15**に示す。売価は、1個あたり42.3円と計算される。

表7-15 売価の内訳

			割合	
材料費	円	23.4	1	1
成形加工費	円	11.6		
販売管理費	円	5.3	0.15	
利益	円	2.0		0.10
売価（合計）	円	42.3		

第8章

金型費

　金型の値段は、「金型費」とか「型費」とか呼ばれている。金型費は、見積もりをとってみると、結構ばらつきがあることを知って驚くことがあるだろう。これらの金型費が適切なものであるのかどうかを判断することは大切である。値段が高い場合、客先からその理由を聞かれることもあるであろうが、納得のいく返答ができなければ信頼を失いかねない。
　金型費に影響を与える要素を学びながら、金型費を定量的に計算する統計的手法を考えてみよう。

8.1 なぜ金型費が違うのか

　たとえば、コップのような形状が、射出成形でも真空成形でも作ることができるとしよう。この場合、射出成形用と真空成形用の金型費を比較すると大きく異なり、射出成形用の金型のほうが格段に高い。これは、成形圧力が異なるので、金型構造自体が違うからである。真空成形が採用されるのか、射出成形が採用されるのかは、1つあたりの成形品の値段で変わってくる。射出成形の成形サイクルや、成形品の売価については考え方を説明した。しかし、成形品の最終的な単価は、それに型費を入れ込む必要がある。その費用は、その金型費を総生産数で割ったものである。すなわち、もし射出成形で生産する総生産数量が非常に多くて、成形サイクルが短いのであれば、射出成形のほうが結果的に安く出来上がるかも知れない。

　このように、どの成形方法を使うかは、全体を考えた経済的理由もあるが、ここでは、成形方法の違いは取り上げない。射出成形用の金型同士での価格の違いの要因について考えてみる。

（1）産業分野による違い

　成形品が同じような形状であったとしても、いろいろな分野によっても金型費は違ってくる。たとえば、音楽のオーディオ部品は、家庭で使う場合と自動車の車載部品として使う場合では異なっている。その理由は、雑貨製品と工業部品など、要求される精度にも関係するが、金型を削り始めて製品の量産化が開始するまでの期間（リードタイム）の違いによるところも大きい。

　たとえば、家電製品と自動車とでは、部品点数は違っている。断然、自動車のほうが部品点数は多いので、金型の加工が開始された後、完成して生産を開始するまでには長い時間が必要となる。その分、どうしても成形トライ数が多くなり、金型メーカにとっては手間と時間がかかる。

　このため、同じような形状の成形品の金型であっても産業分野が異なると、

それらの型費は違ってくる。

（2）国による違い

　昔は、いい金型は日本でしかできない、という時期があったが、最近は、製造業の海外進出とともに、我が国の技術者も日本から海外に出て指導する時代である。その指導の元で、金型設計も若い技術者が、3D（三次元）CADを使って行うようになっている。それに加え、最近では、金型を加工する機械も加工精度の高いものが出ている。それらを購入すれば、わざわざ日本で金型を加工しなければならない理由はない。ただ、金型の最終仕上げには、まだ技能の部分があるが、金型自体の機械加工での仕上げ精度は向上してきているので、要求される技能のレベルも低くて済むようになってきている。日本国内でも同様である。そうなると、高度な技能を有した技能者も、海外へと職場を求めることとなり、海外の技能レベルは向上してきている。

　このような背景から、金型の価格も世界的な範囲での競争となってきている。金型を作るには人件費や電気代なども関係するので、同じ機械を使ったとしても、国によって価格は異なってくる。金型品質、為替や税金、輸送費、スケジュールなどの問題も含めて比較する必要があるが、総合的な面での価格を競い合う時代となってきているのである。

　ここでは、金型費の国別の違いの計算は行わないが、計算の例として具体的に説明する金型メーカごとの係数を使った比較概念例を、**図8-1**に国別とメーカ別の比較例として示した。

（3）金型メーカによる違い

　国内であっても、メーカによって価格に違いがあることは当然である。このため、見積もりは数社からとって検討することになる。金型メーカの所有する機械の違いや人件費の違い、その他いろいろ企業による固有差があるからである。この金型メーカによる違いは無視できない。この金型メーカ間の違いは、得意とする金型の分野による違いもあるが、得意分野が同じでも差は生じている。

　金型メーカは、型費だけの比較で選択することは危険である。金型は長い時間生産に使うものなので、品質的にもいいものでなければならない。ここまでのことを**表8-1**に示した。

　各産業分野によって、それぞれの国では得意不得意もあるだろうし、また、

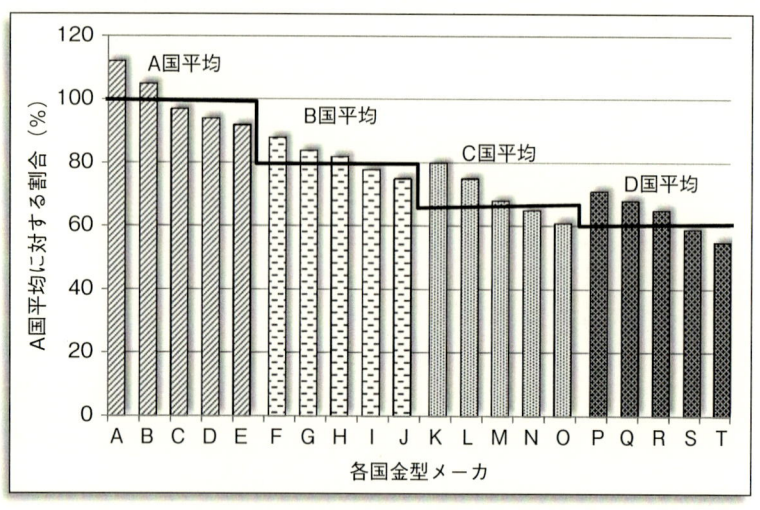

国ごとの各金型メーカの金型費の割合の平均を国別の比率と考える。これは為替の変動、時代によっても変化する。各メーカごとの比率の計算方法は別途説明する。

図 8-1 国別、金型メーカ別の見積り比較

表 8-1 金型価格の違いの要因 1

金型費の違い	項目
産業分野	自動車業界
	家電業界
	カメラ業界
	音響業界
	など
金型生産地	日本
	中国
	韓国
	台湾
	マレーシア
	など
金型メーカ	A 社
	B 社
	C 社
	D 社
	など

各国で、それほど競合できるような金型メーカの数も限られてくるだろう。

　ここからは、同じ産業分野で、製品の分野も類似している金型について、金型の値段の違いについて考えてみる。

（4）鋼材による違い

　総生産数量の違いによっても、金型を構成する鋼材の要求に違いが出てくる。生産数が多い場合には、硬い材料を使い、生産数がそれほどでもない場合には、それほど硬くない安価な鋼材を使い分けることも行われる。鋼材の硬度によっても鋼材自体の価格は違ってくるし、加工時間にも影響が出てくる。特に極端に生産台数が少ない試作用などの場合には、加工費低減のために、亜鉛合金やアルミニウムを使うことさえもある。

　また、レンズのように、高度な表面の磨きが必要な場合にも、特殊な鋼材を使用する必要がある。

（5）加工時間による違い

　製品の大きさや複雑さによっても金型費は当然違ってくる。大きな製品（成形品）は、大きな金型が必要となる。金型が大きくなると、金型の鋼材やいろいろな部品も大きくなるので当然高くなる。

　金型を加工するには、機械を使って加工する時間が必要で、これが金型費の加工費として関係してくる。

　機械加工にも、フライス、ミーリング、放電加工、ワイヤーカット放電など、いろいろな加工方法があり、金型メーカも加工時間の違いを主張する。

1）加工面積

　同じような形状である場合には、加工時間は加工面積に関係してくるであろう。加工面積が増えれば、加工時間も長くなる。しかし、その関係は単純に比例するかどうかはわからない。使用する機械の大きさや性能によっても異なってくるからである。加工面積は、CADから簡単に計算できるし、肉厚が大体同じであれば、簡易的には製品重量を材料比重と肉厚で割れば、片側の面積が出せる。リブやボスの加工は別の加工工程となるので、これらは、ここでは入れない。

2）製品形状

　たとえば、平面的な深さが浅い製品であれば加工は単純になるが、製品深さが深いものであれば、金属を加工しなければならない体積も増加する。こ

の場合、深い成形品のほうが加工時間は長くなる。

　しかし、成形品が深い場合でも、金型がスライドなどで深さ部分を構成するような場合には、総合的に加工する体積は大きくはならない。

3）アンダーカット処理

　アンダーカットがあると、スライドコアや傾斜スライドなどを使って、これらが抜けるような処理をしなければならない。これは部品が追加されるので高くなる。また、大きさや油圧シリンダーを使うかどうかなどによっても追加費用が必要となる場合がある。

（6）要求精度の違い

　成形品に求められる精度が高いと、削る治具の交換頻度も多くなり、加工ピッチも細かくすることなどが要求されるので、加工自体に時間をかける必要が出てくる。そのため鋼材や加工時間での費用に差が出てくる。加工精度だけでなく、磨きについても、最終的には人間が手作業で磨くことが多いので、この磨きの要求程度などにも影響を受ける。これについては、係数的なものを考える必要がある。

（7）仕様の違い

　金型の仕様には、機械への取り付け方法に各社独特の仕様がある。保守を考えて、ホットランナーや金型クランプ方法などに自社独自の仕様（メーカ指定など）があると、これらも当然、金型費に影響を与えることになる。

　ここまでを、文章とは前後する部分もあるが、**表8-2**に示した。また、ここには、それらの費用が関係する項目を横に付け足した。

（8）設計費

　これまでは、金型を作る側の費用を説明してきたが、それ以前に金型を設計する費用が必要である。CADなどの設備の償却分もあるが、人件費の部分が多い。これは、概略金型全体の一定割合と考えれば、これまでの加工費他の部分に含まれて計算されていると考えてもいいであろう。ただし、成形品の取り数が複数個の場合、これらの成形品部分はコピーして使えるので、その分安くなるであろうから、取り数による係数配慮も必要であろう。

（9）成形費

　金型が出来上がると、通常、成形トライとも呼ばれる金型の試射（しうち）を行うことになる。このトライには、射出成形機が当然必要になるので、

表8-2 金型価格の違いの要因

大項目	小項目	関係する内容
鋼材	プリハードン鋼	鋼材単価×鋼材体積
	焼き入れ鋼	
	析出硬化鋼	
	など	
加工時間	成形品の形状	加工面積 形状係数 （深さ、複雑さなど）
	成形品の深さ	
	成形品の複雑さ	
	など	
精度	粗	
	普通	
	精級	
	など	
磨き	普通	磨き精度×加工面積
	成形品塗装用	
	成形品メッキ用	
	光学部品	
	など	
シボ	サンドブラスト	シボ費用×加工面積
	エッチング	
	皮シボ	
	幾何学シボ	
	など	
ランナー	コールド	ランナータイプ×個数
	オープン・ホットランナー	
	バルブ・ホットランナー	
	メーカ	
	など	
その他	自社特殊仕様	その他
	表面処理	
	など	

金型メーカが所有していない場合には、外部に依頼することになる。このトライ費は、金型を完成させるために必要な部分と、客先にサンプルを提出するための自社都合の場合もある。ここでは、金型を完成させるために必要な基本的な部分として、金型加工費に含まれているものとした。

8.2 金型費の概算計算

　このように、金型費はいろいろな条件によって変わってくるので、金型の見積もりをもらっても、それが妥当なものであるのかどうかを判断することは簡単ではない。通常は、数社から見積もりをとって、その比較検討するであろうが、高い、安いといった概要しかわからない。これを統計的に比較する方法を紹介しよう。

　客先から見積もり依頼があった場合に、常に、金型メーカから見積もりをとって比較検討している時間的余裕がない場合もある。金型メーカでも同様で、大まかな計算でも早く提出することが重要になることが多いので、その結果に判定時間を費やしていると時間的余裕がなくなることも多い。

　そこで、ぼんやりとした形でも、その概要がつかめればいろいろな面で大きな助けになるであろうし、金型費の構成内容を理解する上でも役立つ。

(1) メーカによる違い

　いろいろな成形品用の金型の見積もりを、表8-3のように、5社の金型メーカから得たとしよう。A社が高い、B社は安いなど……はどのように比較すればいいのであろうか？　ある金型はA社が安いが、別の金型はB社が安い……といったこともある。すべての金型の値段の合計によって比較するとか、金型別に価格を比較してみる……とか、いろいろな方法があろう。

　ここでは、同じ成形品用の金型を、これら数社の金型メーカの見積もりを平均にして、それぞれの金型メーカの型費を縦軸にプロットして、全体的に比較する方法を紹介する。

表8-3 金型メーカ5社からの見積もり（通貨単位省略）

金型	平均	F社	B社	L社	W社	S社
①	39,306	38,900	33,900	56,131	39,000	28,600
②	60,755	64,800	67,800	70,973	54,400	45,800
③	75,389	82,700	76,800	107,743	50,500	59,200
④	138,146	158,450	175,100	133,881	103,800	119,500
⑤	90,985	104,600	120,800	83,875	66,650	79,000
⑥	108,350	126,400	96,800	134,198	97,750	86,600
⑦	237,925	275,000	274,700	203,874	213,650	222,400
⑧	196,242	220,969	209,804	197,381	179,778	173,280
⑨	325,001	372,837	348,237	320,769	294,246	288,916
⑩	275,928	299,200	293,700	287,742	258,600	240,400

　これらのなかで各成形品用の金型見積もりの平均をX軸とし、他をY軸として散布図を作る。そして、これらをY＝aXと原点を通る一次式で単回帰分析を行う。この各社の係数aが、平均に対する各社の係数となる。

　図8-2にこれを示す。結果としては、単回帰式の計算内容から、大きな値の数値に引きずられるので、ここでは、ほぼ合計の比較と似た結果が得られている。この結果から、平均に対して、約±12％の違いがあることが見てとれる。

(2) 加工費の分析

　金型メーカ1社だけを使って解析するのでは、情報量が偏るので、各社の平均値を使って解析を試みる。図8-3は、金型を加工する場合の成形品の加工面積を横軸に、金型見積もり結果の平均値を縦軸にして比較してみたものである。大きな金型は高くなっているが、ばらつきは大きいようである。

(3) 型費の構成要素

　前に説明した金型費の構成要素の概念図を図8-4に示す。これは、表8-2を図にしたものである。ここで、これらのデータを、これまで説明してきた、下記の要素でどのように数式化できるかを検討することにする。

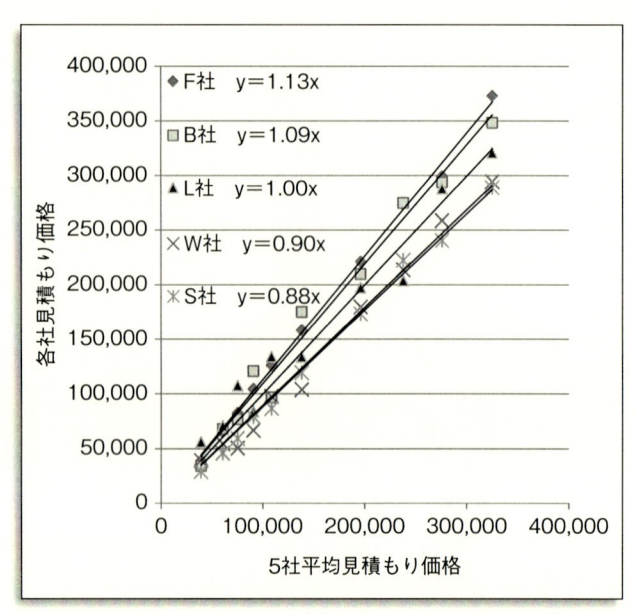

金型ごとの平均をX軸として、各金型メーカの見積もり結果をY軸にプロットする。回帰式をy＝aXとして、各メーカの係数を求める。その値を各金型メーカの金型費係数とする。

図 8-2　各金型メーカの見積もり結果の比較

1）金型寸法の予測と鋼材費

　成形品の寸法関係はわかっているはずなので、取り数や金型が2枚型か3枚型か、あるいはホットランナーか……などによって、おおよその金型の寸法は予測することができる。金型の突出し板の部分には空間があるので、概略の金型体積の約80～90％くらいが鋼材として、この重量に鋼材単価をかければ、鋼材部分がわかる。これを**図 8-5**に示す。鋼材費単価は情報収集する。

　製品部の鋼材と金型ベースの鋼材を分けるときには、概略の比率を使って分解すればよいが、金型寸法も過去情報があれば回帰分析で数式化する方法もある。

2）ホットランナー

　ホットランナーの例を**図 8-6**に示すが、希望するホットランナー・メーカ、

第 8 章　金型費

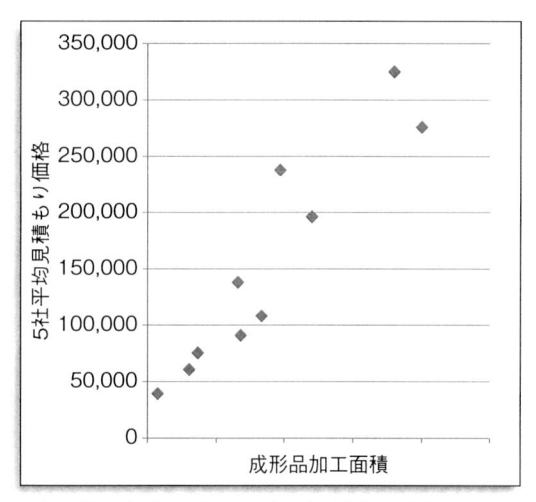

類似形状の金型で、加工面積に金型費構成内容のいろいろなものが比例する場合には、近似精度は高くなるが、形状がさまざまな場合には、構成内容を検討する必要がある。

図 8-3　加工面積と金型見積もりの比較

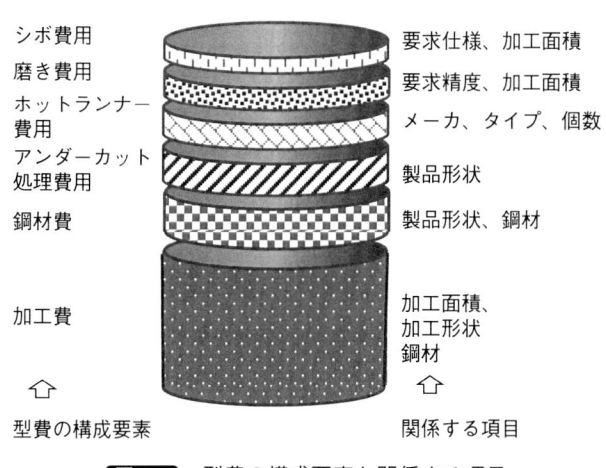

型費の構成要素	関係する項目
シボ費用	要求仕様、加工面積
磨き費用	要求精度、加工面積
ホットランナー費用	メーカ、タイプ、個数
アンダーカット処理費用	製品形状
鋼材費	製品形状、鋼材
加工費	加工面積、加工形状、鋼材

図 8-4　型費の構成要素と関係する項目

225

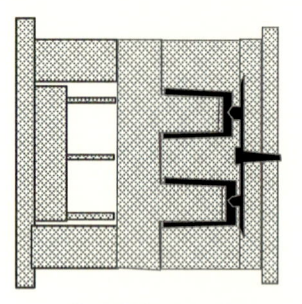

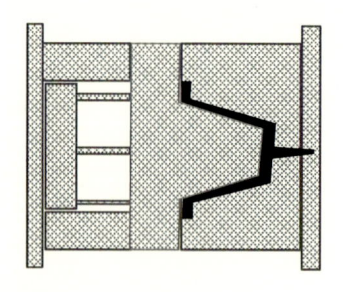

製品形状、取り数などから、概略金型寸法を予測する。

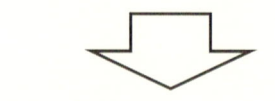

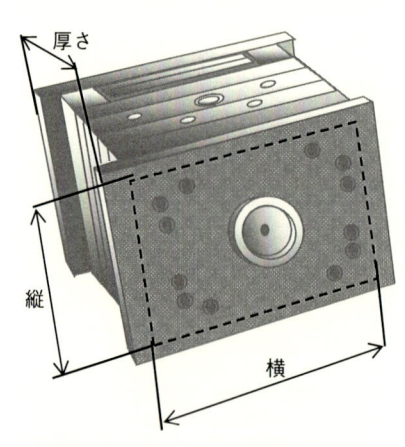

厚さ
縦
横

概略金型寸法から、金型重量を予測して、
鋼材単価をかけて、鋼材費を計算する。

図 8-5　成形品形状から金型重量の予測

オープンかバルブかなどのタイプ、そして使用する個数によって値段は違ってくる。これらも、先に価格情報を集めておけば、この部分は除外できる。
　ホットランナーの使用個数の他に、実際には、マニホールド分が別途追加になるのであろうが、ここではそれは省略している。

3) アンダーカット処理
　アンダーカットがあると、スライドコア（**図 8-7**）や傾斜スライド、油圧

第 8 章　金型費

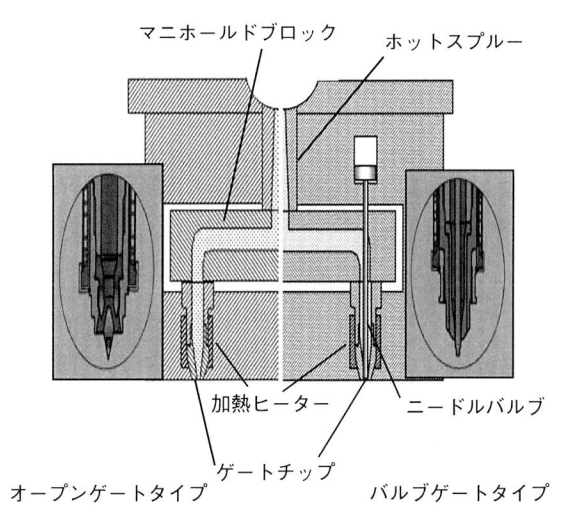

[図: ホットランナーの構造図。マニホールドブロック、ホットスプルー、加熱ヒーター、ゲートチップ、ニードルバルブのラベル付き。左側オープンゲートタイプ、右側バルブゲートタイプ]

ランナーをコールドランナーかホットランナーにするか、ホットランナーの場合、オープンタイプかニードルタイプか、などによって費用は変わってくる。

図 8-6　ホットランナーの例（Husky 社）

[図: スライドコアの写真]

写真左はスライド側、右は反対側のピン。アンダーカットの大きさと数量によって費用は変化する。

図 8-7　スライドコアの例

227

スライドなどで、金型から抜けるような処理が必要となる。これらも、大きさと個数によって値段が変わってくる。油圧を使うかどうかによって、油圧シリンダーが必要になることもある。油圧シリンダーなどは、別途情報収集しておき、アンダーカットの大きさによる処置部材の大きさの概略単価も、事前に情報収集しておけば、この部分も分離できる。

4）磨き、シボなど

　金型表面の最終の磨き仕上げは、通常手作業であるが、目に見えない部品はそれほど丁寧な磨きでなくともいいであろう。また、シボなどがつく場合には、シボの種類によっても、シボ前の磨き粗さは異なってくることがある。成形品の表面を塗装する場合でも、通常の塗装とピアノブラックと呼ばれるような光沢のあるような塗装では磨きの程度が違う。さらに、レンズや鏡のような鏡面磨きには、もっと丁寧な磨きが必要となる。

　金型面にこれら処置を施すが、これらは成形品の面積に関係するものである。要求品質に応じた単位面積あたりの単価も別途情報収集しておく。図8-8

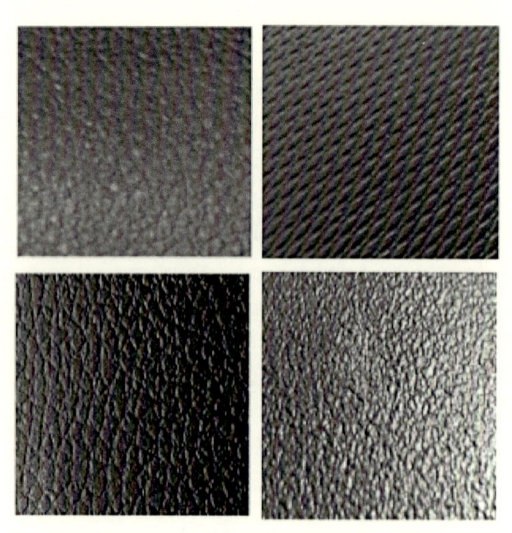

シボにもいろいろな種類がある。シボはキャビティの面積に比例する。

図8-8　いろいろなシボ

第 8 章　金型費

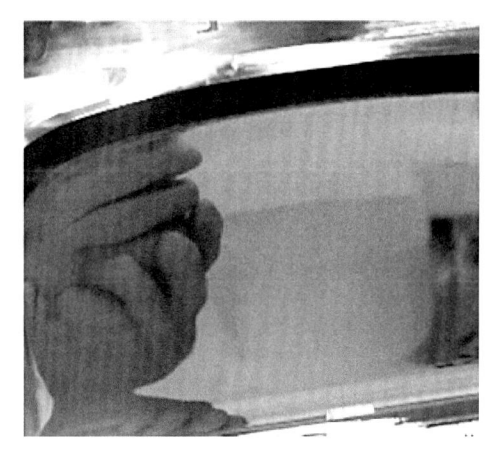

鏡面に手が写っている♯10000 のコンパウンドで磨いた例。磨き費用は、キャビティ面の面積に比例する。

図 8-9　鏡面磨きの例

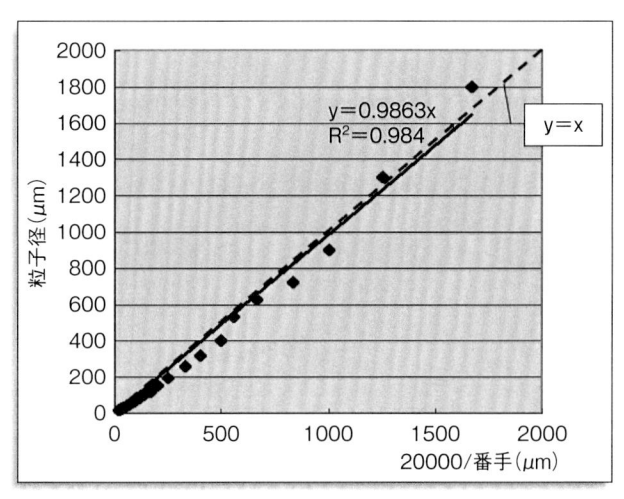

X 軸は、20000 を番手で割った値、Y 軸はその番手の粒子径である。番手♯10000 だと、2μm 程度の粒子径となる。(『エクセルを使ったやさしい射出成形解析』より)

図 8-10　番手と粒子径の関係

229

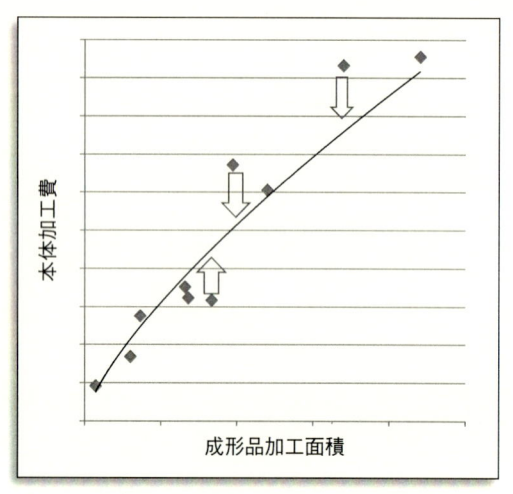

[図: 成形品加工面積（X軸）と本体加工費（Y軸）の散布図と近似曲線]

予測できる部分を抜き取った後は、加工費部分となるはずなので、これを加工面積とのグラフで考える。近似線から外れた部分は、係数化を考える。

図8-11 加工面積と金型見積もりの比較

にシボの例、**図**8-9には鏡面磨きの例を示す。**図**8-10には、磨きの番手と粒子径の関係を参考に示す。

（4）加工費の分析

　先の金型メーカからとった見積もりから、鋼材費、ホットランナー費、アンダーカットの処理費、磨き、シボ費などを引いて、加工費に関係する部分だけを抽出する。

　ここでは、具体的な数字は入れられないので、これらを差し引いた加工費をY軸、加工面積をX軸にして、これらの関係を**図**8-11に示す。

　図中の線は、累乗近似した回帰線を記したものである。線形近似での単回帰でも合いそうだが、〔0,0〕の原点を通る線形近似だとずれが大きくなるので、累乗近似としている。自社での金型の大きさがそれほど大きく違わない範囲であれば、これは累乗近似ではなく、比例近似でも構わない。その場合には、使用範囲（加工面積）を限定しておけばよい。

（5）形状による修正係数

　図8-11を見ると、近似式の線から外れたところがあるが、これは回帰式

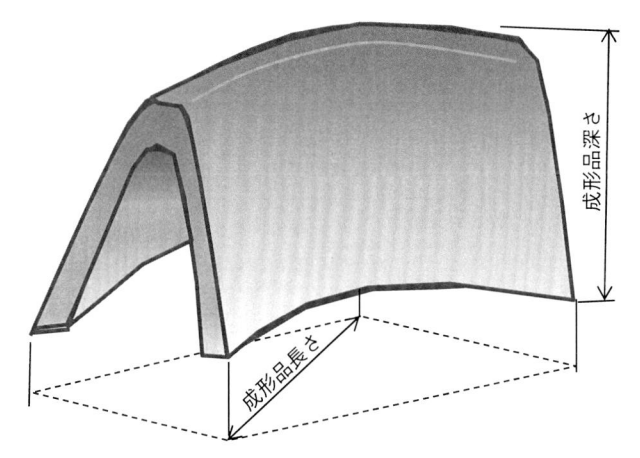

金型を加工する体積は、成形品が深くなると多くなる。
この関係を、成形品の底面の対角長さとの比で比較し
てもよい。

図 8-12　成形品深さ比

で予想したところからの「ずれ」があるので、色抜きの矢印のような補正が必要である。

　加工時間は、加工面積だけではなく、図 8-12 のように、製品深さが大きい場合には、金型を深く削る必要がある。すなわち、加工体積にも関係するが、加工体積を計算するのは複雑になる。そこで、この部分の修正が必要となる。

　しかし、ここで、回帰式で予測した線は、限られたデータ数からのものなので、もし、この本当の予測線が、図 8-13 の点線のようだとすると、白抜きの矢印の向きや大きさは変わってくる。これは、補正係数の数値が、図 8-11 の場合とは大きく違ってくることを示す。

　そこで、ここからは、図 8-12 の関係や金型メーカの説明、固有技術からの知見などから、妥当であろう係数を求めて、これらがある予測線にまとまるように調整をする。

　図 8-14 に、決定した補正係数を使って、再計算した結果を示す。これを、ぴったりと合わせることには意味はないことに注意が必要である。その理由としては、

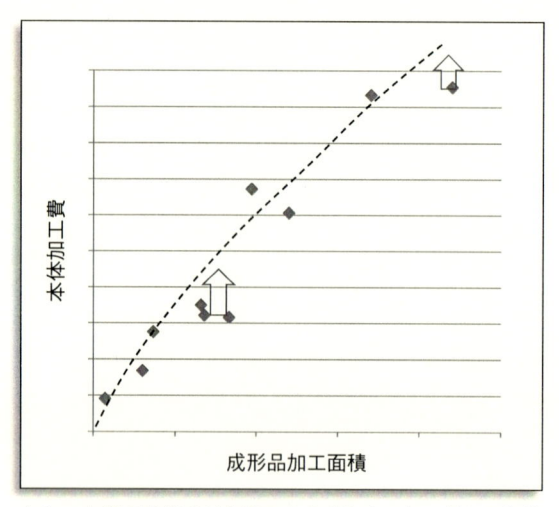

もし、本当の計算式が点線のようだとすると、外れた部位の修正係数は前の図から予測したものと異なってくることに注意する必要がある。

図 8-13 基本回帰式が異なった場合の「補正」

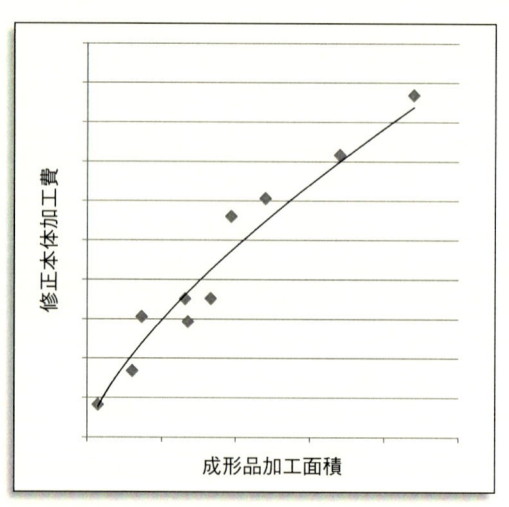

補正係数が適切に見つけられると、それを加工費にかけることで近似精度を向上させることができる。

図 8-14 補正係数で割った加工費と加工面積

第 8 章 金型費

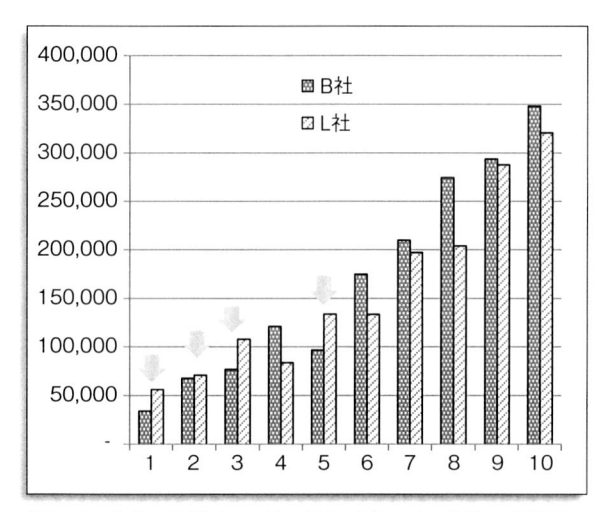

```
[棒グラフ: 400,000 までのスケール、B社とL社の個別金型見積り比較、1〜10]
```

概して、大物の金型は B 社のほうが高いが、小物の金型は L 社のほうが高めである。得意分野が異なるためとも考えられる。

図 8-15 B 社と L 社の個別金型見積りの比較

① 鋼材、ホットランナー、シボ等々の単価は情報収集からの予測値であるので、これらの精度自体には限界がある。

② 金型メーカによっても、得意不得意があり、同じ計算方式で見積もりはされていないので、本来 1 つの計算式で代表させることに限界がある。

③ 加工費部分は、統計解析によるものであり、技術的な背景は予測である。

などが考えられる。

たとえば、B 社の平均からの係数は 1.09、L 社は 1.0 であり、B 社のほうが全体的に L 社より見積もりは高いのであるが、図 8-15 に個別の金型を比較すると、矢印で示す部分は L 社のほうが高いものもあることがわかる。

このような背景を考えると、R^2 で 0.8 程度が得られれば、相当幸運な結果だと思わなければならない。

図 8-16 に、成形品の深さ比と最終的に決定した補正係数の関係を示す。なんとなく関係がある場合と、そうでない場合があるが、これらも成形品の形状と比較すると、何らかの違いが見えてくるであろう。

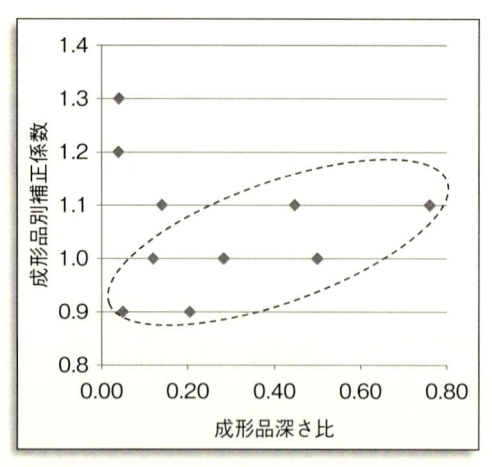

成形品の深さ（金型加工深さ）と修正係数の関係の計算例。補正係数の精度を追及しすぎることは、計算の過程を考えても意味は少ないので注意が必要である。

図 8-16 成形品深さ比と補正係数

8.3 金型費の予測の検証

（1）金型費の計算による予測

これまでの説明から、金型の平均見積もりは、

$$Kma = A * a * Sk^b + h * HR + Sk * (s + m) + k * Vk$$

で計算することができる、と仮定した。
ここで、

　　Kma：金型平均見積もり
　　A：成形品形状補正係数
　　Sk：成形品加工面積
　　$a * Sk^b$：加工費（a、b：常数）

h：ホットランナー個数
HR：タイプ別ホットランナー価格／1個
s：タイプ別シボ単位面積あたりの単価
m：要求磨き別単位面積あたりの磨き加工単価
k：鋼材単位体積別単価
Vk：金型体積

として計算されることになる。

　各金型メーカの平均との関係の係数は、図8-2で求められているので、この係数を予測の平均にかけると、それぞれの金型メーカ別の予測値が計算できる。**図8-17**と**図8-18**では、最も見積もりの高かったF社と、最も見積もりの安かったS社について、これらの見積もり結果と計算予測の結果を比較している。

　これらは両方ともY＝Xと正比例に近いので、この例では実際と計算予測がよく合っていることを示している。

　類似の成形品であれば、それらの形状別の補正係数を使用して、概略予測ができる。計算精度を上げていくためには、計算予測結果と実際のデータを増やしながら修正していけばいいであろう。

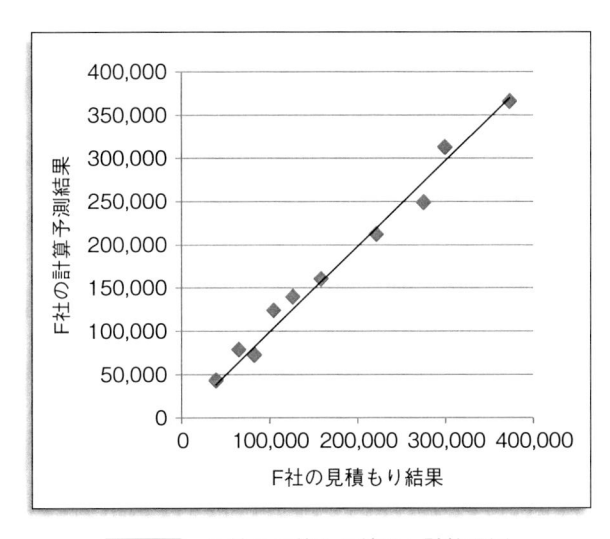

図8-17　F社の見積もり結果と計算予測

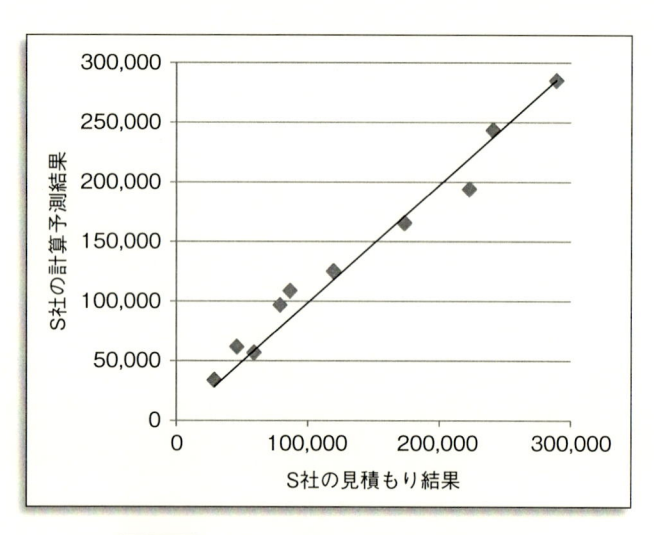

図8-18 S社の見積もり結果と計算予測

(2) 予測計算式の使い方

　このように、金型費の予測が統計的手法を取り入れてある程度可能となった場合、この計算結果を見積もりに使おうとする希望が出てくる。しかし、それは非常に危険であることは覚悟する必要がある。あくまで、この計算は、製品形状などの情報から、金型見積もりの結果が妥当であるかどうかを判断するためのものであり、従来は「勘」に頼っていた「査定」を定量化したものであるからだ。実際の見積もりは、周囲の状況によっても大きく変化する。たとえば、金型メーカの仕事量が減少すれば、固定費だけでも確保するためにも仕事が必要であり、客先提出の見積もりも違ってくる、等々のいろいろな相手都合もあるからである。

　この点を考えると、常に、この計算式も時代の変化に応じて修正する必要がある。特に経済状況や為替変動に変化があったときなどは注意が必要である。

第 9 章

射出成形の効率化

　射出成形に限らず、生産の効率化のためには、良品の時間あたりの生産数量を増やすことである。すなわち、広い意味での成形サイクルの短縮と、不良率の低減に努めることである。広い意味での成形サイクルの短縮は、段取り時間の短縮と成形の1サイクル自体の短縮に分けられる。不良率の低減は、成形不良の対策と成形の安定性に分けることができるであろう。
　不良率の低減については、別途章を分けて説明する。

9.1 広義の成形サイクルの短縮

　広義の成形サイクルとは、成形品の売価のところ（第7章7.3）でも説明したが、ある成形品を生産するために与えられた時間でどれだけの個数を生産できるかに関わる数値のことである。

　この関係を**図9-1**に再度示す。ある成形品の生産は、金型を取り付けて、冷却水配管の準備を行い、材料交換をした後、成形が安定するまで「捨て射ち」と呼ばれる生産に直接寄与しないサイクルを経た後に、実際の量産に入る。

成形中断

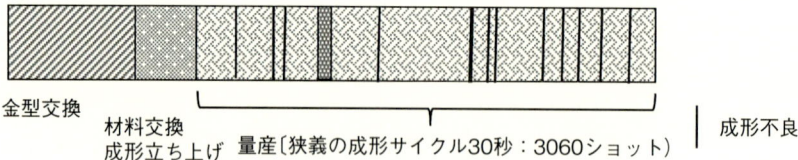

金型交換　材料交換　量産〔狭義の成形サイクル30秒：3060ショット〕　成形不良
　　　　　成形立ち上げ

成形中断（15分＝900秒）　成形不良分（30秒×60ショット＝1800秒）

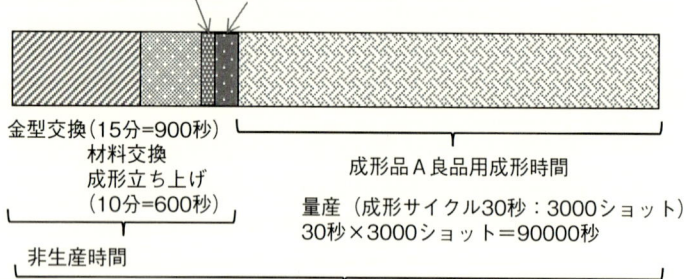

金型交換（15分＝900秒）
　　　材料交換
　　　成形立ち上げ
　　　（10分＝600秒）

成形品A良品用成形時間
量産（成形サイクル30秒：3000ショット）
30秒×3000ショット＝90000秒

非生産時間

成形品A用生産時間94200秒

広義の成形サイクル：94200秒/3000ショット＝31.4秒

図9-1　広義の成形サイクルと狭義の成形サイクル

9.2 段取り時間の短縮

　前の金型による生産が終了して、新しい金型に交換されるとき、前の生産が終了した時点から、次の生産が開始するまでの段取り時間は、ものを作っている時間ではないので極力短くしたい。同じ製品を連続して生産すること、すなわち、1回のロットでの生産数量を増やすことは生産面では効率的である。しかし、客先は必要な量だけの配送を希望するので、余分に作った製品は在庫しておかなければならなくなる。在庫のためには、場所が必要となり在庫費がかかる。すなわち、生産ロット数を増加させると、今度は適正在庫の検討問題が加わることになり、両者を両立させる解決策を探求する複雑な問題となる。ここでは、在庫を含む問題は別として、段取り時間の短縮方法について検討してみよう。

▶ 9.2.1　金型交換時間

　金型をクレーンで吊って、取り付けボルトなどを外していたのでは、結構時間がかかってしまう。機械ごとに、金型の取り付け板を標準化しておき、金型をクレーンで吊って入れる場合にも、ガイドを通じて降ろして位置決めし、クランプで固定する方法や磁石で固定する方法がある。**図 9-2** に油圧式のクランプの例を示す。

　金型を機械に出し入れする方法としては、クレーンを使って上からの方法と、機械の横からコロでの出し入れの方法がある。金型をクレーンで吊って上から入れる場合には、金型は機械から離れた場所に置いてもいいが、機械に横から出し入れする場合には、機械の横に金型を設置する場所が必要となる。

▶ 9.2.2　予備加熱

　PC や PMMA、PA などの場合には、高い金型温度での成形となるので、

金型を上から下ろした後、位置決めをして、クランプを金型側に移動後、油圧でクランプする。

図9-2 油圧式金型クランプ装置

成形を開始してから金型温度を調節していたのでは時間がかかってしまう。事前に適正温度まで予備加熱をしておけば時間短縮となる。この場合、予備加熱のための設備は追加で必要となるが、金型を取り付ける前に、予備加熱用の温調器で加熱しておく。

▶ 9.2.3 材料替え、色替え

金型を交換すると、材料の種類や材料の色の交換がついてまわる。予備乾燥は当然事前に準備しておく必要がある。

材料を交換するには、
① 前の成形材料を抜き出す。
②（中間材を投入する。）
③（中間材で古い材料を押し出す。）
④（中間材を抜き出す。）
⑤ 新しい材料を投入する
⑥ 新しい材料で材料替えをする。
⑦ 新しい材料で成形を開始する。

の手順がある。

（1）中間材の使用・不使用

中間材を使用するケースを括弧で括ったが、中間材を使用する場合としては、2つのケースがある。

1つは、前の材料と新しい材料の温度が大きく異なる場合である。たとえば、**図9-3**のように、前の材料がPC（シリンダー温度270℃）で、次に成形する材料がPOM（シリンダー温度200℃）であったとしよう。

POMは、220℃を超えると分解を起こし始める。そのため270℃の状態で、前のPCの材料替えをすることはできない。また、210℃までシリンダー温度を下げたのでは、PCがスクリュー・シリンダーに固着してPOMでは排出できない。そのため、中間材として、PEやPPなどの成形温度幅の広い材料で一度置き換えるのである。フィルムグレードのMFRの小さいHDPEなどが都合がよい。

もう1つは、成形温度が同じような場合であっても、MFRの小さいHDPEを中間材として使うほうが少ない材料で材料交換が済む場合である。

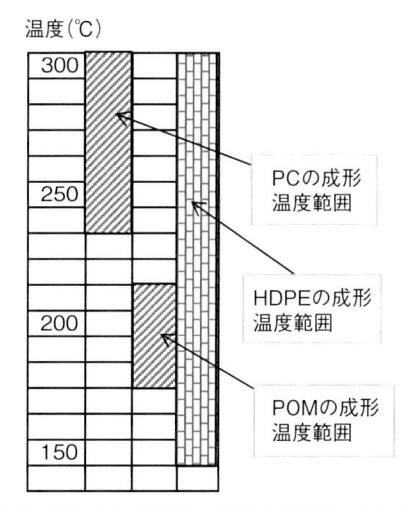

たとえば、PCからPOMに交換する場合、PCの成形温度ではPOMは分解してしまう。そのため、成形温度幅の広いHDPEなどの中間材で途中材料を交換する。

図9-3 材料交換の中間材利用

MFR の小さい HDPE は、粘度が非常に高いので、材料をスクリューから押し出すのに都合がよい。このため、次の新しい材料を入れても、新しい材料も少ない量で交換ができるので、材料費の面でも有利である。

（2）材料替え条件

材料替え、色替えの場合の条件としては、次のような理屈が考えられるが、どのような組み合わせが最適かは、それぞれのケースに合わせて比較して決定するとよい。

1）速いスクリュー回転

スクリューの可塑化のところで説明したように、速いスクリュー回転の場合には、ペレットの溶融が遅れる。そのため、固体がスクリューやシリンダーをかきむしる部分が長くなるので、前の材料が早く押し出される。

2）パージストローク

図9-4 に、再度チェックリングの断面の様子を示すが、この部分にも材料が滞留しやすい。この部分の古い材料を取り除くには、チェックリングを往復させる頻度を多くすると、チェックリングが動くときに多少溶融樹脂がこの部分を往復移動するので、効果を発揮することがある。チェックリングの動く頻度を多くするためには、パージストロークは短く何度も行うほうが有効だが、作業時間を考えると、時間が長くかかるので、たとえば10ショットくらいのパージをこの方法で行う。

3）速いパージ速度と遅いパージ速度

可塑化した溶融樹脂をノズルから空気中に射出することをパージと呼ぶ。

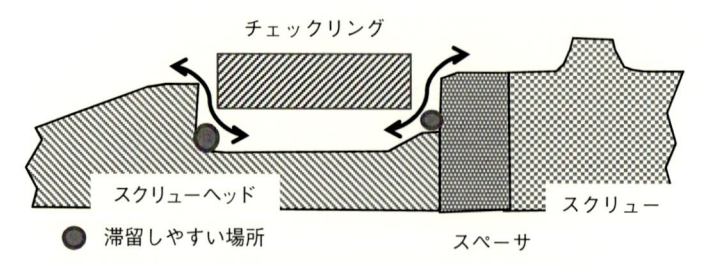

可塑化時には、溶融樹脂は右から左に流れるが、射出時にはチェックリングが閉鎖するまでは、溶融樹脂は左から右に流れる。

図9-4 チェックリング部の溶融樹脂の移動状況

パージ速度が遅いと時間が長くかかるので、時間短縮のためには速いパージが有効である。先のチェックリング部の清掃は速いパージ速度で行う。しかし、速いパージ速度の場合は、図9-5に示すような、シリンダーの先端部の流線が、角部に滞留箇所を残す。流線がシリンダーヘッドの形状に沿いやすくするためには、遅い速度でのパージが有効となるので、遅いパージ速度も組み込むとよい。

このような場所に残った古い材料は、成形時の遅い流れのときに出て来やすくなる。それは保圧工程であり、図9-6のようなスプルー部の汚れとなって出たりする。ノズル内部壁面にも引きずり出されてくることになるので、次ショットでも、最初のスキン層部分に出ることになる。ホットランナーの

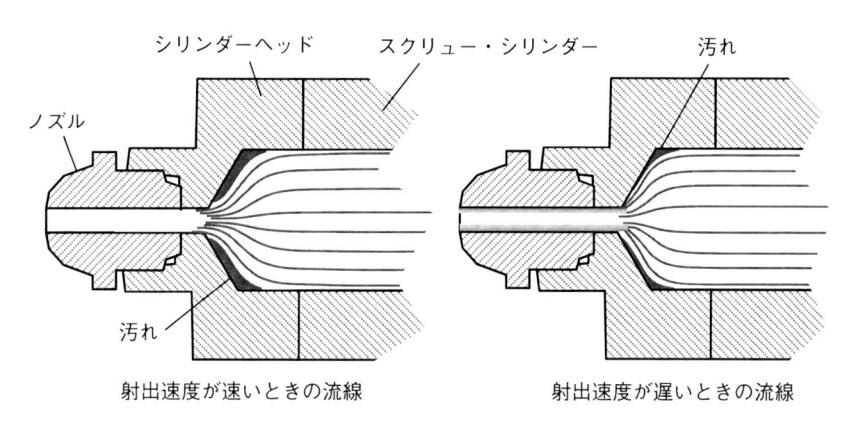

射出速度が速いときの流線　　射出速度が遅いときの流線

図9-5　速い流れと遅い流れの流線

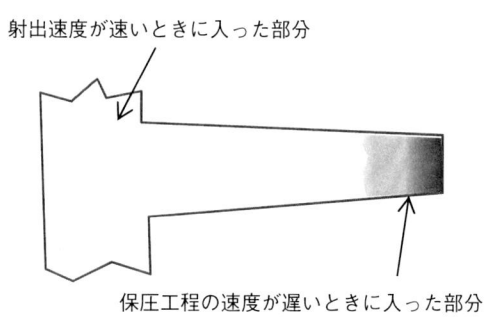

図9-6　スプルー部に発生しやすい汚れ

場合には、これがホットランナーの内部に入ってくるので、次ショットの成形品のどこかに汚れとして発生することになる。

4）シリンダー温度

材料の温度を上げてしまうと粘度は低くなるので、材料や色が変わり難くなる。古い材料は、先に完全にパージしておいて、次の材料はなるべく低い温度で材料替えや色替えをするとよい。

5）洗浄剤

材料替えに時間や材料を多く使う場合は、ガラス入りのPPなどに、スクリュー・シリンダーをこすらせることで、前の材料のこびりつきを無理やり取り除くことができるし、効果がある場合も多い。ガラス繊維入りの代わりに、市販の洗浄剤が使われることもある。

6）材料供給停止タイミング

所定の生産数量を終了した後に、材料を停止したのでは、ホッパーのなかやスクリュー・シリンダー内に残っている材料が無駄になってしまう。しかし、スクリューの可塑化のメカニズムのところを思い出すと、供給ゾーンの材料がなくなると、可塑化時の材料の圧力の立ち上がり方に影響が出ることを思い出すであろう。ただし、材料の溶融時の粘度の高いものは、特に溶融部のポンプ輸送の影響を受けやすいので、供給部の材料がなくなっても可塑化時間の変化が少ない。

このような場合には、ホッパーからの材料供給を停止しても、まだ良品として生産することが可能である。このような状態を観察するには、**図9-7**のように、ホッパーからの材料供給を停止した後のショットごとの可塑化時間の変化を採取する。可塑化時間が長くなり始めると、可塑化状況にも影響を与えてくるので良品からは排除したほうがよいが、その前までは製品として使用できる。材料を無駄にしないためにも、要求品質に合わせて材料供給を停止するタイミングを事前に調査しておくとよい。

7）スクリュー・シリンダー仕様

材料や色の交換を効率的にするためには、スクリューやシリンダーなどの部品に材料が付着しにくいほうがいいことは考えられる。特殊なメッキやコーティングをすることもオプションとして考えられる。ただし、スクリューのところで説明したように、付着しにくさが摩擦係数にも影響を与えると、

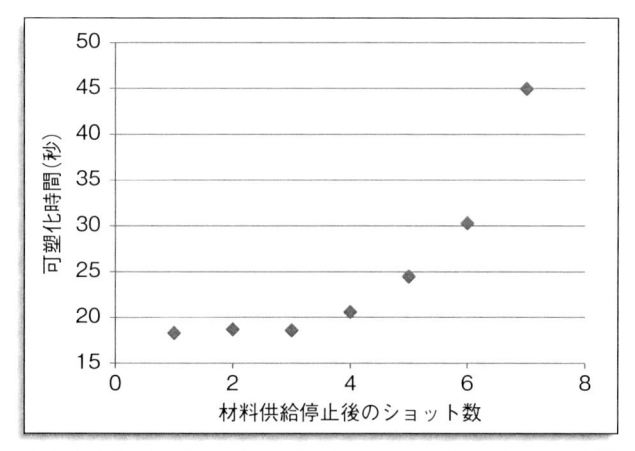

材料停止後、計量しなくなるまで何ショット成形できるかを確認する。可塑化時間が長くなっても、成形品の品質に問題がないことが確認できれば、材料の無駄を少なくできる。

図 9-7 材料停止後の可塑化時間変化の調査

可塑化状況が変化するので、事前のチェックが必要である。

▶ 9.2.4 シリンダー温度の変更

　シリンダーの温度を上げる場合には、ヒーターを ON にして昇温を待つだけであるが、温度を下げるときには、通常、放熱によって自然に温度が下がるのを待つだけなので時間がかかる。特に、省エネルギーを目的とした保温カバーがある場合には、なかなか冷えない。

　このような場合には、図 9-8 のようなブロワー付きの保温カバーがあれば、ブロワーで強制冷却するので効率がよい。この場合、シリンダーの温調制御との関係に注意する必要がある。その理由は、ブロワーでの強制冷却でのシリンダー断面の温度勾配と、ヒーター加熱の場合の放熱では温度勾配が異なっているからである。また、PID（P：比例、I：積分、D：微分）制御の場合、それぞれの値が設定されているが、強制ブロワーを使用すると、この設定値との関係が違ってくる。そのため、ブロワーでの強制冷却と温調制御を同時に使用すると、温度がハンチングすることになる。ある温度までは、ヒーター温調は OFF 状態でブロワーのみで強制冷却し、その後、ブロワーを停止

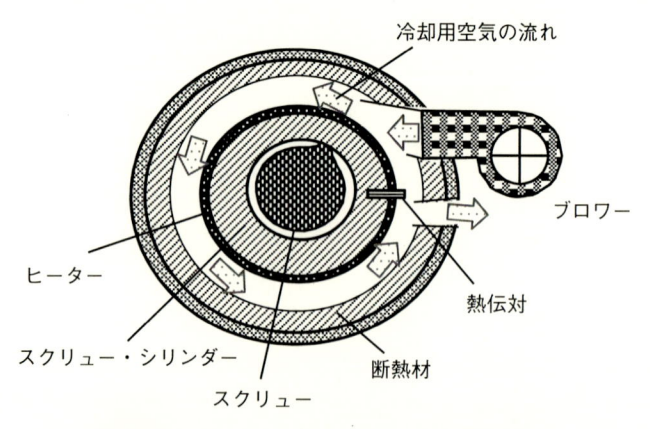

図9-8 ブロワーによるシリンダー温度冷却

してヒーター温調を ON にするなどの工夫が必要である。

9.3
成形開始と機械停止後の再スタート

　金型の準備が完了し、材料も交換したら、次は実際の生産に入る。金型温度設定の高い材料の場合には、時間短縮のために予備加熱することもあるが、一般の材料、たとえばPPの成形では、あまり予備加熱はしないかもしれない。そこで、金型温度の変化の様子について検討してみる。

▶ 9.3.1　金型温度の変化状況

　金型の成形品部を含む断面部のある時点での温度状況を考えると、**図9-9**のようになっている。縦軸は温度、横軸は断面位置である。樹脂部は金型の表面から熱を奪われるので、金型表面に向かって温度が低下していき、金型部では、冷却水によって熱がとられていくので、この温度に向かって温度が低下していくのである。

第 9 章　射出成形の効率化

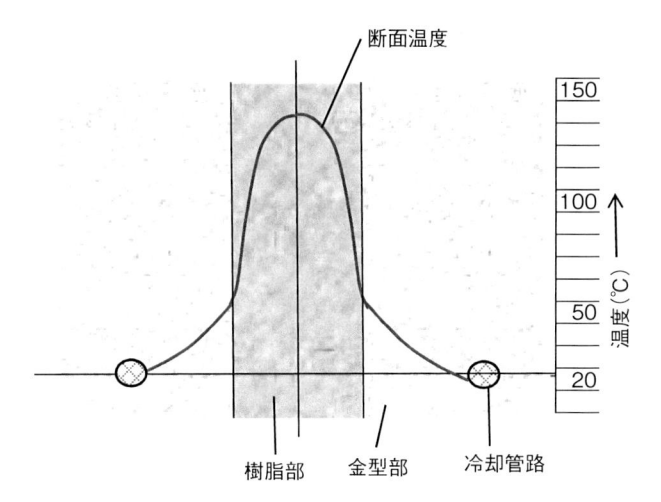

断面温度

樹脂部　金型部　冷却管路

図 9-9　成形途上の金型と樹脂の温度状況

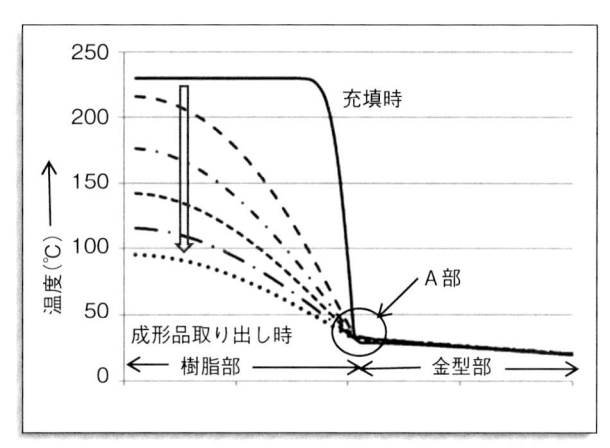

充填時

A 部

成形品取り出し時

← 樹脂部 → ← 金型部 →

注）樹脂部の横軸は、金型部に比較して、わかりやすいように拡大している。下側に向かう矢印は、時間経過とともに樹脂部温度の低下の様子を示している。

図 9-10　時間経過による金型と樹脂の温度状況

　この様子を時間の経過も含めて重ね書きすると、図 9-10 のようになる。横軸は成形品の中央部からの距離だが、金型部分は距離を短くして表現している。この計算方法については、別途『エクセルを使ったやさしい射出成形

247

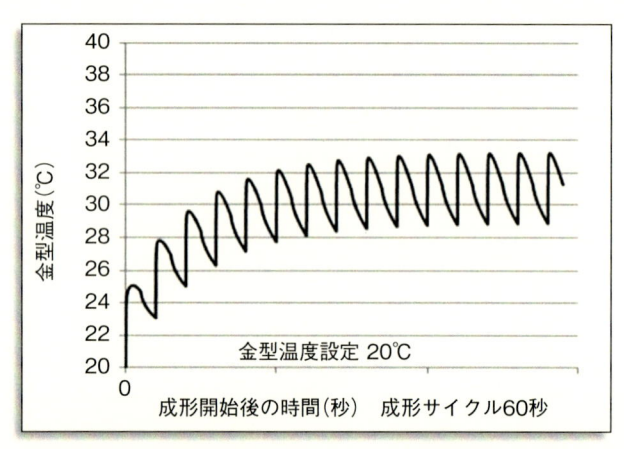

[図: 金型表面の温度変化のグラフ。縦軸「金型温度 (℃)」20〜40、横軸「成形開始後の時間(秒) 成形サイクル60秒」、金型温度設定20℃]

成形開始前から金型を冷やしておくと、成形開始後に金型温度が安定するまでに時間がかかる。

図9-11 成形開始後からの金型表面の温度変化

解析』（日刊工業新聞社刊）を参照してもらいたい。わかりやすいように具体的な数値を記しているが、概念として考えればよい。

　次に、この金型表面の温度変化の1サイクルの様子を考えてみよう。あるところまでは加熱された樹脂により温度は上昇していくが、冷却が進行していくと低下し始める。その後、金型が開いて成形品が取り出されると、温度の高かった樹脂部がなくなるので冷却水によって急に温度が下げられていく。

　この状況は概念的にも理解できるであろう。金型の表面から少し内部での温度変化の様子を図9-11に示す。樹脂によって入ってくる熱量により金型温度は上昇していくが、冷却水によって奪われる熱量のバランスが釣り合うところまでくると、金型温度は繰り返し安定してくることが理解できるであろう。

▶ 9.3.2　成形開始から良品採取まで

　図9-11の例だと、金型温度が安定するまでに、7ショット程度かかっている。どうせ金型温度は上昇していくのだから、成形開始前は冷却せずに室温（23℃）とし、生産開始とともに所定の20℃にすると、どうなるかを示したものが図9-12である。金型温度が安定するまでの時間が早くなること

248

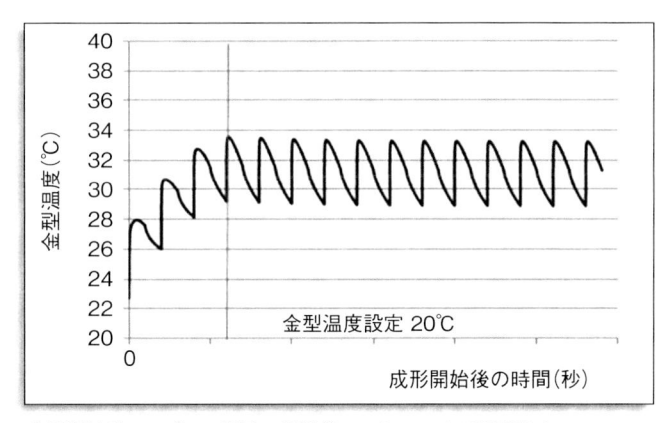

[図: 金型温度の時間変化グラフ。縦軸 金型温度(℃) 20〜40、横軸 成形開始後の時間(秒)。金型温度設定 20℃]

成形開始前は23℃の常温に放置後、3ショットは温調なし。
その後金型を20℃で冷却した例。安定成形までの時間が短縮できる。

図 9-12 成形開始後3ショット目から温調を開始した金型温度変化（設定 20 ℃）

がわかる。金型温度が安定するまでは、「捨て射ち」を要求されるような場合に有効な方法である。

▶ 9.3.3 チラーを使用する場合

　先の例の場合は、室温と冷却水温度はあまり違わないので、クーリングタワーでの水温も 20 ℃以下で使えるかもしれない。**図 9-13** に、クーリングタワーの例を示す。クーリングタワーでの冷却は、気化熱を利用しており、室温だけでなく湿度にも影響を受けるので、温度が制御されている状態とはいえない。やはり、室温以下の設定で成形を安定させるためには、チラーを使用することが必要である。しかし、たとえば、設定温度を 10 ℃として、成形前から 10 ℃の冷却水を流すと、金型が冷えすぎて結露し、一般に「汗をかく」といわれる水滴が金型や配管を濡らすことがある。成形を開始すると金型温度が上昇していくので、結露はなくなっていく。このようなときには、成形開始前には冷却水は流さずに、成形開始後からチラーの冷却水を流すようにするとよい。そうすることで、**図 9-14** のように成形の安定までのショット数も少なくなるし、結露問題も解決する。

クーリングタワーでの冷却は、気化熱によるものであるため、
温度や湿度によって冷却能力は変化する。

図 9-13　クーリングタワー

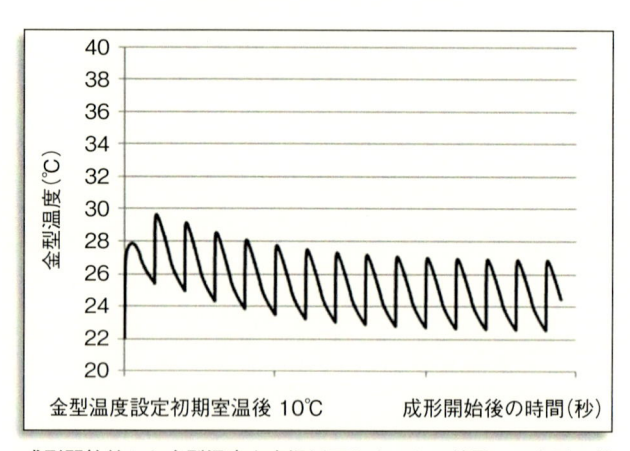

成形開始前から金型温度を室温以下とすると、結露して金型に付着するので、成形開始後から冷却水を流す。そうすると、成形の立ち上がり安定性までの時間も短くなる。

図 9-14　成形開始から金型温度 10℃設定

▶ 9.3.4　機械停止後の再スタート

　連続成形中に、何らかの異常が発生して、生産を一時的に停止することがある。このような場合、温調を流したままにしておくと、金型温度が低下してしまう。特に先に説明したチラーを使っているような場合には、結露して

水滴が金型表面などに発生すると、それが原因で銀条などの成形不良や金型を錆びさせるなどの問題となる。

機械が一時的に停止するようなときには、温調器も連動して停止させるか、あるいは、ソレノイドバルブなどで温調を遮断するような方法を採用するとよい。

▶ 9.3.5　金型温度が高い場合

PC や PMMA、PA、POM などのように、金型温度が室温より高い場合にもやはり、図 9-15 のように金型温調器の温度よりは段々と温度が上がってくる。このような場合には、予備温調する際、正規の温調温度よりも高い温度で予備温調しておき、成形開始とともに正規の温度に設定を戻すような調整をしておくと、立ち上がりの短縮に寄与する。この例を図 9-16 に示す。

▶ 9.3.6　金型温調方法

金型温度が成形に応じて変化していき、徐々に高くなっていくのであれば、金型温調器の温度を制御するのではなく、金型自体に熱伝対をつけて、図 9-17 のように、金型の温度を直接制御しようとするアイデアが出てくる。熱硬化性の場合で、金型にヒーターを取り付けて温調する場合は別として、媒

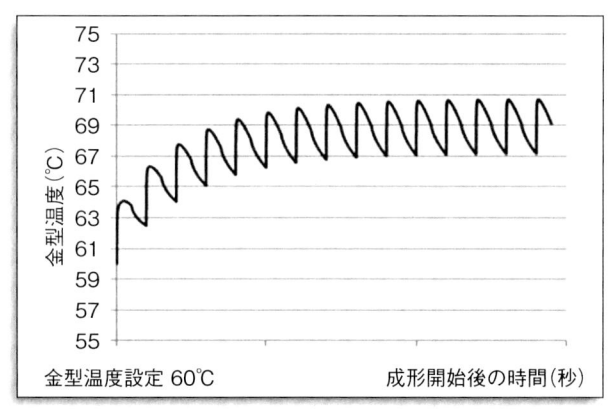

成形開始前から所定温度にしておくと、その後も安定するまでに時間がかかる。

図 9-15　成形開始直後から温調を開始した場合の金型温度変化（設定 60 ℃）

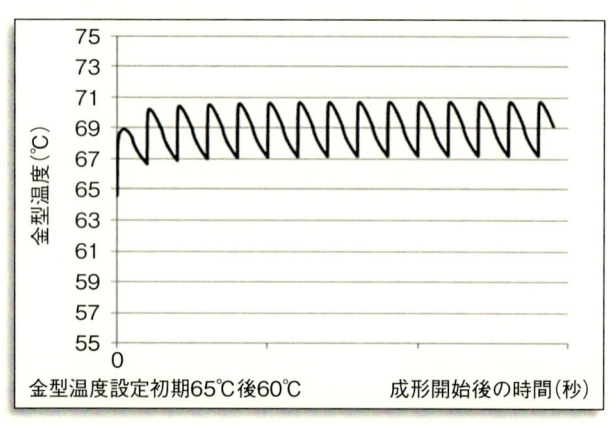

[図: 金型温度のグラフ 縦軸55〜75℃、横軸 成形開始後の時間（秒）、金型温度設定初期65℃後60℃]

成形開始後に温度が高くなるのであれば、事前に予備温調で、少し高めの温調をしておき、成形開始後所定温度とすると立ち上がり安定までが短い。

図9-16 成形開始前65℃予備温調後、成形開始後設定60℃

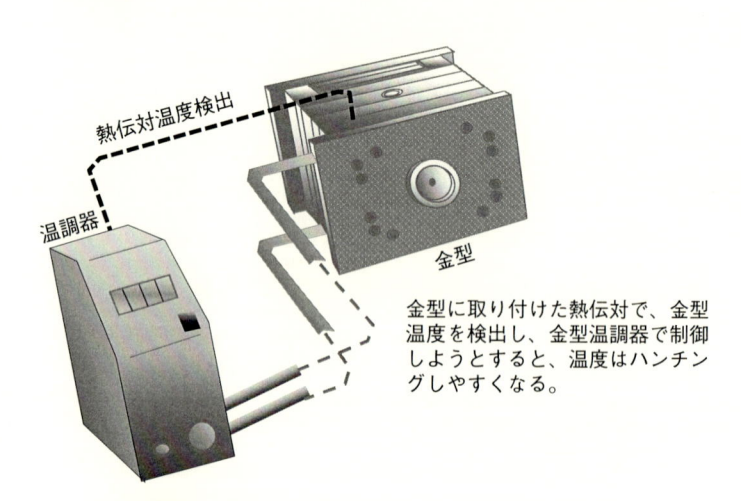

[図: 温調器と金型、熱電対温度検出の図]

金型に取り付けた熱電対で、金型温度を検出し、金型温調器で制御しようとすると、温度はハンチングしやすくなる。

図9-17 金型の温度を検出して温度制御する方式

体を使用して温調する場合は、この方法は好ましくない。

その理由は、先の金型の温度変化の様子を見るとわかるように、金型の部分部分の温度は、ショット内でも変化を繰り返しているからである。このショット内のある時点、たとえば射出開始時点のある場所だけを検出して制御

するなどの方法もあるが、冷却水管路から離れているので、制御されるまでに時間が必要となる。そのため、成形条件や成形サイクルなどが変わると、制御にも影響が出てくるので、安定させるためには結構面倒なので注意が必要である。

9.4 狭義の成形サイクルの短縮

　成形サイクルの予想値について別途説明してきたが、ここからは実際の成形サイクルをどのようにして短縮するかについて説明していく。実際の成形時には、成形品の自動落下や作業者が半自動成形にて毎ショット取り出す方法などもあるが、ここでは取り出し機を使った全自動成形としてひとつのショット時間、すなわち狭義の意味での成形サイクルについて考えてみる。
　成形条件は、すでに量産用は決定されているものとして、その後の成形時間短縮の可能性を調査する方法を説明する。
金型に樹脂が入っている時間と、樹脂が入っていない時間に区別して考える。射出中および冷却中を前者とし、それ以外は後者とする。
　実は、型開き中は、片側（通常固定側）に成形品が残っているので、実際にはこの中間となるが、ここでは後者に分類しておく。

9.5 成形時間短縮の手順

▶ 9.5.1　成形サイクル中の温度変化

　成形サイクルを短縮する方法としては、樹脂が金型内に入っている時間、

すなわち射出・保圧・冷却の時間を短縮する方法と、それ以外の時間を短縮する方法に分けられる。

そこで、金型内に樹脂がある時間と金型内に樹脂がない時間を短縮すると、どのような状態になるかを考えてみよう。

基準の成形サイクルを 60 秒、そのうち樹脂が金型内にある時間の射出保圧冷却時間を 40 秒、樹脂が金型内にない時間、型開閉・取り出し・その他を 20 秒とする。これを、成形品部分と金型部分の温度を示す図で比較した。樹脂が金型内で冷却されている時間は同じとして、それ以外の時間を 10 秒短縮した場合の様子を基準と比較したものが、図 9-18 である。金型内で冷却されている状況は同じなので、温度状況もほとんど変化していない。もっと型開閉他を短くすると、金型温度も高くなっていくであろうが、この例ではほとんど影響を受けていない。成形品から冷却管路までの距離にも関係する。

これに対して、同じサイクル短縮として、金型内に樹脂が入っている時間を 10 秒短くした様子を比較したものが図 9-19 である。この場合、樹脂が金型で冷却される時間が短くなってくるので、取り出し後の成形品温度も高くなっていく。

▶ 9.5.2 射出・保圧・冷却時間以外の時間短縮

射出・保圧工程は、成形品の品質を直接決定する工程である。また、冷却工程も成形品の冷却固化に必要な時間であり、これが変わると変形などの原因ともなる。そのため、射出・保圧および冷却時間を変化させないところから始める。実際には、成形サイクルを短縮することは、金型を冷却する時間自体も短くなるので、熱量を逃がす時間が短縮されることになり、金型温度自体が高くなっていくことは先に述べた。これによる成形品に対する冷却への影響は出てはくるが、多少の条件補正で成形品の品質は確保されるのがほとんどである。そこで、この時間を短縮するために、着目する点について工程を考えながら説明していこう。

（1）型閉じ工程

型開き完了位置から金型の可動側が固定側に接触するまでが、型閉じ工程である。この間に金型にスライドコアや油圧コアの出入りがある場合は、ア

第9章　射出成形の効率化

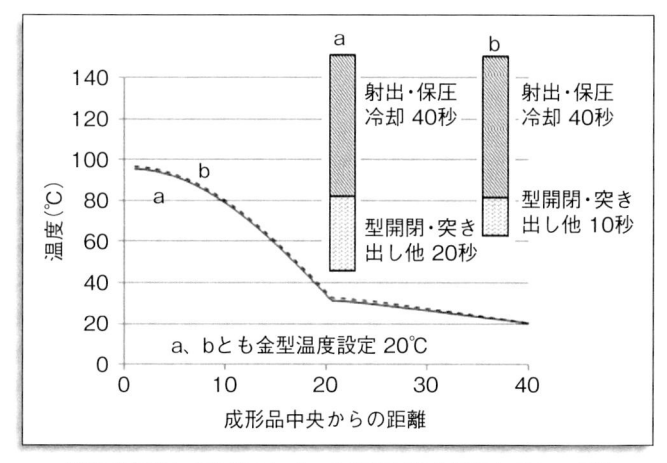

樹脂が金型内で冷却されている時間以外を短縮しても、成形品の温度への影響は少ない。

図 9-18　金型に樹脂がない時間を短縮した場合

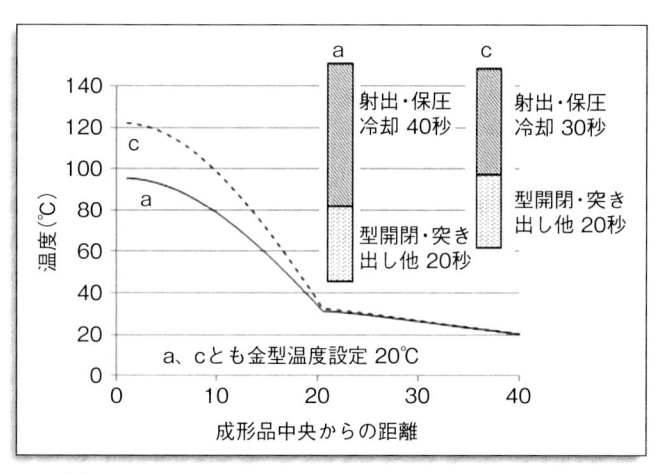

樹脂が金型内で冷却されている時間を短縮すると、成形品の温度は高くなってくる。

図 9-19　金型に樹脂がある時間を短縮した場合

255

ンギュラーピンが入り始める直前で速度があまり速いと危険なので、速度を遅くする。速度を速くしても金型を破損することが決してないような手段を講じてある場合は別である。機械の速度切換え時の位置ばらつきにも留意しなければならない。制御ばらつきは機械の性能にも関わる問題である。

速度が遅い場合でも、スライドコアが戻り切っていなかった場合には、アンギュラーピンに上手く入り込まず危険なため、型閉じ時の力を弱めることもある。もしもの危険を防止するためには、リミットスイッチなどで、コアなどがずれた場合を検知する方法も重要である。

型閉じの終了時は、可動側と固定側に、スプルーや成形品の一部などの異物などが挟まっていないことを低圧で検知する金型保護工程を経由して、金型タッチを確認する。

（2）型締め工程

型閉じ工程の終了とともに、金型はすでに閉じているが、樹脂圧力で金型が開かないように強く締め付けるのが型締め工程である。特に油圧の直圧式の機械では、大きなシリンダーに作動油を送り込んで型締め力を出すために、この時間が長いことが多い。2プラテンの機械では、タイバーをロックする時間も必要だ。

型締め開始時点では、すでに金型には異常はないことは確認できている状態である。そのため、型締め時間は短くても問題はないが、油圧機では、バルブの切換えなどによるショック音の発生を抑えるために、遅延時間などが設けられている。型締め時間（速度）が調整できる機械では、この状況を確認しながら、型締め時間を短くする。

（3）型締め工程と射出開始

型締め工程では、金型の固定側と可動側は接触しているので、冷却の観点からすると樹脂が入り込んでも問題はない。型締めの途上で射出を開始することも問題はない。ただし、図9-20のように、型締めが完了するまでの間、射出による型を開く力よりも型締め力のほうを大きくする必要はある。これは、同時動作（複合動作）と呼ばれ、ここでは、型締めの動作と射出の動作を並行して行うものである。ただし、同時動作には、駆動源が独立していることが必要だ。油圧機でこのような同時動作（複合動作）を行うには、油圧ポンプを含めた追加回路が必要となる。

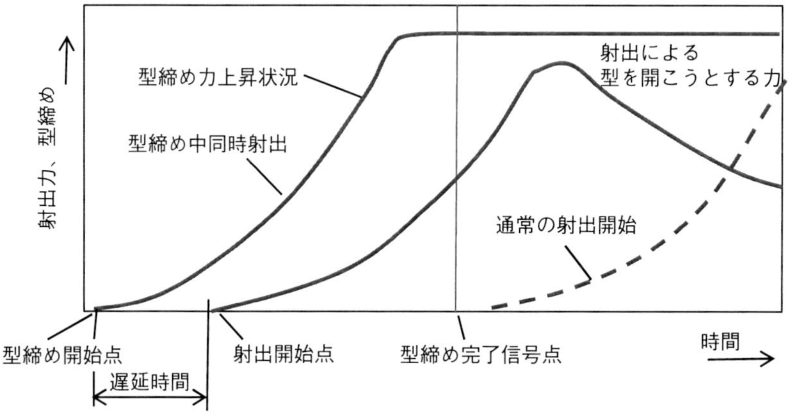
射出力、型締め
型締め力上昇状況
型締め中同時射出
射出による
型を開こうとする力
通常の射出開始
型締め開始点
遅延時間
射出開始点
型締め完了信号点
時間

型締め駆動装置と射出駆動装置が別個にある場合、型締め動作と並行して射出を開始することは可能である。その場合、並行動作中にも、射出圧力によって金型を開こうとする力よりも型締め力を高くすることが必要である。

図9-20　型締め動作並行射出開始

（4）型締め弛緩

型開きを開始する前には、型締め力を緩めなければならない。特に直圧式の機械では、型締め同様に大量の作動油を逃がさなければならないので、このための時間がかかる。2プラテンでは、タイバーのアン・ロック時間もこれに含まれる。これも型締めと同様に、ショック音などを考慮しながら、なるべく速くする。

（5）型締め弛緩と冷却時間

樹脂が金型内にある冷却時間の観点からすると、型締め弛緩も冷却時間に含まれる。古い機械によっては、この型締め弛緩の時間も冷却時間に含めた考えをしているものさえある。ただし、冷却時間中に可塑化を完了しておかなければならない機械の場合で、冷却時間に余裕がある場合には、この型締め弛緩時間を冷却時間の一部と考えてサイクル短縮を進めてもよい。

（6）型開き工程

金型を開く場合は、金型に異物を挟んで破損したりする危険性はないので、型閉じよりも速くできる。ショックや騒音を考慮しながら、なるべく速くなるように調整する。

（7）成形品取り出し

図 9-21 に、成形品取り出し動作の一例を示す。ここでは、

① 型開き完了点の信号を受けて、取り出し機が成形機の外からタイバー間に入る。

② 取り出し機は、タイバー間の位置に到達した信号で、金型の間に降りる。

③ 取り出し機が成形品の部分に降りた信号で、成形品突出しが行われる。

④ 成形品に向けて、取り出し機のチャックが前進して、真空あるいはチャックなどで成形品をつかむ。

⑤ つかみ終わった信号を受けて、突出しが後退する。

⑥ チャックは成形品をつかんだまま後退する。

⑦ チャックが戻ると、取り出し機が上昇する。

⑧ 上昇限の信号で、取り出し機が成形機の外に出る。

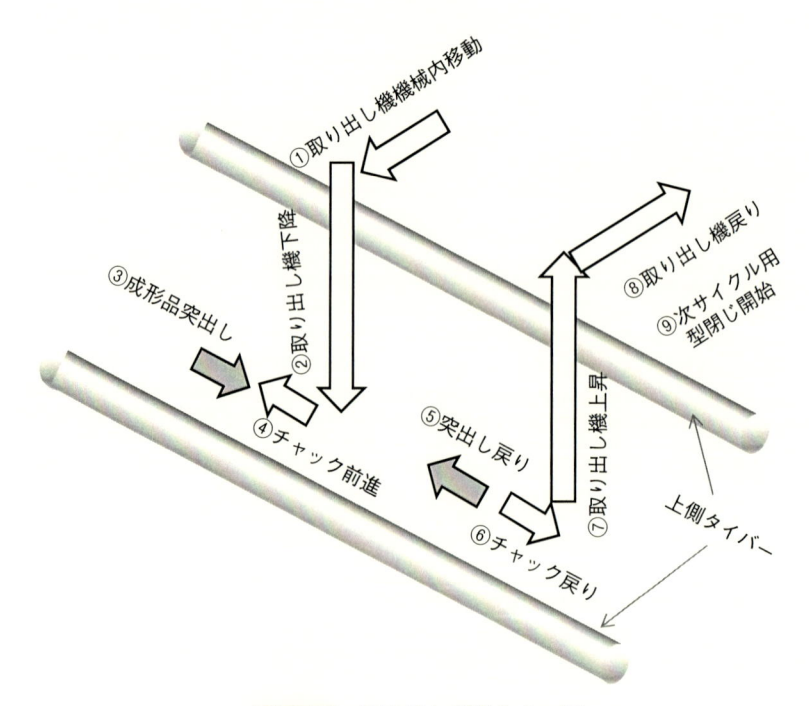

図 9-21 取り出し機動作の一例

⑨ 取り出し機が外に出た信号で型閉じを開始して、次サイクルに入る。
というようなケースが多い。

　まず、取り出し機が成形機の外で待つ必要は何であろうか？　取り出し最後の工程（⑨）で成形品を誤って落とした場合、金型内に挟まれて金型破損を引き起こす可能性があるので、機械の外で停止しているからであろう。取り出し機が成形品を処理して元に戻ったときには、②が開始できる位置まで戻しておけばよいのである。

　②の開始は、型開きの完了を待つ必要はない。金型が開いて、取り出し機が金型の間に降りていくのに十分安全な空間が確保されたことを確認した信号とすればよい。特に高速型開きにした場合には、最後の停止が振動でばらつくことの対策として、停止前の低速領域の時間が長いことがあるので、これと並行動作させることも一案である。

　③と④の動作は逆の場合もあるが、この部分は同時に動けば時間短縮が可能である。

　④では、真空に達するまでの時間が長くなる場合が多い。空気の漏れや、パッド、真空圧などを調整するなども効果がある。

　⑤と⑥も並行の動作で時間を短縮する。

　⑦の取り出し機上昇完了信号で型閉じを開始しても構わないはずである。成形品が落ちれば取り出し機は検出するから、その信号で機械を停止させてもいいのである。しかし、型閉じが速い場合には、間に合わないとの話になるかも知れない。もし、そうであれば、成形品が落ちない方法、落ちても成形機に入らない方法を検討すればよいのである。

▶ 9.5.3　射出・保圧・冷却時間の短縮
（1）射出（充填）時間の短縮

　射出時間を短縮するには、射出速度を速くすることが有効である。しかし、そうすると成形品の品質に直接関係するようになる。ことに射出速度は、成形品の表面品質に影響を与えることが多いので、注意しなければならない。射出速度を速くした場合に発生する問題（不良）については、個別の成形不良対策を考えながら行うことになる。『射出成形加工の不良対策』（日刊工業新聞社）などを参考にしながら対策を講じればよいであろう。

（2）保圧時間の短縮

図9-22に、金型キャビティ内での樹脂圧力の変化の様子（代表例）を示す。保圧切換えのタイミングによっては、このピーク圧力点は保圧側に移動することもあるが、ここでは、ゲートシール点に注目してもらいたい。ゲートがシールしない間は、キャビティ内に樹脂が入っていくので、冷却に伴う圧力効果の変化点はないが、ゲートがシールすると樹脂供給が遮断されるので、冷却に伴う圧力低下が急激となり、変曲点が現れる。通常は、ゲートシールを待ってから保圧を終了させることが望ましいが、要求品質がそこまで厳しくない場合には、保圧時間を短縮することも可能である。

ただ、保圧時間をゲートシール時間よりも短くすると、図9-23のように、樹脂の逆流が発生して成形品が軽くなり、寸法に影響を与えることが多い。この場合には、成形品本来の重量になるように、保圧自体を調整する。

ゲートシール点の求め方は、図9-24のように、保圧時間を変化させながら、成形品の重量を測定すれば、成形品重量が変化しなくなった点として簡単に求められる。バルブゲートで強制的にゲートシャット（ゲートシール）が可

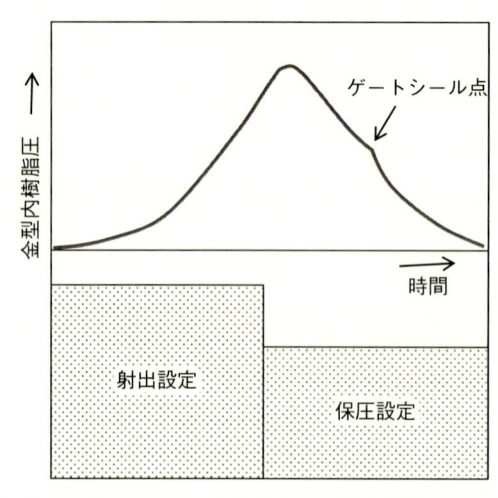

横軸を時間の流れとしているので、射出保圧設定の向きも機械とは反対となっている。ここでは、金型内での圧力変化状況は、ゲートシール点で樹脂の流入が途絶えるため、圧力の変曲点が見える。

図9-22 金型内圧の変化状況

第 9 章 射出成形の効率化

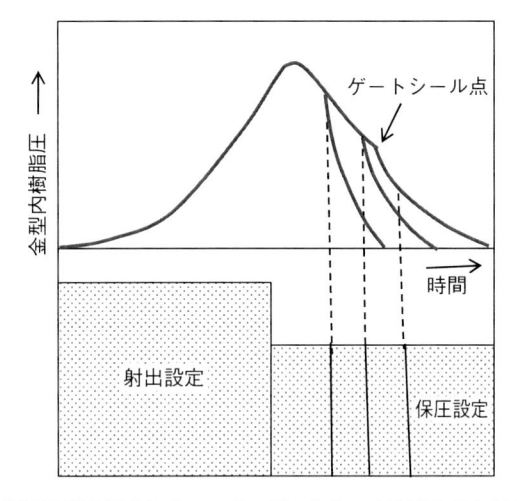

保圧時間を短くしていって、ゲートシール時間よりも短くすると、溶融樹脂がゲートから逆流することになって、圧力が低下する。

図 9-23 保圧時間と金型内圧の変化状況

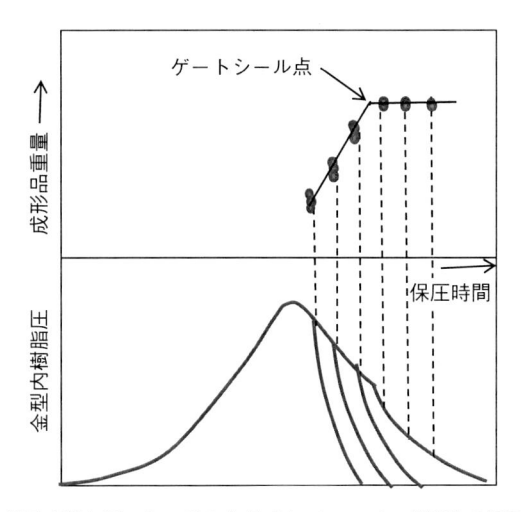

保圧時間を短いところから長くしていって、成形品の重量の変化する様子を観察する。成形品の重量が変化せずに一定になるあたりがゲートシール点である。

図 9-24 保圧時間と金型内圧の変化状況

能な金型の場合には、これを使用して保圧時間の短縮をすることもできる。

（3）冷却時間の短縮

保圧時間の短縮方法について述べてきたが、ここではゲートシール後の保圧時間を含めた冷却時間を考える。また、冷却時間がどこまで短縮できるかについては、のちほど述べる成形品の取り出し温度のところ（9.5.4）を参照してもらいたい。

まず、冷却時間を短縮するときの可塑化時間との関係を考えてみよう。

（4）可塑化時間の短縮

同時動作ができない通常の成形機では、冷却時間中に可塑化を終了しなければならない。可塑化時間が冷却時間より長い場合は、スクリュー回転数を大きくしたり、スクリュー背圧を低くするなどして、可塑化時間を短くすることは可能である。しかし、これらは可塑化状況を不安定にすることがあるので注意が必要だ。成形安定化のためには、スクリューの回転数はあまり大きくはしたくはない。機械で設定する冷却時間を短くすると可塑化に影響を与えるような場合には、先ほどの保圧時間を短縮して、可塑化時間にまわすことなども考えられる。

機械の一部を変更したり、改造することまで幅を広げて考えるなら、可塑化能力はスクリュー径が大きくなると増加するので、スクリューの交換が考えられる。また、金型と機械とを金型側あるいは機械側のバルブゲートで機械的に遮断できるのであれば、金型が開かれている間から、次の射出動作の前までの時間も可塑化時間として使うこともできる。型開閉のアクチュエータと可塑化側のアクチュエータの動作源が分離している機械であることが前提である。

▶ 9.5.4 どこまで成形サイクルの短縮が可能か

成形サイクルがどのくらいの時間かをざっと計算する方法はすでに説明したが、現場での成形を調べて、もっとサイクルを短縮できるかどうかを具体的に知ることは必要である。成形サイクルをどこまで短縮できるかは、成形品の取り出される温度が、取り出し可能な所定の温度まで低下したかどうかで決まる。サイクル短縮によって、成形品に不良が発生するとか、成形品の寸法が変化したなどの品質に影響が出てきた場合には、それぞれの成形不良

対策の対策案に従えばよい。

では、成形品が取り出し可能な温度になったかどうかをどのようにして判断するかであるが、先に、成形品の中央部の温度を使ったことを思い出して欲しい。問題は、成形品の表面の温度は測定することができても、中心部の温度は直接測定することはできないことである。

（1）成形品表面温度と平均温度

図 9-25 は、成形品を取り出し後に放置しておくと、その断面温度がどのように変化していくかを計算したものである。実際には成形品の表面からの放熱はあるが、ここでは断熱として計算している。図 9-26 は、その成形品の中心部と表面の温度の時間的変化の様子を示したものである。時間経過とともに、平均温度に収束していくことがわかる。

実際に 2.5 mm 肉厚の成形品の表面温度を、図 9-27 に示す赤外線式温度計で、時間の経過とともに測定したものを図 9-28 に示す。この例では、取り出して約 20 秒から 40 秒後付近までは一定の温度になっている。これから、表面からの放熱量は非常に小さいと考えられる。そこで、肉厚が非常に薄い、たとえば 1 mm 以下の成形品は別として、成形品取り出し後の成形品表面温

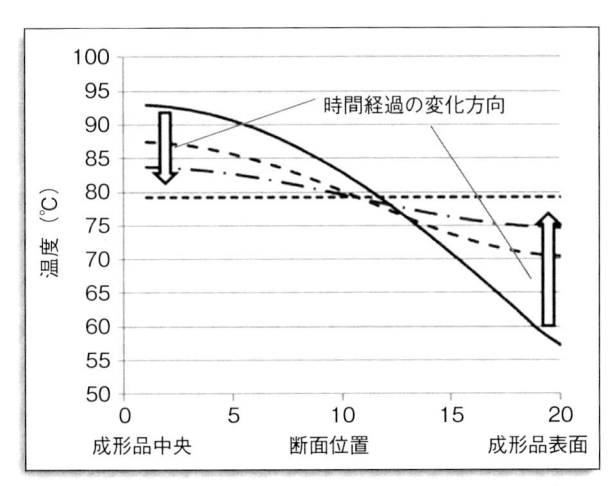

成形品を取り出した後、表面を断熱した状態で断面の温度変化の様子を計算すると、全体が最終的に平均温度に収束する。

図 9-25 取り出し後の成形品の断面温度の変化（計算）

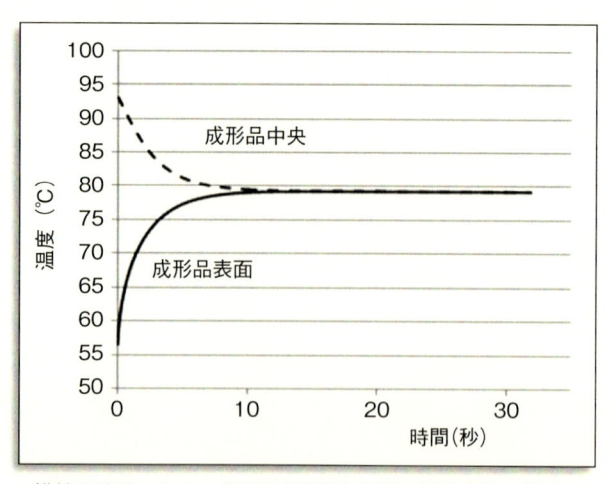

横軸を時間として、成形品中央部と表面の温度変化の様子を計算したものである。2.5mm 程度だと 15 秒程度で安定してきている（材料により異なる）。

図 9-26 取り出し後の成形品中心部と表面温度の時間的変化（計算）

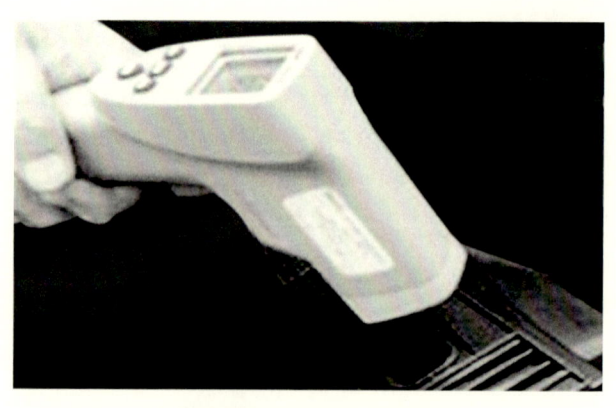

図 9-27 赤外線式温度計

度を測定して、ほぼ一定となった温度を平均温度と考えてもよい。
　冷却時間計算式には、成形品中央部の温度を使う場合と平均温度を使う場合の 2 つがある。

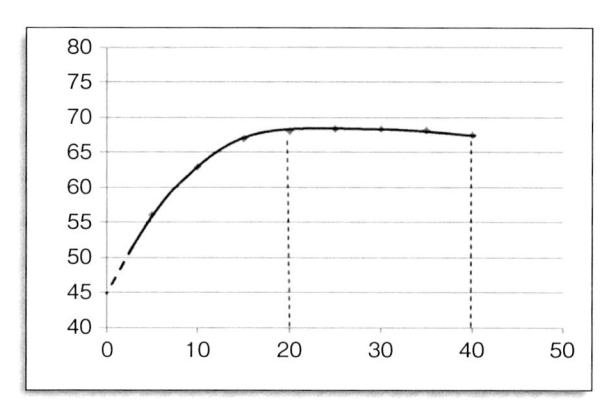

実際の PP 成形品（肉厚 2.5mm）の表面温度の変化の様子を測定したものである。成形後 20 秒から 40 秒付近の表面温度は、成形品の平均温度とみなすことができる。

図 9-28 PP 製 2.5 mm 肉厚の成形品放冷の表面温度の時間的変化

中心部温度を使う場合

$$\theta c = 1/\alpha \cdot (t/\pi)^2 \cdot \mathrm{Ln}[(4/\pi)(T_m - T_r)/(T_m - T_c)]$$

平均温度を使う場合

$$\theta a = 1/\alpha \cdot (t/\pi)^2 \cdot \mathrm{Ln}[(8/\pi^2)(T_m - T_r)/(T_m - T_a)]$$

この時間 θc と θa が同じ場合の T_c と T_a の関係は、

$T_c = 1.57\, T_a - 0.57\, T_m$

T_c：平均温度 T_a の場合の成形品中央部温度

T_a：成形品の平均温度

T_m：金型温度

として、概略予想することができよう。

ただし、この冷却時間計算式は、成形品が金型に接している部分は金型温度として計算する式なので、金型温度の代わりに、図 9-28 から予測される時間 0 のところの温度 45℃を使うと、平均温度は 68℃程度なので、成形品の中央部温度は 81℃程度と計算される。これを材料の取り出し可能温度と比較すればよい。たとえば、流動解析用の材料データの取り出し温度が 100℃であれば、温度の面からは、この成形のサイクルはもっと短縮できることになる。

これは、樹脂の接する金型壁面温度が一定であるとした仮定のもとでの計算である。実際には、成形品の温度を測定しながら、成形品に不良が発生しなければ、さらに成形サイクルを短縮する、ということを繰り返していけばよい。前にも説明したように、成形不良が発生したときは、その成形不良の対策法を調べて対処していくことになる。

　成形品の取り出し温度が高くなり過ぎたことが原因の場合には、次に説明する、温度が高くなる原因を調査していく。

（2）表面温度の測定部分

　時間の経過とともに測定する部分は、成形品の取り出し後の温度分布のなかで最も高い部分である。成形品を取り出した後に、成形品の表面を触っても、どの部分の温度が高いのかはわかるが、最近ではサーモカメラなどは結構安価となってきているので、これを使って全体的な温度分布を測定すればよい。この例を図9-29に示す。最も温度の高い部分に注目して、その部分の平均温度を先ほどのように調べる。

（3）成形品温度の高い部分

　一般的に、どのような部分の温度が高いかというと、ひとつは肉厚の厚い場所であり、他には金型の温度が高い場所である。前者は熱量自体が大きいのが原因であり、後者は冷却効率が悪いことが原因である。

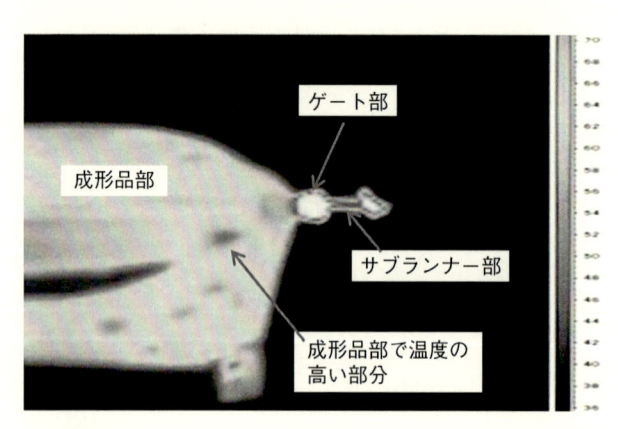

図9-29　サーモカメラで成形品全体の温度状況を観察

1）肉厚部の対策

　肉厚部は、熱量が大きいので冷却にも時間がかかることは明白である。この肉厚部を設計変更できるかどうか、できなければ、どのようにして冷却するかが問題となる。肉厚部は冷えにくいので、肉厚部近くの冷却水温度を低くして流すことを考える。冷却水をその部分だけ別回路として、その温度を下げるなどの方法である。肉厚部に冷却経路がなければ、冷却経路の追加を考えることも必要であろう。

2）冷却水流量

　冷却水の流れが層流であると、冷却効率は悪くなる。乱流になるような流量設定とすることが大切である。乱流かどうかは、レイノルズ数（Re数）で計算できるが、水の温度によって粘度や密度が変化するので厄介である。そこで、乱流となる目処についても『エクセルを使ったやさしい射出成形解析』で紹介されている。望ましい流量（水量 cm^3／秒）は、「配管の管路径（cm）を2800倍して、（水温＋16）で割った数値」として計算すればよい。

　たとえば、管路径16mm（1.6cm）であれば、1.6・2800／(20＋16)＝124 cm^3／秒、7.4 l／分、一分間に500mlのPETボトル15本分程度となる。すなわち、管路16mmでは4秒で500mlのPETボトルが一杯になることを目安にすればよい。ただし、管路にスケールや錆などがあると、これによっても冷却が阻害されるので注意が必要である。

3）冷却経路がない、遠い

　金型表面と冷却経路の距離も冷却効率に関係する。当然冷却経路がないと冷却能力もないが、冷却経路が成形品から遠いと、やはり熱が逃げにくく冷却効率は悪いので金型温度は高くなる。

　図9-30と図9-31は、成形品表面から冷却管路までの距離が近い場合と遠い場合での金型温度の違いを示したものである。当然のことながら、管路が近いほうが冷却効率はよい。サイクルを短縮していって、成形品の温度が高くなる原因が、金型の水配管にある場合は、この部分を冷却できるようにどのように改造するかを検討することになる。

（4）金型温度冷却媒体温度の低下

　図9-32は、金型温度を下げるために、冷却媒体の温度設定を下げた場合の温度分布を計算したものである。

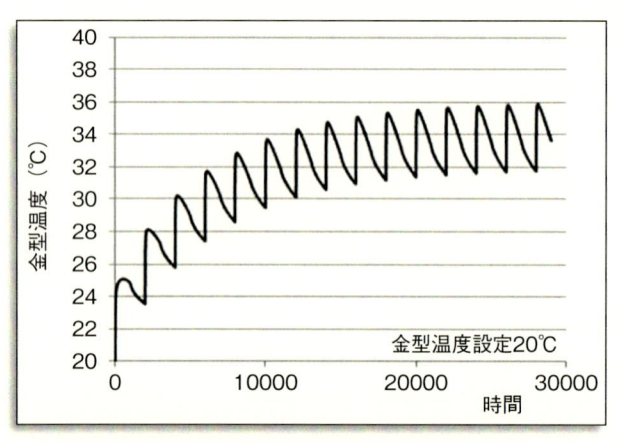

この例では、成形開始後から金型温度が安定するまで 10 ショット程度かかっており、温度も平均が 34℃程度である。

図 9-30 冷却水配管が成形品から遠い場合

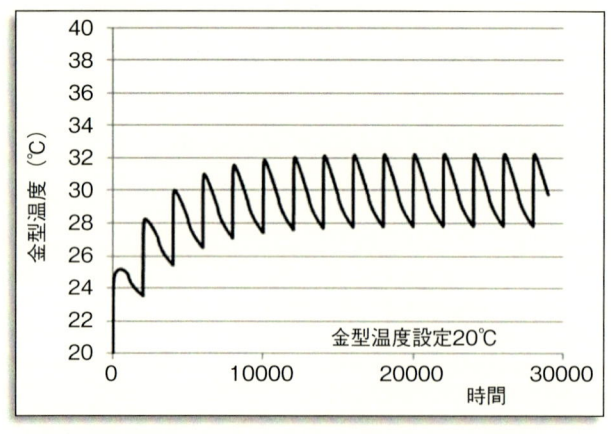

冷却水配管が近くなると、立ち上がりも 5 ショット程度となっており、また、温度も 30℃となっている。

図 9-31 冷却水配管が成形品から近い場合

　樹脂が金型内にある時間とない時間の両方を短縮すると、成形の取り出し温度は高くなってしまう。それを金型温度を下げることで、成形品の取り出し温度はサイクル短縮前と似たようになるように試みるケースである。

第9章　射出成形の効率化

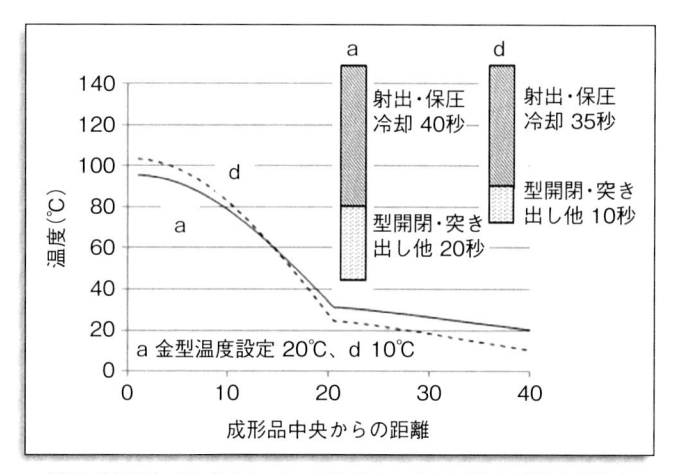

樹脂が金型内で冷却されている時間と、それ以外の時間を短縮すると、成形品温度は高くなるが、その冷却のために、金型設定温度を10℃に下げると、サイクル短縮と取り出し時の冷却も効果的となる。

図9-32　金型温度の低下とサイクル短縮

　この場合には、水温を10℃と室温よりも低くしているので、成形開始時や機械停止時には、金型に冷却水を流さないような工夫をするとよい。

第10章

射出成形の不良とその対策方法

　射出成形品の不良にはいろいろなものがあるが、通常はひとつの不良を対策すると他の不良が発生することが多い。たとえば、バリが発生するので保圧を下げると、今度はヒケになり、糸引きが発生するので、サックバックを使うと銀条が発生する、などである。これらについて考えてみよう。

　実は、これらの対策案にもいろいろな方法があるのだ。いろいろな対策案があるということは、不良対策ができたときには、その原因をいろいろなところに擦り付けることができるということでもある。たとえば、金型自体に問題があった場合でも、成形条件でそれを直すことができたとすれば、「成形条件出し（成形の腕前）」の問題のせいだったといわれてもわからないであろう。機械に問題があった場合でも同様である。

　実際に、多くのそのような現場を経験すると、このような状況を多く目にする。そうした例をいくつか紹介しながら、射出成形不良対策の多岐に渡る要因を説明していこう。

10.1
バリとその他の成形不良

　バリは、製品でない部分の予定外の部分に発生する樹脂漏れである。金型の合わさっている部分に、樹脂が入り込む隙間ができたことで発生する。この隙間は、バリ癖がついて、最初からできている場合もあるが、型締め力と樹脂圧力との関係から金型が開いて発生することもある。これは、投影面積と平均樹脂圧力の積が型締め力よりも大きくなると金型が開いてしまうからである。型締め力を大きくするか、平均樹脂圧力を下げるために保圧を下げる、などが短絡的な対策となる。

　型締め力に余裕がある場合は、前者の対策は可能であろうが、余裕がない場合は後者となる。そうすると、今度は圧力を下げたために、樹脂が流動し難くなってショートショットや、収縮率が大きくなってヒケが発生したり、成形品寸法が小さくなるなど、別の不良が発生することも多い。CAEで流動解析した結果よりも低い型締め力でもバリは発生するので、CAEの精度問題が議論されることさえある。

▶ 10.1.1　金型が開く原因

　必要型締め力は、成形品の投影面積と平均樹脂圧の積以上であると説明したが、これは理想的な型合わせ状態が前提である。実際には、この型合わせの不完全性によって、もっと低い平均樹脂圧であってもバリは発生する。

（1）基礎的理論

　金型内の樹脂圧力が高くなったときに、金型の開き方はどのようになるであろうか。型締めされる前の状態から、金型が型締めされ、溶融樹脂が金型に入って、金型を開く様子を考えてみよう。

　図10-1のように、パーティング面を挟んで、固定側と可動側にダイアルゲージを取り付け、この変化の様子を考える。型締めされると、金型が圧縮される。このときばね常数が一定であれば、圧縮される量は型締め力に比例

第 10 章　射出成形の不良とその対策方法

図 10-1　ダイアルゲージでの金型当たり具合の確認方法

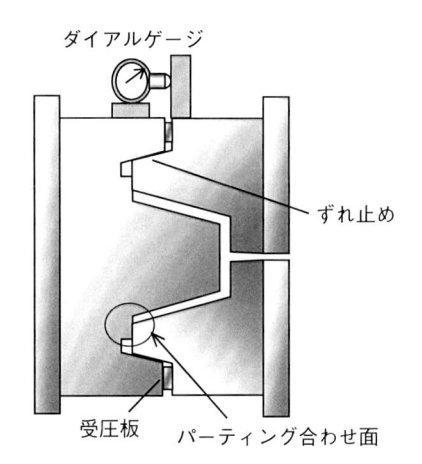

パーティング面を挟んでダイアルゲージをセットし、型締め力を変化させながら値を観察する。

する。そして、金型に溶融樹脂が入って圧力が上昇すると、それに投影面積をかけた力が金型を開こうとする。その結果、型締め力から、この樹脂力を差し引いた力が、固定側と可動側を接触させようとしている力となる。すなわち、この力がバリを抑えているのである。そして、樹脂力が型締め力よりも大きくなると、ついに金型は開いてバリが発生することになる。そのときには、固定側と可動側は離れてしまうので、すでにばねとしては働かないので、急激に金型が開くことになる。

　これを許容圧縮応力の観点から計算してみよう。金型の許容圧縮応力 σ を $10\,\text{kgf/mm}^2$ として、金型が接触する面積は計算されているとする。ひずみ量 ε は、ヤング率 E を $2\cdot 10^4\,\text{kgf/mm}^2$ で計算すると、$\varepsilon = \sigma/E = 0.5\cdot 10^{-3}$ となる。接触部の高さを 2 mm とすると、この部分の圧縮量は $1\cdot 10^{-3}$ mm で 1 ミクロン程度にしかならない。その後方部は結構広いが、圧縮応力を接触部の 1/5 であるとすると、この部分のひずみ量は、先の 1/5 の $0.1\cdot 10^{-3}$ である。この距離を 100 mm（ダイアルゲージ距離は、100 + 2 = 102 mm）とすると、圧縮量は 0.01 mm になる。先の合わせ部の圧縮量と合計しても 0.011 mm にしかならない。これは、応力とひずみの関係から計算している

ので、型締め力や金型の大きさには関係しない共通の話である。

（2）実際の状況

しかし、実際に、金型を機械に取り付けて、型締め力を変化させてダイアルゲージの変化の様子を見ると、**図 10-2** のように、0.01 mm よりは大きく変化するであろう。これはなぜであろうか？　その理由は、金型の合わせ調整にある。金型を加工するとき、機械加工だけで、固定側と可動側、その他の擦り合わせを完全にすることは難しい。粘度の低い樹脂であれば、20 ミクロン（0.02 mm）程度の隙間があれば、バリは発生する。バリを出さないためには、それ以下で合わせなければならないのである。小さな金型で、金型の合わせ面が平坦であれば、機械加工だけでも可能であるが、金型が大きくなって、その面も三次元的な複雑なものとなると非常に難しい。その結果、型締め力が小さい状態では、接触している面積は少ない。そして、徐々に型締め力を増していくと、接触する面積は増加していくことになる。その間、ばね常数はどうなるかというと、接触したところがばねとして機能しているので、だんだんとばね常数も大きくなっていくことになる。そして、接触す

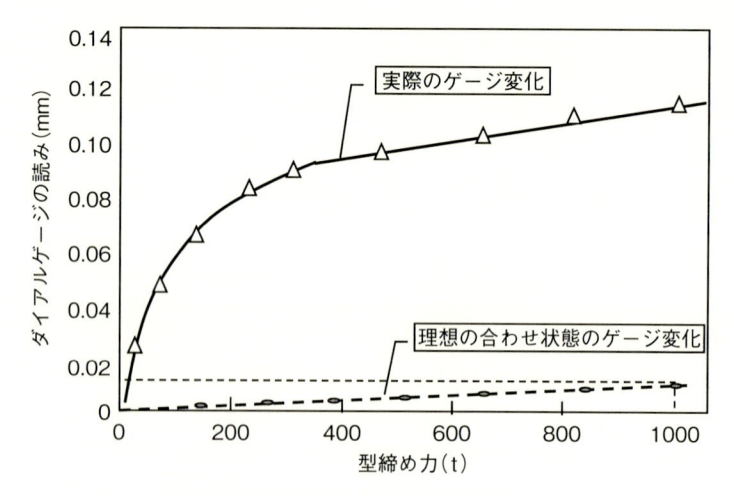

理想的には、低い型締め力の時点から、全面が均一に当たっていることが望ましい。この場合、ダイアルゲージ間隔は 100mm 程度とすると、変化量は非常に小さいはずであるが、実際には、理想よりずっと大きい。これは、当たりの不完全さによるものである。

図 10-2　型締め力の変化とダイアルゲージの読み

第 10 章　射出成形の不良とその対策方法

る面が増えなくなると、このダイアルゲージの変化量は直線的になる。

　金型のずれ止めなどのテーパの部分が抵抗になっていると、この部分で型締め力を損失することになるが、このテーパ部の当たりが強いと、型開き時にも大きな抵抗となるし、この部分のかじりの原因ともなる。型締め力方向以外は軽く当たっている程度が大切だが、隙間があると射出力によってずれが発生するので注意が必要である。

　次に、金型に溶融樹脂が入っていくとどうなるのだろうか。この説明を**図10-3**で行う。金型内圧力に投影面積をかけた射出力が金型を開く方向に作用するのは先と同様である。このとき、金型は型締め力から射出力を差し引いたところまで開くことになる。たとえば、1000 トンで型締めをした状態では、ダイアルゲージは 0.115 mm 変化しており、射出力が 500 トンのときでは 0.10 mm を示して 0.015 mm（15 ミクロン）開いたとすると、この状況では、まだバリは出ないかも知れない。ところが、射出力を 650 トンとすると、0.095 mm となり、0.02 mm（20 ミクロン）開くので、これ以上の射出力ではバリを生じてしまうことになる。すなわち、1000 トンの型締め力であったとしても、**図 10-4** のように、350 トン分の型締め力は、合わせが完

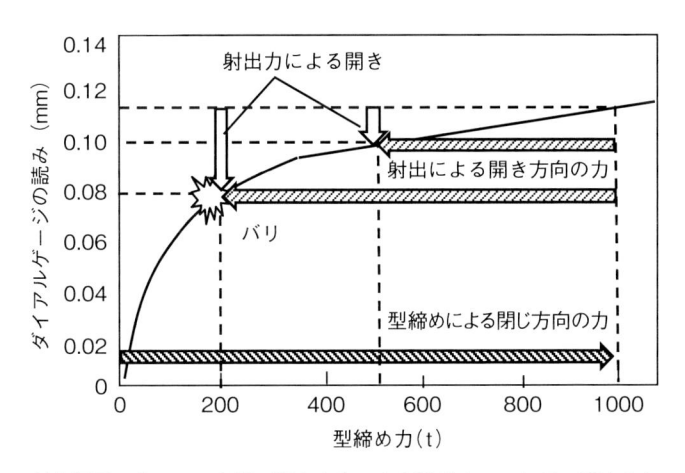

射出保圧によって、金型は開き方向の力を受ける。これが、型締め力完了点から金型を開くが、20 ミクロン以上開くとバリが発生することになる。

図 10-3　射出力による金型の開き

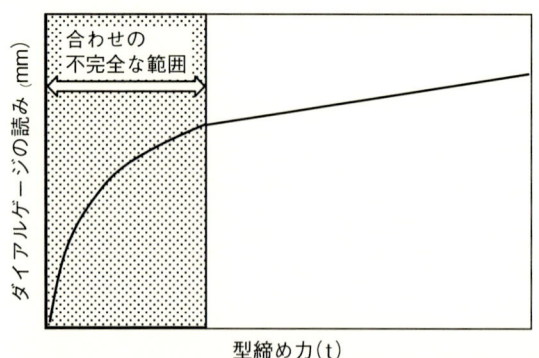

[図のグラフ: 縦軸「ダイアルゲージの読み (mm)」、横軸「型締め力 (t)」。左側の網掛け部分に「合わせの不完全な範囲」と表示]

ダイアルゲージの読みが大きく変化する部分は、当たり面の接触面積が増加している部分である。この部分は、当たり面が少ないために、ばねとして作用する部位は少ないのでばね定数は小さい。すなわち、少し射出力が増加しても大きく開くことになる無駄な領域である。

図10-4 合わせの不完全な無駄な領域

全でないために損失していることになる。たとえば、流動解析などの結果が700トンの型締め力でOKという結果が出たとしても、このような合わせ状態だと1000トンでもバリが発生する結果となってしまうのである。

（3）合わせ調整

図10-2のような合わせだと、最初から当たっている部分は、だんだんと強く当たりが進行することになる。これは圧縮応力として作用しているので、この圧縮応力が強くなり過ぎると、**図10-5**のように部分的に潰れていく。先の圧縮応力と圧縮量の計算で、合わせ部高さの2mm部分が5ミクロン圧縮されると、50 kgf/mm^{2}の圧縮応力となり、鋼材によっては破断し始めることになる。実際には、金型がたわむので少し余裕はあるであろう。

この当たりが**図10-6**のように、製品面とのパーティングの縁であった場合は、圧縮により内側に潰れた金属部分はアンダーカットとなってしまう。そうすると、突出し時に潰れた金属バリは、シール面の一部と一緒に剥がされることになり、量産生産を続けると、製品の縁の部分が短いバリ状になる。この様子を**図10-7**に示す。

このようにならないようにするためには、もっと当たり面積が変化していく部分をなるべく短くするような調整が大切なのである（図10-4のグラフ

276

第 10 章　射出成形の不良とその対策方法

当たり面が少ないと、部分的に許容応力を大きく超えてしまい、この部分は押しつぶされることになる。

図 10-5　当たり面の潰れ

成形品にバリを出さないために、成形品の縁だけを強く当てすぎると、圧縮応力が高くなりすぎて潰れが発生する。
この潰れが、金属バリとなり、成形品側に入ると、突出し時にアンダーカットとして飛ばされる。
この部分が縁部のバリの原因となりやすい。

圧縮応力が高すぎて発生する金属バリ

成形品突出しとともに剥がされる金属バリ

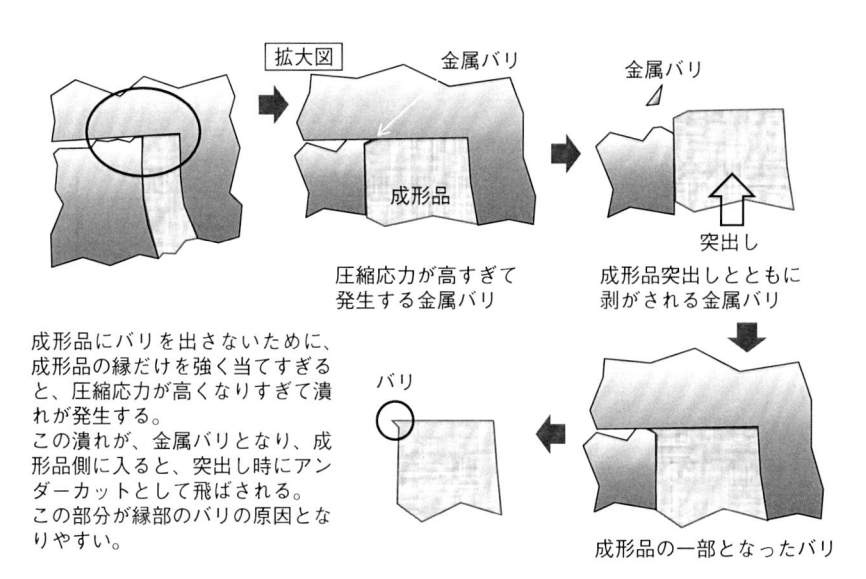

成形品の一部となったバリ

図 10-6　シール面の潰れから、バリに進行する様子

参照)。それができれば、型締め力を無駄に使う部分も少なくできる。また、合わせ面の面積は、型締め力が作用しても潰されるような狭いものではなく、きちんと計算しなければならない。

　(注) ただし、ある部分が強い当たりとなっていると、その部分がストッ

シール面の潰れから発生したバリ　　バリ癖から発生したバリ

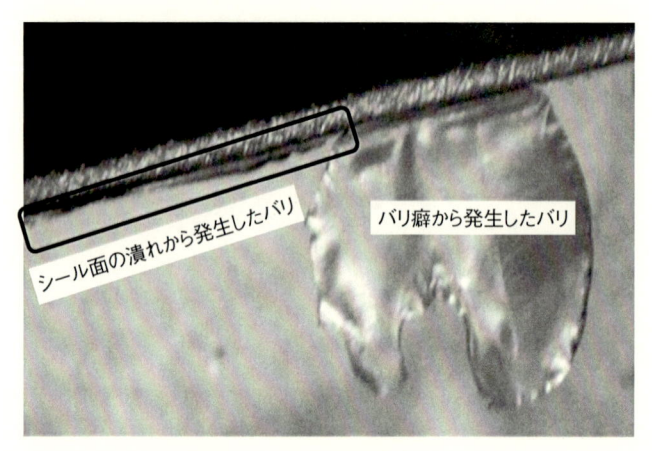

金型が潰れてバリ癖がついたことから発生したバリと、当たり面が潰れたことから縁が欠損して発生したバリ

図 10-7　2 つの原因から発生したバリ

パーとなって、ダイアルゲージを変化させないことがあるので、ダイアルゲージの変化と当たりの状況確認は、両方観察する必要がある。

(4) 受圧板

　パーティング面の当たりだけの調整を完全にすることは困難であり、これを保護するために、**図 10-8** のような圧力を受けて保護する受圧板（圧受け板）が取り付けられている。では、保護するために、これが先に当たるとどうなるであろうか？　これらを先に当てると、パーティング面は後で軽く当たるか、隙間があるかのどちらかである。この場合、隙間は先ほどの 20 ミクロン以上だとバリになるので、これ以下にすることが必要である。

　しかし、光明丹を 20 ミクロン以上の厚さに塗ってしまっては、20 ミクロン以下を調整することはできない。しかし、20 ミクロンというのは結構薄いので、このことを現場で理解できるような技能者教育が必要である。いずれにしても、パーティング面の当たりを先に調整しないと、受圧板の最終調整はできない。ときどき型締め状態で、この受圧板の部分から光が漏れていることを見ることがある。この部分が当たっていないからである。受圧板が当たっておらずとも、シール面の圧縮応力が許容以下であれば問題はないが、通常、この受圧板部分も接触するという仮定で計算されているので確認する

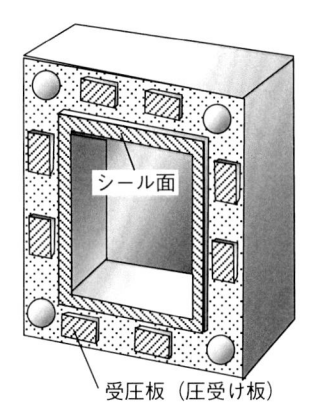

第 10 章　射出成形の不良とその対策方法

シール面

受圧板（圧受け板）

この図の場合は、シール面が同じ面にあるので機械加工は行いやすいが、三次元的な面となると、合わせ調整は難しくなる。

図 10-8　シール面と受圧板

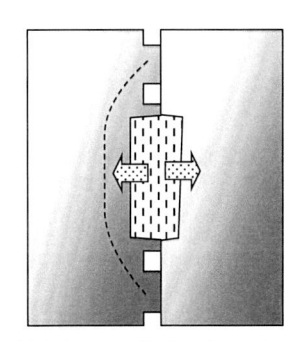

射出力による変形を受けやすい

図 10-9　受圧板の当たりが強い場合

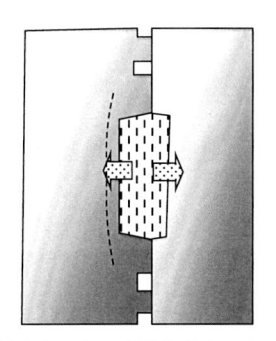

射出力による変形を受けにくい

図 10-10　シール面の当たりが強い場合

必要がある。

（5）金型剛性問題

　では、圧受け板の当たりとパーティング面の当たりの関係を考えてみよう。図 10-9 は、受圧板の当たりが、パーティングの当たりよりも強い場合、図 10-10 は、その逆を示す図である。当たり面での圧縮応力は均一として、当たりの強さを当たりの面積で示している。

279

薄バリ

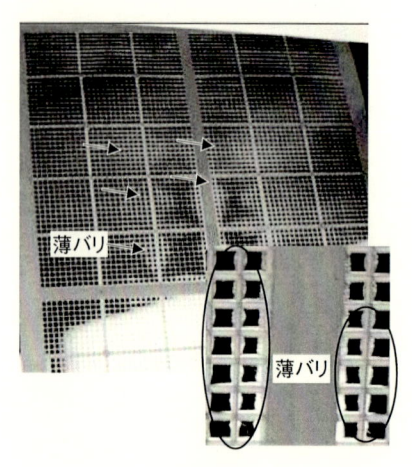

剛性が低いと、射出圧力によって金型が変形し、バリが発生しやすい。

図 10-11 剛性の低い金型

この成形品は薄いが、金型自体は非常に厚く剛性が高い。合わせ状況も良好でバリは発生していない。

図 10-12 剛性の高い金型

　金型の受圧板（外周）のほうが強い当たりになるとすると、金型内の樹脂圧力が上昇したとき、金型は太鼓状に膨らむ力を受ける。すなわち金型の内側が開きやすくなるのでバリが発生しやすくなる。膨らまないようにするためには、シール面のほうを強い当たりにするか、金型の剛性を高くすることが重要なことがわかる。図 10-11 と図 10-12 に、樹脂のフィルターの製品例を示すが、図 10-11 では、薄いバリが白く見えている。これは金型の内側が開いているか、合わせ調整自体が悪いからである。

　もうひとつ重要なことは、金型が太鼓状に膨らむと、当たり面が減少し、ばね常数が低下していく。そうすると、同じ樹脂圧力の変動に対しても、金型の開かされる量が大きくなる。すなわち、成形がばらつきやすくなるので注意が必要である。

（6）サポートピラー

　このような金型の変形を抑えるためにサポートピラーが使われている。サポートピラーは短いと用をなさないので、隙間の長さよりは少し長く作られている。しかし、このサポートピラーをわざと高くして、強制的に金型を抑えこむような設計を目にすることがある。しかし、この計算値について質問

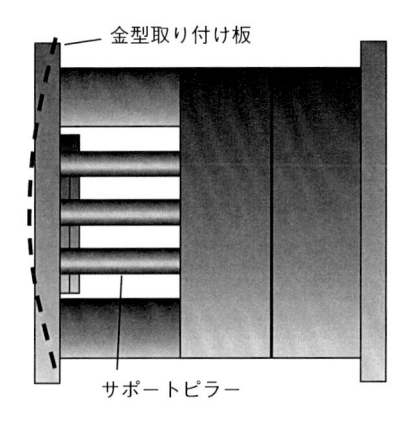

第10章 射出成形の不良とその対策方法

サポートピラーが長過ぎると、金型取り付け板を変形させる。金型を機械に取り付けた状態では、金型の変形は機械の可動盤の剛性の影響を受けることになる。

図 10-13 サポートピラーによる金型取り付け板の変形

すると答えが返ってこないことが多い。

この部分を、許容応力からひずみ量を計算すると、先ほどと同様 $\varepsilon = \sigma/E = 0.5 \cdot 10^{-3}$ である。サポートピラー部の長さを 200 mm とすると、0.1 mm 長い 200.1mm ということになる。ここで、サポートピラーの直径を 30 mm とすると、断面積は $\pi/4 \cdot 30^2 = 700$ mm^2。このとき許容応力は 10 kgf/mm^2 としているので、これを圧縮するためには、1 本当たり 7 トンの力になる。逆に考えると、この力は、金型が機械に取り付けられていないときには、**図10-13**のように、取り付け板を変形させている。これを機械に取り付けると、今度は、機械の可動盤の剛性を含めた変形を受ける。これは、使用する機械が変わると、サポートピラーの効果具合も変化することになる。金型を使用する成形機によって、安定性やバリ状況が変わってくる原因ともなっているのである。この結果、ある機械ではOKであったが、量産機では上手くできないなどの問題となり、今度は機械問題にすり換えられる可能性も出てくる。

金型の剛性を高くしようとすると、構造自体も頑丈になるので、値段は高くなる。当たりを剛性よりも、サポートピラーなどの力で求める方法も間違いとはいえないが、単にいわれてきた数値を鵜呑みにするのではなく、変形

281

量や変形力を考慮した設計が必要である。

▶ 10.1.2　成形条件によるバリとショートショット対策

　金型が開くことがバリの発生原因である場合、金型を開かせないために射出力を低くすることは一手段である。本当のバリの原因が、前に説明した、金型の合わせにある場合でも、成形条件で対処できる場合がある。

　これを、金型の成形試射テストの場合に行って対策できたと考えると、実際の量産時に苦労することになるので注意が必要である。量産時に十分な型締め力の機械が準備できなかった場合とか、金型にバリ癖がついて緊急量産に支障が出ている、などの特別な場合にだけ使いたい手法であって、新しい金型での試射テスト時には使うべきではない。金型メーカでの試射時に、中途半端にこのような成形技術を知っている人間が条件出しするときは気をつける必要がある。

　ここでは、流動途中で金型が開かされていた場合を考える。この対策として、金型に溶融樹脂を押し込む樹脂圧力を低くする方法があるが、これには次の3つの方法がある。

　① 設定圧力を低くする

　射出中の設定圧力を低くすれば、この設定圧力以上には負荷圧力は高くならない。圧力が頭打ちになると、**図 10-14** のように、速度は自動的に、この圧力で制限されたものとなるので、射出速度は設定圧力任せのものになる。

　② 射出速度を遅くする

　射出速度が速いと、抵抗は大きくなるので自ずと圧力は高くなる。逆に遅くすれば抵抗は小さくなるので圧力は低くなる。金型が開こうとしているところの圧力を低下させるのである。結局、これは圧力低下を期待して、速度で対応したものである。この概念を**図 10-15** に示す。

　③ 樹脂粘度を下げる

　樹脂温度の設定を高くすると、粘度は低くなる。粘度が低くなると、流動中の抵抗は低下するので、流動圧力を下げることができる。これも結局は圧力低下を期待したもので、手段を温度に求めたことになる。この概念を図 10-16 に示す。粘度の変化が温度に敏感な樹脂、すなわち粘度の温度依存性が大きな樹脂では結構効果が期待できる。たとえば、粘度線図を図 10-17

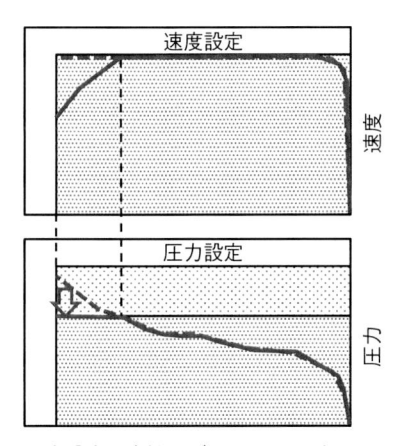

第10章 射出成形の不良とその対策方法

圧力設定を直接下げることで、バリを防ぐ方法。圧力を低下させた部分の射出速度は遅くなる。

図10-14 射出圧力を直接低下させる方法

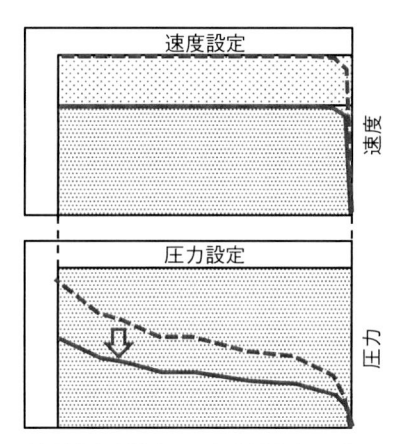

射出速度を遅くして負荷圧力を下げてバリを防ぐ方法。

図10-15 射出速度を遅くして圧力低下を図る方法

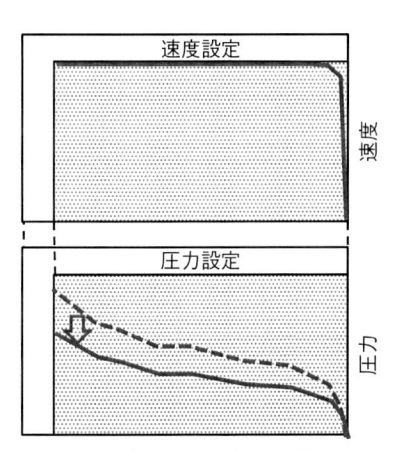

樹脂温度を高くして粘度を下げることで、流動抵抗を下げ、負荷圧力を低下させる方法。

図10-16 樹脂温度を上げて圧力低下を図る方法

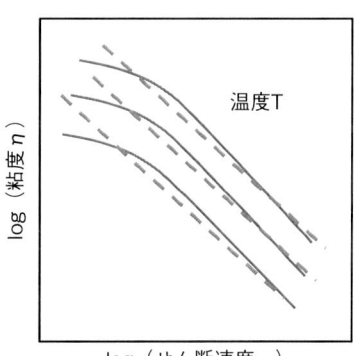

点線の近似式は、
$\eta = A\, \gamma^{-B} \exp(C \times T)$
として現される。
Bは粘度のせん断速度依存性、Cは粘度の温度依存性の程度となる。

図10-17 粘度の近似式の例

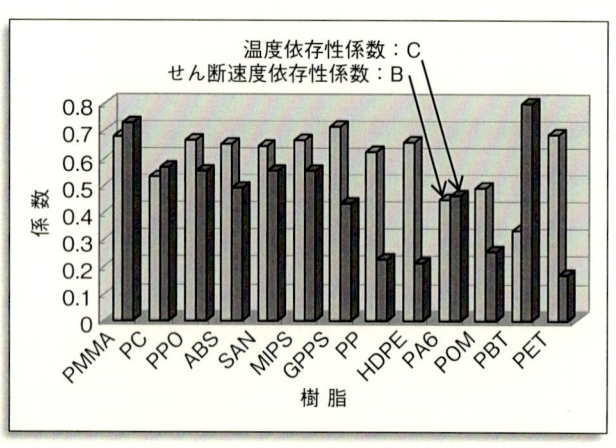

係数 C が大きい樹脂ほど、樹脂温度を高くすると粘度変化が大きいことを示している。これが小さいものは、樹脂温度を変えても流動抵抗の変化は期待するよりも少ない。

図 10-18 樹脂のせん断速度と温度依存性係数の例

のような線で近似した場合、この近似式は、

$$\eta = A\gamma^{-B} \exp(C \times T)$$

η：粘度

A：定数

γ：せん断速度

$-B$：せん断速度依存性係数

C：温度依存性係数

T：樹脂温度

と表すことができる。このとき、BとCの様子を樹脂別に示したものを図 10-18 に示すが、Cの値が大きいものが、粘度の温度依存性の大きい材料である。ちなみに、Bの大きさは、樹脂の粘度のせん断速度依存性の大きさを示すことになる。これは、初期の流動解析のころに使用されていた粘度の近似式である。

▶ **10.1.3　バリ癖のある金型でのヒケ対策方法**

次に、薄いバリ癖がついている金型の例で、成形技術面での対策方法を説明しよう。当然、圧力によって金型が開く場合にも応用できる。これは、材

料によっても違いはあるが、せいぜい50ミクロン程度までの隙間の場合である。金型自体に問題がある場合でも、成形条件によりバリを抑えることができるテクニックである。これも金型メーカでの試射テストで、この方法を使われると、金型には問題がないように思わされることがあるので注意が必要だ。

これまでは、流動途中での負荷圧力を低下させて金型を開かさない方法を説明した。しかし、溶融樹脂を充填し終えて、キャビティが満杯になった後は、製品のヒケを防ぐために保圧をかける必要がある。この保圧によってバリが発生するような場合に使える方法である。これは、スキン層を厚くすることで、圧力を高くしても、この隙間に溶融樹脂が入らないようにするのである。

(1) 流動途中にバリが発生する場合

流動途中で射出速度を遅くすると、せん断速度も遅くなるので、粘度が高くなって隙間に入りにくくなる。また、バリが出やすい場所を低い圧力で時間をかけて流れるので、その間にスキン層が厚くなる。この状態で金型が満杯になって、ヒケを出さないように保圧を高くしても、多少の隙間であれば、このスキン層がバリを抑えてくれるのである。そのイメージを**図 10-19** に

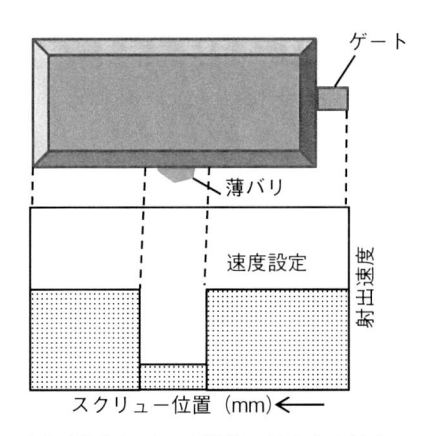

バリが発生している部分に対応する射出速度を遅くすることで、粘度を下げ、スキン層の発達を待ってバリを対処する。

図 10-19　流動途中に発生する薄バリの対処例

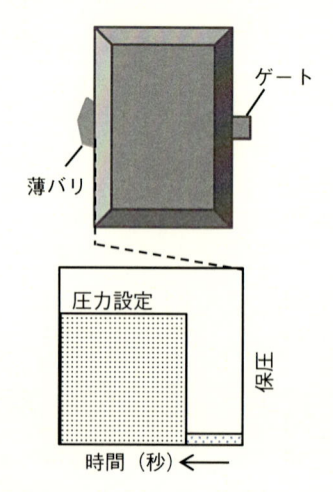

充填直後に圧力を急激に低下させてバリを防ぐ。バリ部のスキン層の発達を待ってから保圧を高くしてヒケ対策を行う。

図 10-20 流動末端に発生する薄バリの対処例

示す。

（2）流動末端にバリが発生する場合

　この場合は、溶融樹脂はキャビティに満杯となっているので、スクリュー位置で速度を調節することはできない。そこで、満杯になったところで一度圧力を低下させる。その時点で樹脂は金型に接しているので、スキン層が厚くなるのを待って、先ほどと同じように、ヒケを対策するために保圧を上げればよい。この場合、低圧の状態とはほぼゼロ状態で、その保持時間は、ゲートが固化するより短い時間とする。ゲートが大きい場合は、2、3秒の場合もあるが、ピンゲートの場合には0.5秒程度となることもある。この様子を**図 10-20**に示した。

10.2
寸法不良とその他の成形不良

　成形品の寸法は収縮率によって影響を受ける。しかし、収縮率は材料によって決まるだけではなく、製品設計や成形条件によっても影響を大きく受ける。成形条件で、大きく影響するものとしては保圧がある。保圧が高いと収縮率は小さく、低いと大きくなる。しかし、収縮率は寸法関係だけでなく、ヒケやボイド、反りにも直接関係していくので厄介である。

　たとえば、保圧を低くすると寸法はOKとなるが、ヒケが発生する。保圧を高くすると、ヒケは対策できるが、寸法が大きくなり過ぎる、などはその例である。双方が解決できる範囲がある場合はいいが、範囲が重なってくれない場合には何らかの別の対策案が必要となる。ただ、成形条件だけでは、なかなか対策案がないことも多い。

　そのため、金型を作るとき、この収縮率の決定には細心の注意を払う必要があるが、このことを理解している技術者は少ないのが現実である。

▶ 10.2.1　収縮率

　収縮率が、どのようなものによって影響を受けるのか、その原因は何なのかを考えてみよう。原因が理解できると、対策案も見つけやすくなる。

（1）樹脂の圧力の影響

　樹脂のPvT線図についてはすでに説明した。樹脂は、温度が上昇すると膨張し、圧力をかけると圧縮される。射出されるときの樹脂温度は高く、金型内では、冷やされながら圧縮されている。ゲートが固化すると、金型内での樹脂が、冷却されながら圧力も低下していく。そして、取り出された後で、完全に常温で安定したところでの比容積は、常温常圧状態のそれになっている。すなわち、金型内でゲートが固化した時点での平均比容積と、常温常圧での比容積の比は体積収縮率を表すものとなる。

　図10-21は、あるABS成形品で、保圧と金型温度を変化させた場合の収

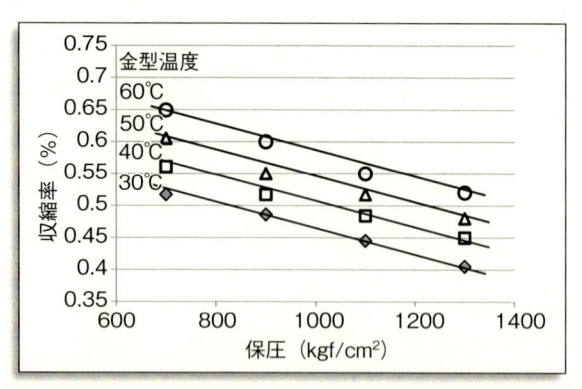

保圧を高くすると収縮率は小さくなり、金型温度を上げると大きくなる。

図10-21 保圧、金型温度を変更した場合の収縮率の変化（ABS）

縮率（TDとMDの平均）の結果をグラフに示したものである。保圧を大きくすると収縮率は小さくなっている。

（2）金型温度の影響

図10-21では、金型温度が高いと収縮率は大きくなっている。これは、金型温度を高くすると、成形品全体の温度も高くなるからである。温度が高い状態は樹脂が膨らんでいるので、ゲートから追加の樹脂が入りにくくなる。すなわち成形品の重量は軽くなるので収縮率は大きくなるのである。**図10-22**に、すべての金型温度での成形品の重量と収縮率との関係を示す。これから、大まかには、成形品の重量と寸法の関係に集約できる。

（3）製品肉厚の影響

製品肉厚の場合にも金型温度の変化と同様に考えられる。金型温度が同様であっても、肉厚が厚い場合には成形品の内部は冷えにくい。すなわち、内部は温度が高く膨張しているので、圧力をかけても入っていきにくく、その間にゲートはシールしてしまう。すなわち、平均比容積は大きく、収縮率も大きくなる。肉厚が薄くなると、この逆である。**図10-23**に、PPでの肉厚の異なるテストピースで保圧を変更した場合の例を示す。面白いことに、この例では保圧を高くすると、収縮率線が近づいている。

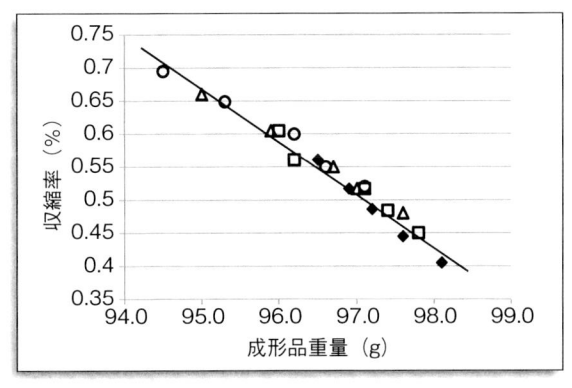

成形品重量で整理すると、収縮率はほぼ重量でまとめることができる。

図 10-22 成形品重量と収縮率の関係（ABS）

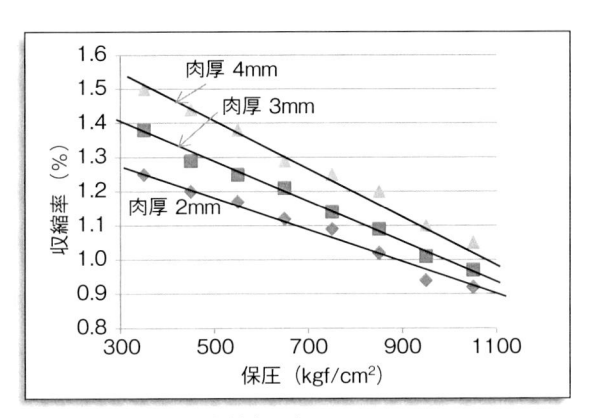

成形品肉厚が厚いと収縮は大きくなる。

図 10-23 保圧、成形品肉厚を変更した場合の収縮率の変化（PP）

（4）配向の影響

　樹脂は繊維のような高分子である。このため、流動中は繊維の状態が変化して、これが原因で構造的に粘度にも影響を与えている。同様に、この繊維の配向状況が、いろいろなところで異なって収縮率にも影響を与える。**図 10-24** に、成形品の形状によって、樹脂の流れの状況が異なる様子を示す。このような単純な形状であっても配向状況は異なるし、また、温度や速度に

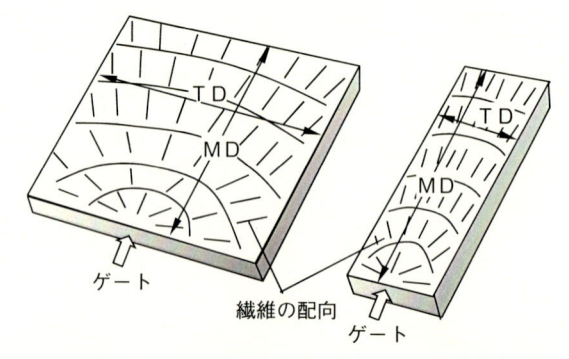

形状が異なると、流れの状況も異なるので、繊維配向状況は違ってくる。高分子も繊維と同じであり、分子配向するので、配向が異なると収縮率も違ってくるのである。MDは流動方向、TDはそれと直角方向を示す。

図 10-24　成形品の形状の違いによる流動の配向の違い

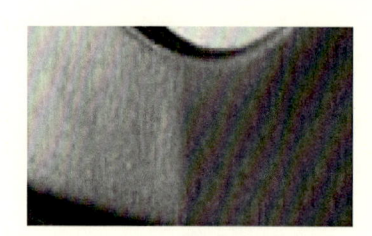

ウエルドライン部の盛り上がり 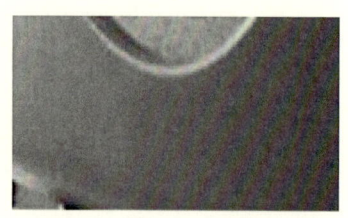　　成形条件にて解消された盛り上がり

タルクのような形状に異方性を持つような材料は、流動中に配向しやすい。配向による収縮率の違いがウエルドライン部で、このような盛り上がりを作る。配向を弱める対策にて解消される。

図 10-25　ウエルドライン部に発生した盛り上がり

よっても配向は変化する。これは、配向の程度は、場所場所のせん断応力の大きさに関係しているが、せん断応力は温度による粘度変化、せん断速度によって、せん断応力の変化とも関係するからである。

　図 10-25 に、タルク入りの材料での、ウエルドライン部での盛り上がりの有無の例を示す。この盛り上がりの原因は、図 10-26 に示すような、流動時のタルクの配向である。盛り上がりのないものは、樹脂温度を高くして粘度を低く、射出速度を遅くしてせん断速度を小さくすることで解消したも

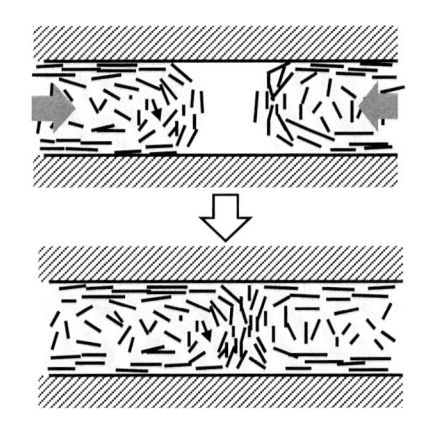

壁面と違い、せん断応力の大きい部分では繊維は横方向に並ぶが、中央部はせん断応力が小さいので配向は異なる。両側からぶつかってできたウエルドライン部では、繊維は縦方向に並んでおり、収縮率が周囲より小さくなっている。

図 10-26 流動中の配向とウエルドライン部の配向

のである。これも、配向による収縮率の違いが関係した成形不具合である。

通常、金型を削る場合の収縮率としては、TD、MD の平均を使用してもいいが、極端に長い成形品で、片側から流すような場合には、TD と MD の違いを配慮して収縮率の設定をしておかないと、成形したときに寸法が大きく狂うこともあるので注意が必要である。

▶ 10.2.2　寸法不良と反り

成形品が収縮するときに、すべての部分が同じように収縮するのであれば、成形品には反りや変形は生じず、3D データに相似的な形状となるはずである。反り・変形が生じるのは、成形時の各部分部分の収縮率が微妙に異なることによる。たとえば、**図 10-27** のように、肉厚の部分と肉の薄い部分が共存する製品形状を考えてみる。前に説明したように、肉の厚い部分の収縮率は、肉の薄い部分よりも大きい。当然の結果、変形を起こすこととなる。反りも寸法不良の一種なのである。

薄肉部分

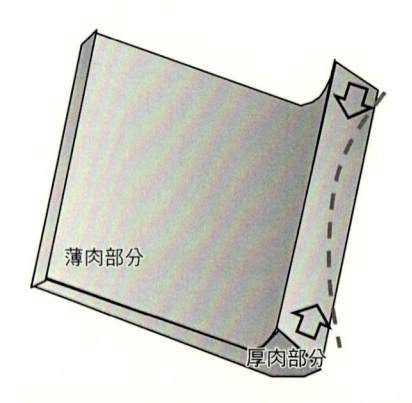

厚肉部分

厚肉部は薄肉部と比較して収縮率が大きいので、この部分が引っ張られて縮む方向に反りが発生しやすい。

図 10-27 肉厚の異なる部分が共存する成形品

（1）保圧で対策する反り

　保圧を高くしていくと、反り量が小さくなることは多々ある。肉厚の異なる収縮率のところで説明したように、保圧を高くしていくと肉厚違いの収縮率が近づいてくるような場合である。保圧を上げると、反りは小さくなるが、寸法は大きくなるので、両方が許容範囲に入るところを探せばよい。

（2）金型温度で対策する反り

　しかし、反りは良好となるが、寸法が大きくなって公差を外れる場合には、保圧を高くすることはできない。この場合には、他の案を考えなければならない。金型温度の変化も収縮率を変える。先の成形品では、肉の厚い部分の収縮率が薄い部分に比べて大きいので、この部分を他の薄い部分よりも冷やすことを考える。しかし、金型の冷却経路が、**図 10-28** のように、この肉厚部分に添って冷やすことができるならば対策は可能であるが、そうでなければ対策できない。金型の冷却経路設計は、成形品の形状を考えながら行わなければならない。

（3）多段保圧を使って対策する反り

　収縮率は、圧力によって変えられるが、この付与する圧力を場所場所で変えることを考えてみよう。もし、ゲートが、この厚肉部のところにあるならば、**図 10-29** のような多段保圧を使うことによって、厚肉部に高い圧力を

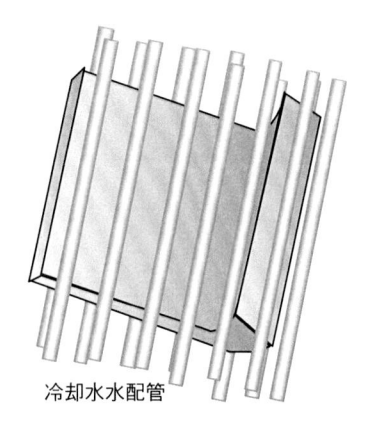

第 10 章　射出成形の不良とその対策方法

冷却水水配管

厚肉部だけを独立して冷却することができる配管構造であれば、薄肉部より冷却温度を下げることで収縮率を単独に調整することができる。

図 10-28　肉厚部だけを独立して冷却する配管設計

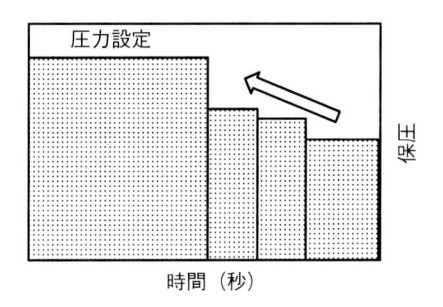

圧力設定

時間（秒）

保圧

保圧を徐々に上げていくのは、ゲート固化を遅らせるためであり、最終の高い保圧は、厚肉部の収縮率を小さくするためのものである。バルブゲートを使って、肉厚部だけに高い保圧を付与する方法もある。

図 10-29　多段保圧による厚肉部の収縮率制御

かけることは可能である。肉の薄い部分で冷却が進行して固化したころでも、肉の厚い部分の内部はまだ冷却が遅れているので、これを利用するのである。この場合、ゲートが固化すると二段目の保圧が効かないこともある。ゲート部を溶融樹脂が流れ続けていればゲートは固化しないので、少しずつ保圧を

上げていくことでゲートの固化を防ぐ方法である（ただし、厚肉部に設定したゲートは、ジェッティングを発生しやすいので注意が必要である）。

（4）バルブゲートで対策する方法

バルブゲート式のホットランナーを使い、全体を充填した後に、肉厚部だけのゲートを開いて、その部分に高い保圧を付与する方法もある。これも多段保圧と同様の考え方である。

▶ 10.2.3　反りの原因

（1）角の反り

箱状の成形品では内反りが知られている。特に家電製品には箱ものが多いので、内反り対策はよく研究されている。角部にベリウム銅（Be-Cu）を用いて冷却する例を第5章で紹介した（147ページ参照）。これをもっと説明しよう。図10-30に示す四つ角が均一に冷却されるPP製の十字フェンスでは反りは発生していない。箱になると、図10-31のように、この2つがなくなった形状となるので、内側角部が外側に比較して冷えにくくなる。これ

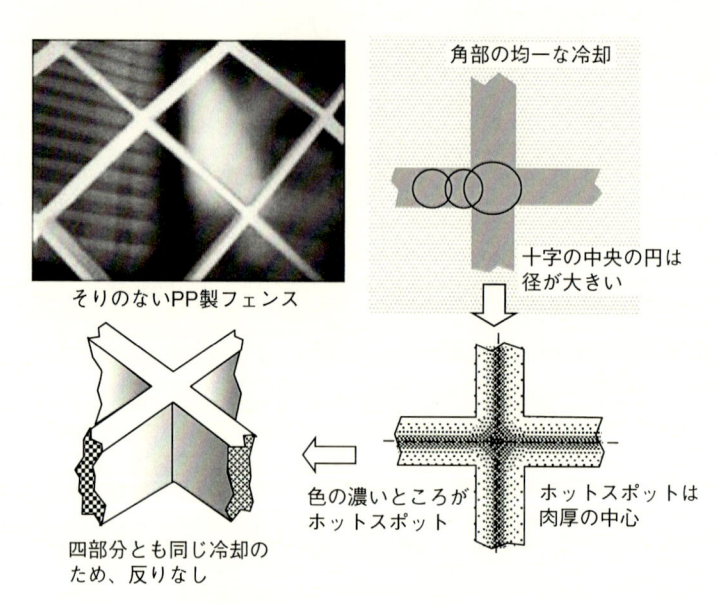

そりのないPP製フェンス

角部の均一な冷却

十字の中央の円は径が大きい

四部分とも同じ冷却のため、反りなし

色の濃いところがホットスポット

ホットスポットは肉厚の中心

図10-30　反りのない十字フェンス

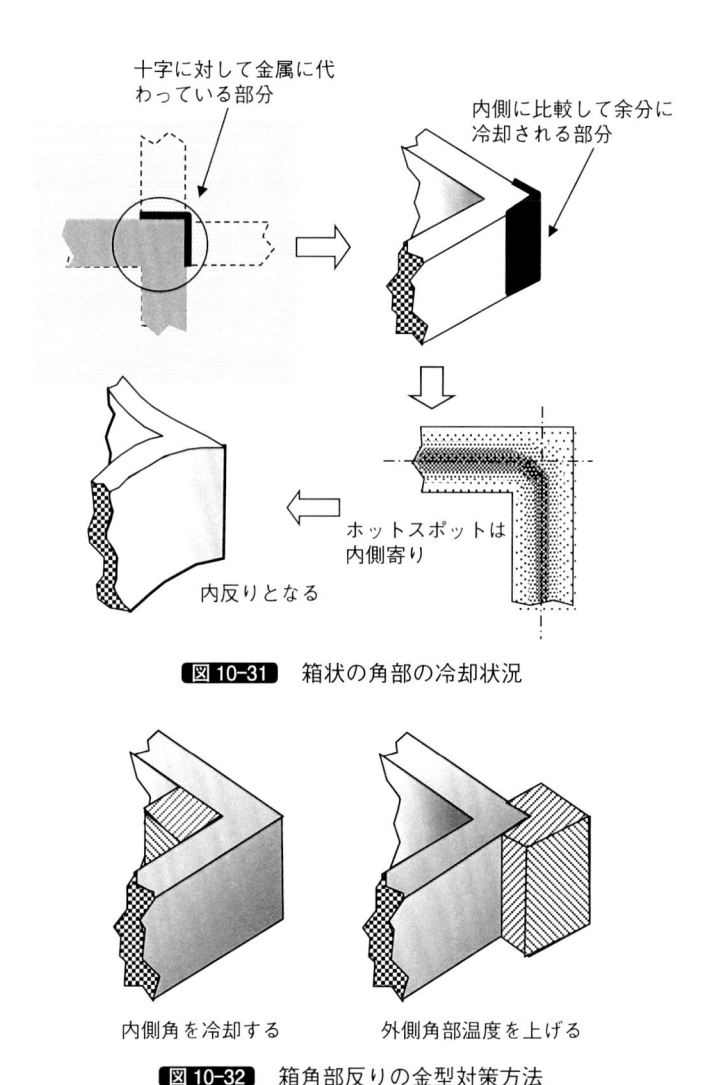

図 10-31 箱状の角部の冷却状況

図 10-32 箱角部反りの金型対策方法

が原因で反りが発生するのである。

　この対策として、内側角を冷却する方法や角外側を内側よりも温める方法がある。図 10-32 にこれを示す。この理由を理解していないと、箱の内側（通常コア側）を外側（通常キャビティ側）よりも温度を低くすることを思いつくが、これは間違いである。内側を冷やすと角部も冷やされるが、辺の

295

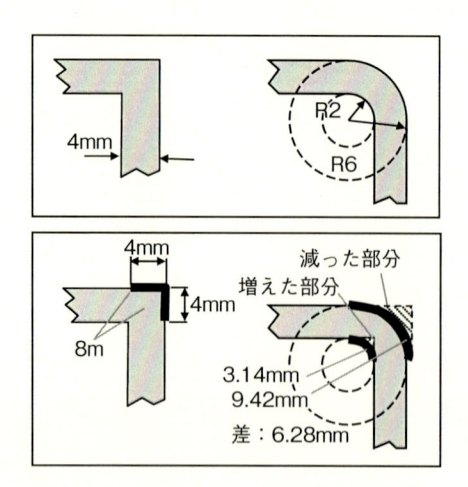

一例であるが、左図の場合、内外角部の冷却長さの差は 8 mm だが、右図の場合は 6.28 mm と短くなる。また外側に対して内側のプラスチック部が減るため、内側熱量も減少することから、反り対策となる。

図 10-33 成形品設計面での対策例

部分も冷やされる。角部の冷却問題は対策されたとしても、今度は辺の温度差が原因で、同様の内反りが発生するのである。反りは、角部に熱がこもることが原因ともいえるので、設計的には、**図 10-33** のように角部内側と外側の冷却長さの差を少なくしたり、内側角部分の肉を減らして薄くするなども考えられる。形状的に角部形状に設計的制限に余裕があれば、金型金属部に余裕を持たせた形状で初期トライを行い、反り状況に合わせて調整する方法もある。金型金属部を削る方向で、角部冷却バランスを調整するのである。

（2）一般的な反りの原因調査方法

反りの対策が結構難しい理由としては、どこが反りの原因になっているか見つからないことがあげられる。この原因を見つけるためには、成形品の部分部分を切断してみると見つけやすい。わかりやすいように、たとえば、**図 10-34** に、箱の上反りと下反りを示すが、底を切断すると側壁の反りが解消されるのであれば、底面部の寸法が原因と予測されるであろう。底の部分の寸法だけを大きくしたり小さくしたりすることを考えれば、対策案を見つけることができる。

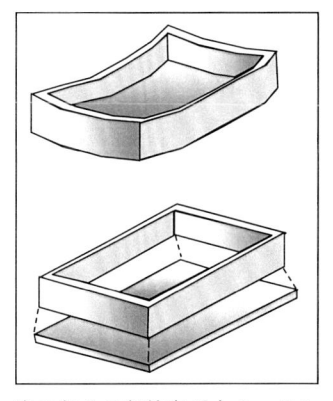

底の部分の収縮率が小さいことで、底の寸法が大きくなって発生した反り。

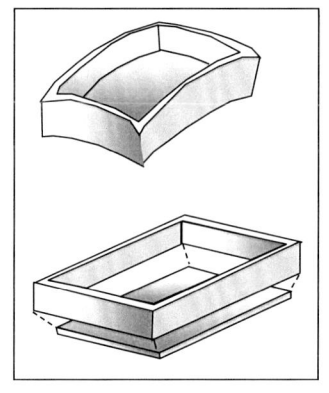

底の部分の収縮率が大きいことで、底の寸法が小さくなって発生した反り。

反りが発生した成形品のその部分を切断して、各部の反り状況の変化を観察することで、反りの原因を探索することは可能である。

図 10-34　成形品の部分切断による反り原因の調査方法

　その方法例としては、もし、底にゲートがあるならば、保圧を変化させると、この反り具合も上反りから下反りに変化するかも知れない。底部だけの冷却をコントロールできる冷却構造であれば、部分的な温度調整での対策案も可能であろう。

　成形品の形状から、事前に将来の成形不良を予測して、それに対するいろいろな対策案を事前に織り込んでおく重要性を理解してもらいたい。

▶ 10.2.4　反りの後矯正の危険性

　反りを対策できないときには、矯正治具を使って反りを修正することは多々行われている。しかし、この矯正の仕組みと危険性をよく理解しておかないと、大抵は品質トラブルを招くことになる。樹脂を説明したところで、応力緩和について少し説明したが、この応力状況が温度や時間によって影響を受けるのである（第 4 章 4.4.5）。

　反りを矯正するということは、力を加えて変形させるということである。これが元に戻っていくのは、矯正後にプラスチックに残留応力が残っているからである。戻されていくことによって、応力緩和がなされていくのである。

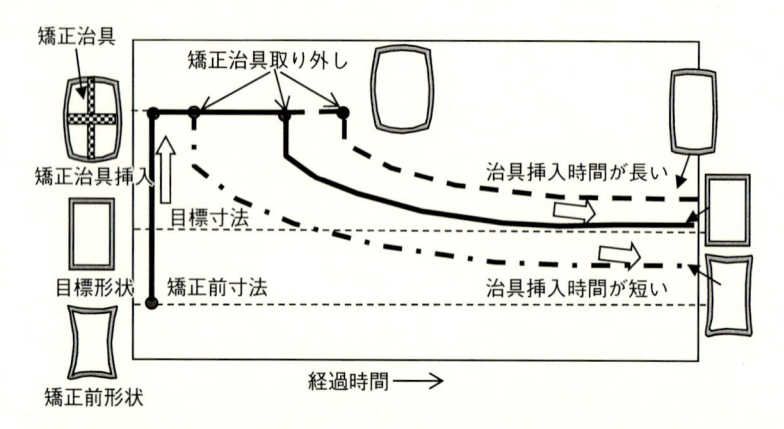

矯正治具を挿入している時間が異なると、矯正される程度は違ってくる。また、ここでは記していないが、挿入時の温度によっても矯正される程度は異なる。さらに、矯正後の使用時の温度は、その後の戻り具合に影響を与える。これらは、矯正時の残留応力と、その後の応力緩和によるものである。

図10-35 反りの矯正の注意事項

　この応力の初期状態は、矯正するときの時間の長さや温度（感覚的には、プラスチックの柔らかさ加減）によっても変化することは理解できるであろう。温度が高い状態で矯正すると、温度が低い状態のときよりも早く矯正される。言い方を変えると矯正のやり過ぎになっていることもある。温度が高いので、応力緩和も早く、矯正後の戻り速度も遅くなる。

　次に、矯正後の戻される早さは、プラスチックの固さによっても変わることは想像できるであろう。すなわち、矯正後の温度条件によっても、この応力緩和が変化することを理解しておく必要がある。矯正した製品が、使用条件によって寸法変化したトラブルはよく聞くが、その理由がこれである。**図10-35**にこのことを説明した。

　このように、矯正を行う場合には、矯正治具の寸法、矯正時間、矯正時温度の管理が必要である。また、矯正後にも矯正後の経過時間、使用温度によっても応力緩和が進行するので、これらに影響を受けない状態にするには、内部応力を取り除いておくほうが安心である。すなわち、応力緩和を早めに進行させるために、雰囲気温度を高くしてアニーリングしておくのである。

10.3 ヒケとその他の成形不良

バリとヒケについては、バリのところで説明したが、ここではヒケを中心として、その他の成形不良を考えてみよう。

ヒケも収縮を原因とする不良である。場所場所によって、肉厚の違いや温度の違いがあると、収縮率が異なってくるので相似的な収縮とならず、部分的に収縮量が大きくなることが原因である。

▶ 10.3.1 寸法問題とヒケ

リブはボス部のヒケなどが典型的であり、図 10-36 のように、肉厚となっている部分の内部冷却が遅れることにより発生する。圧力を高くすればヒケはよくなるが、寸法が大きくなるなどの問題も多々発生する。これらの対策としては、リブなどの肉厚を基板に対して薄くする方法がある。この部分の肉厚差を基板に近くする方法である。材料の収縮率とも関係するので、通常結晶性では非晶性より薄くする必要がある。また、ヒケが発生する表面の磨き具合やシボの有無によってもヒケの見え方は異なる。これを図 10-37

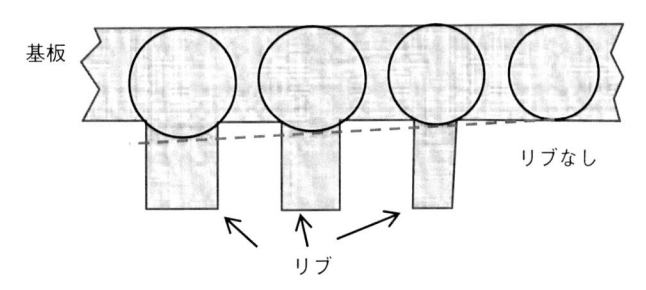

リブのない部分に対して、リブが太くなるほど○は大きくなってくる。すなわち冷え難くなるため、基板部よりも収縮率が大きくなってヒケとなる。

図 10-36 リブ部がヒケる原因

```
        鏡面磨き部         シボ部
     ↑┌─────────┐    ┌──────────┐
     T│         │    │          │ 基板
     ↓└──┐   ┌──┘    └──┐    ┌──┘
         │   │  ↖リブ↗  │    │
         │   │          │    │
         └─t─┘
```

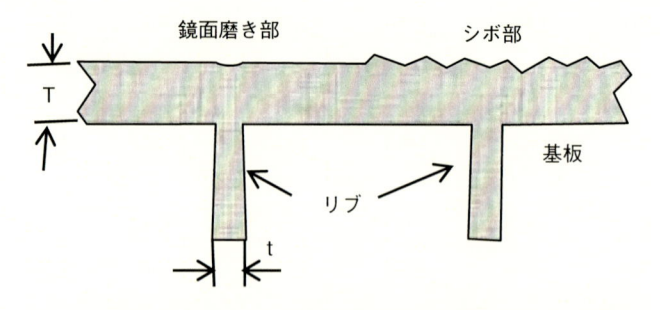

基板（T）に対してリブ（t）は薄いほどヒケは見えにくい。これは材料の収縮率と関係しているほか、結晶性、非晶性などの樹脂の種類にも関係し、結晶性のほうがヒケが目立ちやすい。また、表面の磨き状態や、シボの有無、種類によっても見え方は異なってくる。磨き程度が細かいほど目立ちやすくなる。

図 10-37　リブと基板、表面状態とヒケの関係

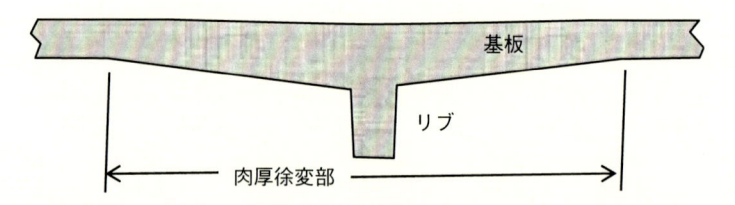

```
                              基板
  ─────────┐              ┌─────────
           └──┐        ┌──┘
              │        │
              │  リブ  │
              │        │
   ←────── 肉厚徐変部 ──────→
```

基板厚さに対して、リブを薄くできない場合、リブ周辺だけを肉厚徐変して厚くする対策案もある。しかし、この徐変区間が短いと肉厚差による全体ヒケが目立つようになるので注意が必要である。

図 10-38　肉厚徐変によるヒケ対策

に示す。

　たとえば、リブを設計上薄くできない場合、ヒケ量を少なくするために基板を厚くする必要がある。ただし、他の部分の基本肉厚まで厚くすると重量の増加を招くので、図 10-38 のように、なだらかに変化させてヒケを見えにくくする方法がある。しかし、この方法もなだらかな変化部が短いと、この肉厚変化部のヒケが目立ってくることが多い。

　この発想とは異なり、図 10-39 のように、リブの根本を薄くして肉盗みを作り、この部分の冷却を早めてリブ部の圧力を外に逃がしにくくして、収縮量を小さくするなどの方法もある。ただ、これは成形条件によってヒケの見え方が異なってくるので、成形条件に合わせた薄肉部の調整が要求される

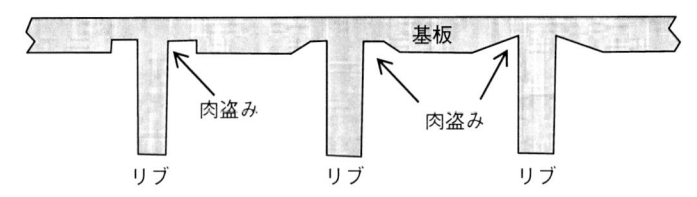

リブ部が基板単独に対して肉厚となり冷却が遅れることがヒケの原因なので、リブ周囲の基板の肉盗みをすることで冷却を早めることが多々なされる。この場合も、成形条件に合わせた肉盗み形状を微調整することが多い。

図 10-39　いろいろな肉盗み形状によるヒケ対策

こともある。最終的には、寸法などの問題での成形条件を決定した後で、肉盗み状態を調整することが一般的である。

▶ 10.3.2　突出し白化とヒケ

　ヒケを対策しようとして、保圧を高くすると、突出しピンの部分が白化することがある。この対策として、保圧を低くして、たとえば肉盗み部を調整すると非常に微妙となって、最後には、肉盗みがなくなるまで調整してしまうことさえある。この場合は、早いうちに、この白化の原因を調査して、対策しておく必要がある。

（1）磨き不良

　たとえば、金型のリブの部分にざらつきがあったとしよう。保圧が低い場合、この部分が収縮してアンダーカットにはならないので問題なく突出しができる。しかし、保圧を高くすると収縮量が小さくなるので、部分的にアンダーカットとなって突出し時に抵抗となる。この対策としては、この抵抗となっている部分のアンダーカットとなっているような部分を、**図 10-40** のように、磨きの方向なども考慮して磨きをやり直すことである。場合によっては、成形品が突出し時に変形させられているようであれば、突出しピンを追加することも対策となる。このときリブが厚くなり過ぎないよう注意する必要がある。

（2）突出し板の変形

　特に、直上げブロックなど、樹脂圧力を受ける部分に広いものがあり、これらが樹脂圧力によって、突出し板側を変形させるようなことがあると、**図**

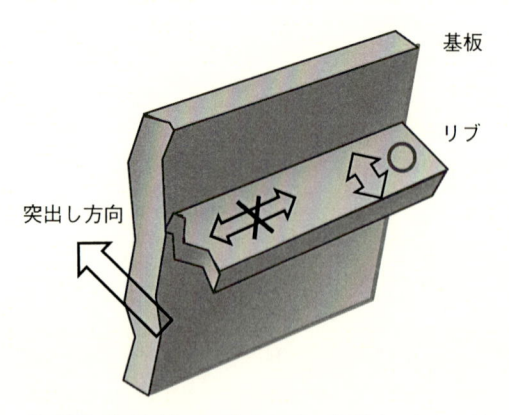

リブ部の磨き不良で、突出し時に成形品に突出し跡などが発生する場合、リブの磨き方向には注意が必要である。横方向には磨きやすいが、アンダーカットを作りやすい。抜き方向と同じ方向に磨くことが大切である。

図 10-40 リブの磨き方向

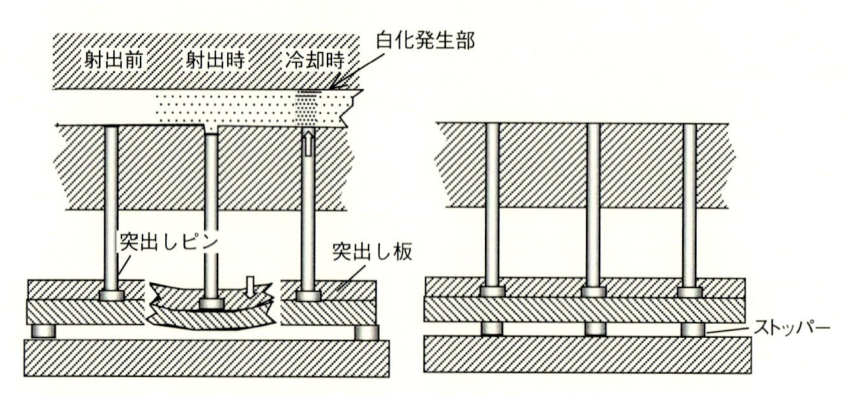

左図で説明するように、突出し板が、射出圧力や保圧によって変形させられると、この変形が樹脂の収縮とともに戻ろうとしてくる。これにより部分的な圧縮を生じることとなり、色むらのような跡が発生する。
右図のように、突出しピン部の変形を抑えるために、ピン後方にストッパーを入れることが対策となる。

図 10-41 突出し板の変形による白化

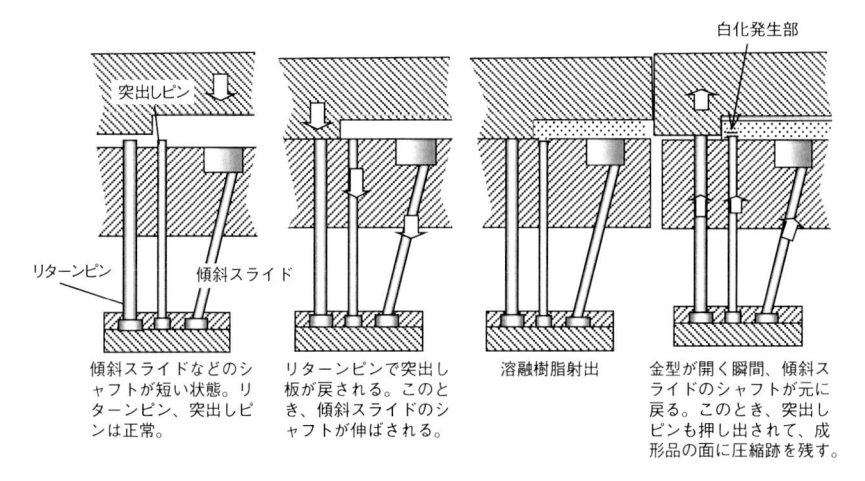

第10章　射出成形の不良とその対策方法

| 傾斜スライドなどのシャフトが短い状態。リターンピン、突出しピンは正常。 | リターンピンで突出し板が戻される。このとき、傾斜スライドのシャフトが伸ばされる。 | 溶融樹脂射出 | 金型が開く瞬間、傾斜スライドのシャフトが元に戻る。このとき、突出しピンも押し出されて、成形品の面に圧縮跡を残す。 |

傾斜スライドや直上げブロックなどのシャフト長さに異常がある場合、上記のような突出しピン跡の原因となることがあるため、シャフト長さを調整する必要がある。このような動きは、突出し板の動きをダイアルゲージで観察するとよくわかる。

図 10-42　傾斜スライドなどのシャフトの伸びによる白化

10-41 のように、これが戻ろうとするときに突出しピン部が成形品を部分的に圧縮する。これが色違いの原因となる。この場合は、突出し板を変形させないように、突出しピン後方にブロックなどでサポートするとよい。

（3）傾斜コアのシャフト伸び

　直上げブロックや傾斜スライドなどのブロック部は着座しているが、シャフトが少し短い場合を考えよう。型閉じ時、リターンピンで突出し板が強制的に戻されることで、図 10-42 のように、シャフトが延ばされることになる。このとき、突出しピンは突出し板と一緒に押される。この後で、成形品が充填、冷却されて、型開きすると、シャフトがばねの役目をして元に戻ろうとする。このとき、突出しピンが成形品をキャビティに突くことで白化が発生することがある。これは、突出し板にダイアルゲージを取り付けて、この動きを観察するとよくわかる。これは結構よく発生する金型不具合である。

▶ 10.3.3　ヒケとボイド

　ヒケとボイドは、両方とも収縮が原因である。ヒケは収縮が成形品の表面

に現れたものであり、ボイドは成形品の内部に出たものである。表面が金型表面側に付着すると、ヒケはその反対側に発生する。この移行の様子を図10-43に示す。表面へ付着させる方法としては、

① その側の金型温度を冷やして固化層を厚くする

早く冷えた側の固化層が厚くなると、剛性が高くなるのでヒケ難くなる。

② 反対側の成形品の間に空気層を作る

これは①とは逆狙いであって、反対側にガスアシストなどで空気層を作って、断熱効果で、成形品反対側の温度を高くする方法である。

③ 密着性を上げるために、その側の金型温度を熱変形温度以上に高くする

これは、先ほどの固化層を厚くすることとは反対であるが、熱変形温度以上であるところが、密着と関係している。

④ 反対側の密着性を低下させるために、コーティングを施す

これも③とは逆の案で、反対側を離れやすくする案である。

⑤ 密着性を上げるために、シボなどでアンカー効果を利用する

アンカー効果のあるようなシボで、表面を機械的に密着させる方法である。

図10-44に、表裏面の一部の粗さを変えて、成形品がキャビティ側に付着する部分とコア側に付着する部分がある様子を示す。ただし、シボ形状や低い保圧条件では、図10-45で説明するように、シボの隙間に空気層ができ、これが断熱層となって、逆の効果として作用することもある。そのため、成形条件とのバランスは微妙である。

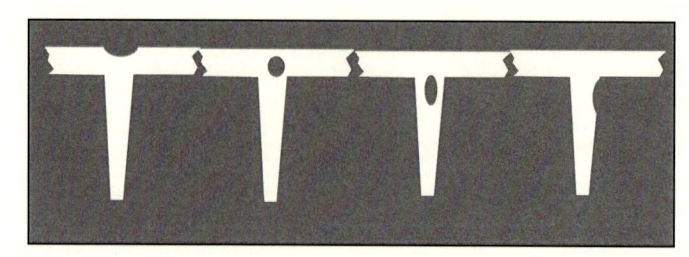

ダイレクトゲートでのヒケとボイドの移動の様子を示す。収縮が成形品の表面に現れるとヒケとなり、内部に現れるとボイドとなる。

図10-43 ヒケとボイドの関係

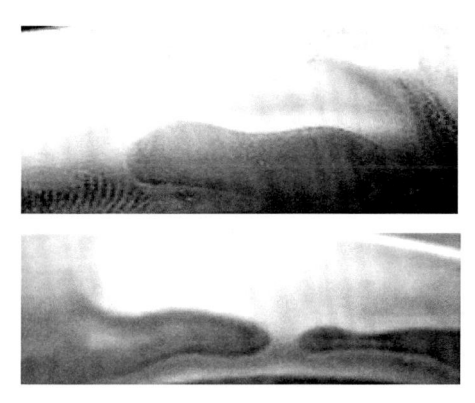

第10章　射出成形の不良とその対策方法

金型のキャビティとコアの一部の粗さを変えて成形したものである。白っぽい部分はキャビティ面から離れており、少し黒っぽい部分はコア側が離れてキャビティ側に付着している。

図10-44　粗さ違いによる成形品表面の付着する方向

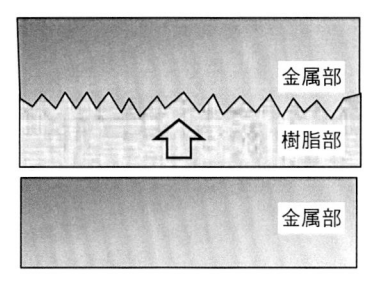

| 金型の粗い部分に樹脂が食い込んだ状態ではアンカー効果が期待できて、粗い面の方向に収縮し、ヒケは下側に生じる。 | 金型の粗い部分との間に空気層があると、この部分の断熱効果によりスキン層も薄くなり、ヒケは反対側に生じる。 |

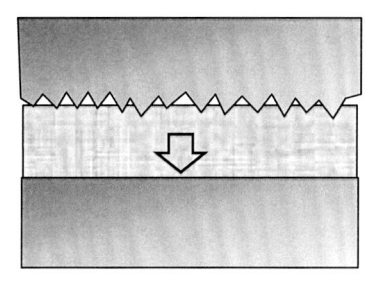

図10-45　粗さ違いと成形条件によるヒケ発生方向の違い

　ボイドについては、両表面を金型表面に密着させやすくすることを考える。あるいは、発泡剤を微妙に混ぜ込んで、ボイドの核を作る案もあるが、保圧を高くすると、ボイド自体が潰れて効果がなくなる。この案は、保圧が低くなるので、寸法面での事前配慮が必要である。

10.4 糸引きと銀条

　糸引きとは、ノズルやホットランナーの先から、樹脂が糸状に延ばされてくる不良現象である。ノズル部やホットランナー部に圧力が残っていると、金型から成形品が取り出されたときに、ノズルやホットランナーの先端部が解放され、溶けた樹脂が漏れ出てくる。それがスプルーや製品側に引きずられて糸引きとなるのである。これを**図 10-46** に示す。このような場合の対策としては、残留圧力を低減するために、サックバックを使うことが多い。その場合、減圧によってノズルやホットランナー先端部から空気が入り込み、次のショットでの銀条の原因となる。

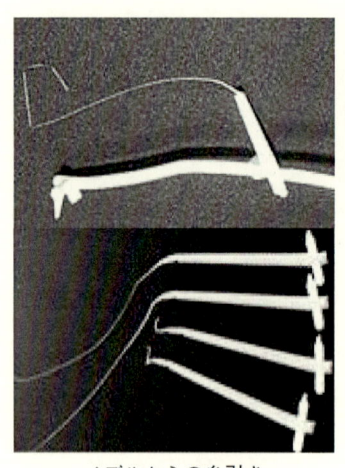

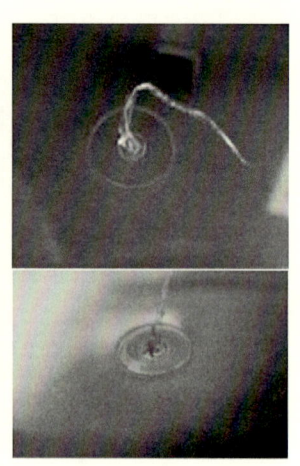

ノズルからの糸引き　　ホットランナー部の糸引き

図 10-46　糸引きのいろいろ

▶ 10.4.1　サックバック前の圧力状況が原因の場合
（1）スクリュー先端の圧力状況

　サックバック前の工程は可塑化である。可塑化時のスクリュー先端部の圧力状態を考えてみよう。可塑化時、スクリュー回転数が大きいと可塑化能力は高くなる。これは、可塑化のところでも説明したように、チェックリング前後の圧力差が大きいので、チェックリング前の溶融樹脂が先端に流れ出る量が多くなるからである。スクリュー先端には通常、背圧がかかっている。その背圧が原因する糸引きを対策すべく、サックバックを行うのである。

　サックバックを行うと、スクリュー先端の圧力は低下するが、先のチェックリング前の圧力は、スクリューの回転が停止してもすぐには低下しない。チェックリング後の圧力が低下したことによって、この圧力差は大きくなって、まだ流れ続けることになる。結果として、またチェックリング後の圧力が上昇してくるのである。しかし、サックバックストロークを長くして糸引き対策をしようとすると、余計に空気を吸い込むことになり、銀条が発生する原因となる。

（2）銀条の対策方法

　原因がこのような場合には、サックバックをする前の、チェックリング前後の圧力差自体を小さくすることから考える。チェックリング前の圧力は、スクリュー背圧が高い場合にも高くなる。また可塑化時のスクリューの回転数が大きくても高くなるのであるから、これらを低下させればよい。ただし、背圧は、可塑化状況にも関係するし、スクリュー回転数も可塑化時間と関係があるので、他の成形不良やサイクルを長くするという、別の不具合となる可能性もある。そこで、スクリュー背圧や回転数を低下させるのは、前に説明したように、サックバック前の可塑化完了直前の少しの時間だけに行えばよい。

　もうひとつは、サックバックのタイミングである。可塑化終了後のチェックリング前後の樹脂の圧力差は、樹脂の移動とともに時間が経つと小さくなる。だからサックバックを行うタイミングをなるべく遅くすればよい。計量完了後にサックバックを行う遅延時間が設定できる機械では、サックバック遅延を使う方法もある。サックバックの速度については、何か特別に必要性がなければ、ゆっくりとした速度のほうがよい。サックバックが遅くなるこ

とは、遅延時間を長くしたことにも通じるからである。

（3）糸引きの対策方法

　糸引きの対策方法は、サックバックばかりではない。**図 10-47** に示すように、ノズルの形状をいろいろ変えると、糸引き状況は大きく変化する。この形状によって、糸引きをする部分の温度が大きく異なっているのである。糸引きをさせたくない部分の温度制御が非常に重要なのであるが、この図は、

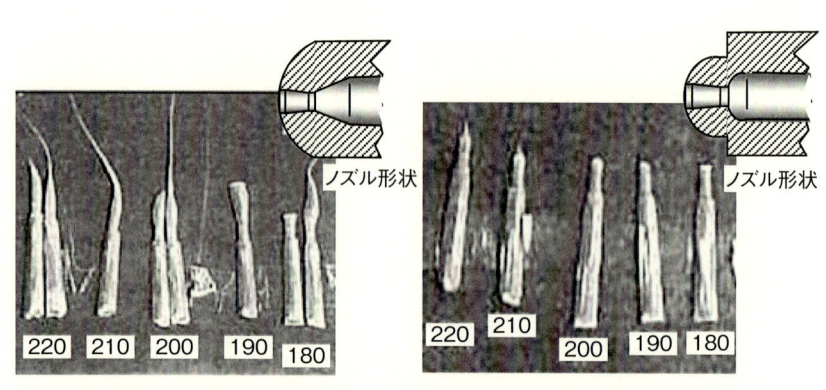

ノズル部温度を 180℃から 220℃まで変更した場合の糸引き状況である。ノズル先端部の形状や、樹脂流動部の形状を変えることで、この状況が大きく変化することがわかる。右側では、広い温度範囲にわたって糸を引かない状態が安定している。

図 10-47　ノズル部形状の違いによる糸引きの違い

ノズル先端に、穴の開いたアルミ板を挟み、ノズル接触部径を小さくして糸引きを防いだ例。ホットランナーでは、仕切り板を入れて冷却を促進する方法も行われている。

図 10-48　糸引き対策の一例

ノズル形状がこれに影響を与えている例なのである。

　ノズル形状だけでなく、その部分の温度制御のやり方も関係してくる。**図10-48** は、ノズルの先端に小さい穴の開いた金属を挟み込むことで、この部分で急激な温度変化をさせることで糸引きを対策した例である。ホットランナーでは、ノズル先端に、金属スリットを入れることで、この部分の冷却促進をしている例もある。

10.5 その他の成形不良

　ここまでは、いろいろな複合した成形不良の原因と対策案の例を紹介してきた。このような複合不良例は非常に多い。成形不良には、これらのほかにもいろいろなものがある。ウエルドライン、フローマーク、ジェッティング、など一般に名前のついた成形不良もある。たとえば、ウエルドラインは、流動がある流動角度以上で交わる場合には、表面の傷が見えなくなることは知られており、これはある程度流動解析でも事前に予想ができるようになった。しかし、フローマークにもいろいろな種類があるが、まだ流動解析で解析できる状況ではない。ただし、その発生原因は可視化観察などである程度は解明されている。

　その他、異物の混入、傷、白化などもあり、名前をいわれても、その名前だけでは、どんな異物のことなのか、どのような傷なのか、どこに発生している白化なのかなど、ピンと来ないものもあり、射出成形に発生する成形不良には限りがない。しかし、これらについても、金型を流れる樹脂の流動挙動や、突き出されるときの挙動、などを観察すると原因も見えてくるものである。

　射出成形は、基本的な動作や成形方法を見ると非常に簡単なので、誰もが始めは簡単に考える。かくいう著者も、初めて射出成形を知ったときもそうであった。そして、射出成形のいろいろな不良に出会い、始めのうちは成形

条件で不良対策を行っていた。しかし成形条件だけでは対処しきれない不良も多く、そのつど、その原因に悩んだものである。

　成形不良を考えていくうちに、成形不良は発生すべくして発生したことが理解できるようになってくる。そうすると、製品形状を見た時点で、いろいろな成形不良の発生が見えるようになってくる。成形不良が、前もって見えるようになれば、事前にいろいろな対策を織り込んでおくことも可能になる。

　その他の成形不良については、また、別途『射出成形加工の不良対策』など他著を参考にしてもらいたい。

あとがき

　本書では、射出成形以外のプラスチック成形の説明からはじめ、射出成形に絞り込んで、その射出成形の基礎を紹介した。そして、成形される樹脂の観点から、機械、金型を通じての流動や圧力状況の様子を詳しく説明したが、これらは実際に射出成形を行う技術者・技能者に役立つであろう。ハード面では、射出成形機という機械、成形される樹脂、形を作る金型をそれぞれ説明し、初心者教育として全体的に把握できるようにした。

　また、成形品を作るために必要な機械、成形サイクル、そして大体いくらでできるであろうか……などの目安も初心者にも計算できるような案を織り込んでみたが、これらは営業面でも使えると思う。

　射出成形という生産活動の効率化のために必要な考え方、不良の低減方法、成形サイクルの短縮方法などは、現場の生産効率化活動にも役立つ方法であると考える。

　射出成形では、いろいろな分野の知識が必要であり、深く突っ込もうとすると結構厄介なものである。射出成形にも、他の技能検定と同様、昭和41年に制定された国家資格がある。射出成形には、三級、二級、一級、特級と4種類あり、一級、特級は名刺にその資格を記入するほど、射出成形の業界では知られている。

　この技能士章のデザインは、技能の技の字を中心として、5つの光とその間を結ぶ菊花によって構成されている。光は、技能者の今後の発展性を象徴し、5つの部分は、技能者に必要な頭（知能）と両手両足（身体機能）を表しているそうだ。

　海外では、技能分野と技術分野をはっきり分けて区別している国が多く、技能分野は、理論理屈の世界とは違う世界と思われていることが多い。そのため、成形不良対策は、成形技術ではなく成形技能だと勘違いしていることが多いが、これでは本当の技術向上は望めない。会社内でも地位が高くなっていくと、実際に成形機を操作して成形不良の対策をしてばかりはいられない。部下を育成することも大切である。しかし、技術のない技能では教育することはなかなかできないし、長い時間がかかってしまう。

技能者側も技術として理論的背景に基づいた知識を持つことが大切であり、技術者側も理論的背景に基づいて技能者を指導できるようになることが望ましいことである。理論的に、数値やデータを用いて説明できるようになると、説得力は増し、相手も理解しやすくなる。最近では、射出成形機ばかりでなくモニターが発達し、パソコンやサーモカメラなども進歩して安価に解析や測定もできる時代となっている。これらを活用しながら射出成形の効率化を目指してもらいたい。

参　考　文　献

やさしいプラスチック成形の加飾、中村次雄／大関幸威著、三光出版社、1998
油圧技術中級コーステキスト（通信教育"油空圧技術学校"）、日刊工業新聞社
解明　新化学、稲本直樹著、文英堂、2000
射出成形加工の不良対策　第2版、横田明著、日刊工業新聞社、2012
図解　プラスチック成形加工、松岡信一著、コロナ社、2004
プラスチック添加剤活用ノート、皆川源信著、工業調査会、1996
熱成形技術入門、安田陽一著、日報出版、2000
プラスチック成形加工入門、廣江章利／末吉正信著、日刊工業新聞社、1980
コストダウンのための射出成形不良の原因と対策、鳴滝朋著、シグマ出版、1999
プラスチック加工の基礎、高分子学会編、工業調査会、1982
実用プラスチック辞典、実用プラスチック辞典編集委員会、産業調査会、1993
初めて学ぶ基礎材料学、宮本武明監修、日刊工業新聞社、2003
図解プラスチックがわかる本、杉本賢治著、日本実業出版社、2003
エンジニアリングプラスチック、高分子学会編集／片岡俊郎他著、共立出版社
エンジニアリングプラスチック、プラスチックス、工業調査会、2005
JISハンドブック26　プラスチックⅠ試験、日本規格協会、2005
プラスチック金型ハンドブック、(社)日本合成樹脂技術協会編、日刊工業新聞社、1989
知りたい射出成形、日精樹脂インジェクション研究会、ジャパンマシニスト社、1987
初歩から学ぶプラスチック接合技術、金子誠司著、工業調査会、2005
熱成形技術入門、安田陽一著、日報出版、2000、
プラスチック成形品設計、青木正義著、工業調査会、1988
実例にみる最新プラスチック金型技術、武藤一夫／河野泰久著、工業調査会、1997

プラスチック成形加工原論、Z.Tadmor 他著、奥博正他訳、シグマ出版、1991
押出機の機能と品質、伊藤公正、プラスチックス、33、(12)、
油空圧技術、徳永喜彦／堀米邦雄、'94.4
コストダウンのための金型温度制御、浜田修著、シグマ出版
プラスチック成形技術、横田明、第 16 巻、第 5 号、1999
電動サーボ式射出成形機と精密成形、稲葉善治著、日刊工新聞社、1999
分子の構造 やさしい化学結合論、Linus Pauling／Roger Hayward／木村健二郎著、大谷寛治訳、丸善、1967
化学者のためのレオロジー、小野木重治著、太平社、1982
やさしいレオロジー、村上謙吉著、産業図書、1986
プラスチック成形加工学Ⅱ 成形加工における移動現象、梶原稔尚／佐藤勲／久保田和久他著、シグマ出版、1997
プラスチックの溶融・固相加工 塑性加工技術シリーズ 17、日本塑性加工学会編、コロナ社、1991
入門高分子特性解析、高分子学会編、共立出版、1984
初めて学ぶ基礎材料学、宮本武明監修、日刊工業新聞社、2003
実践成形技術とその利用法、プラスチックス編集部編、工業調査会、2003
プラスチック成形加工学会テキストシリーズ、プラスチック成形加工学Ⅰ、流す・形にする・固める、シグマ出版
KOMATSU TECHNICAL REPORT、横田明／三村敏夫、Vol.38、No.130 (1992)
東芝機械 SDB スクリュー取扱説明書 ST43238
日本製鋼所資料 MD93-104 特殊スクリュー・シリンダによる色替え・材料替え事例
FUNUC ROBOSHOT 営業技術資料、AI 電気式射出成形機
射出成形品の高度化、四辻晃／殿谷三郎／小松原勤／泊清隆／川口正著、技術指導施設費補助事業技術普及講習会用テキスト、P18、1981
加熱と冷却、伊藤公正著、工業調査会、1971
コストダウンのための金型温度制御、浜田修著、シグマ出版、1995
中小企業経営の新視点、財）商工総合研究所編、中央経済社、1993

参考文献

技能検定受検の手びき、廣恵章利著、シグマ出版、1994

プラスチック成形技能検定の解説　特級編、全日本プラスチック成形工業連合会編、三光出版社、1989

特級技能検定受験テキスト、特級技能検定受験研究会編、日刊工業新聞社、1989

自動制御とは何か、志村悦二郎著、コロナ社、1997

最新機械工学シリーズ自動制御、得丸英勝著、森北出版、1996

疑問にこたえる機械の油圧（下）、ダイキン工業油機技術グループ、技術評論社、1981

電動射出成形機の省エネ化技術　製品技術紹介　日本製鋼所技法　No.61、2010.10、p137

超大型全電動射出成形機　J3200AD　製品技術紹介　日本製鋼所技法　No.61、2010.10、p132

射出成形における"表面転写／裏面ヒケ"現象のメカニズム解明と実用可能性の探求、石見浩之／福岡正義／斉藤卓志／濱田泰似、成形加工、Vol.23、No.11、p667、2011

低圧射出成形品における表面品質へのキャビティ／コア型温度差および粗度差の影響、石見浩之、Yew Wei Leong、濱田泰似、Vol22、No.7、2010 p385

ポリカーボネート薄肉射出成形における金型表面粗さが流動挙動と内部モルフォロジーに及ぼす影響、大塚正輝／伊藤浩志、成形加工、第24巻第1号、p43、2012

射出プレス成形における成形品ウエルドラインの評価、納戸賢悟／リオン・ユー・ウェイ／山田和志／濱田泰似、成形加工、Vol.23、No.1、p56、2011

高速圧縮工法による導光板成形技術、山本尚吾／児玉浩一／横山和久／江口知容／澤田靖彦、日本製鋼所技法　日本製鋼所技法、No.61、p100、2010.10

Influence of Anisotropic Thermal Expansion on Angular Deformation of Injection Molded L-Shaped Parts Furuhashi, Hiroshi, Okabe, Sayaka, Aoki, Takero, Arai, Tsuyoshi, Seto, Masahiro, Yamabe, Masashi、成形加工、Vol.23、No.4、p235、2011

成形加工時の材料置換の挙動に関する一考察、脇田直樹、成形加工、第24巻、第1号、p23、2012

Characteristic of the skin layers of microcellular injection molded parts
Jung Joo Lee, The graduate school Yonsei University Department of Mechanical Engineering KDMT1200569895 July 2005
射出成形における金型温度制御技術、村田泰彦、成形加工、Vol.23、No.12、p700、2011/11/29
IH技術を用いた急加熱急冷却技術、Nicolas Renou/Jose Feigenblum、成形加工、Vol.23、No.12、p705、2011
冷却速度制御による精密射出成形、今泉賢、成形加工、Vol.23、No.12、p711、2011
型温加熱冷却成形技術、戸田直樹、成形加工、Vol.23、No.12、p719、2011
エクセルを使ったやさしい射出成形解析、横田明著、日刊工業新聞社、2011
技術講座　知りたい油圧講座③　「油圧システムと省エネ」不二越　油圧事業部技術部　久保光生
よくわかるACサーボモータの初歩　神鋼電機
Early Cost estimation For Injection Molded Components
Adekunle A. Fagade and David O.Kazmer
University of Massachusetts Amherst Engineering Laboratory Buiding Amherst, MA 01003

索　引

●あ行●

アクチュエータ ································ 62
圧空成形 ·· 17
圧縮応力 ······································ 279
圧縮成形 ·· 14
圧力制御弁 ····································· 54
合わせ調整 ····························· 276, 280
アンカー効果 ································ 304
アンダーカット ····························· 143
糸引き ··· 306
色替え ··· 242
インフレーション成形 ···················· 25
ウエルドライン ····························· 309
エンジニアリングプラスチック ····· 130
応力緩和 ······································ 297
オープンループ ······························ 66
置き駒 ··· 143
押出成形 ·· 20
押出ブロー成形 ······························ 26
オレフィン系ポリマー ·················· 121

●か行●

回転成形 ·· 18
加工費 ··· 210
可視化観察 ·································· 309
かじり ··· 275
ガスアシスト ································ 304
可塑化 ·································· 52, 80
可塑化時間 ························· 190, 244
型締め工程 ···························· 38, 256
型締め弛緩 ·································· 257
型締め装置 ··································· 36
型締め力 ······························ 38, 169
型閉じ工程 ··························· 37, 256
型盤 ··· 171
型開き工程 ···································· 38

可動盤 ··· 161
金型 ·· 32
金型温度 ····································· 248
金型剛性 ····································· 160
金型不具合 ································· 303
逆流制御弁 ···································· 59
逆流防止弁 ······························ 49, 92
キャビティ ···························· 152, 286
矯正治具 ····································· 297
鏡面磨き ····································· 228
許容圧縮応力 ······························· 273
銀条 ·································· 75, 87, 306
金属バリ ····································· 276
クローズドループ ·························· 66
傾斜スライド ······························· 143
計量 ····································· 52, 80
ゲート ··· 108
ゲートシール ······················· 110, 190
減圧弁 ·· 59
コア ·· 152
合成樹脂 ····································· 114
コールドプレス ······························ 17
コールドランナー ························ 151
固化層 ··· 304
コッター ····································· 161
固定盤 ··· 161
コポリマー ·································· 126

●さ行●

最大型開きストローク ················· 173
材料替え ····································· 242
サックバック ······················· 51, 91
サックバックストローク ············· 307
差動回路 ······································· 63
サブマリンゲート ························ 150
サポートピラー ··························· 280
残留応力 ····································· 297

シート押出成形	22
ジェッティング	294, 309
直上げブロック	301
下反り	296
シボ	148, 159
射出	92
射出シリンダー	49
射出成形	29
射出装置	36, 49
射出ブロー成形	27
射出保圧時間	186
射出容積	187
射出率	187
受圧板	278
収縮	303
収縮率	154
充填	100
ショートショット	272
シルバーストリーク	75
真空成形	17
浸漬成形	8
水中カット	21
スーパーエンジニアリングプラスチック	130
スキン層	106
スクリュー	80, 89
スクリュー背圧	52, 84
捨て射ち	238, 249
ストランドカット	21
スプリングバック	96
スプレーアップ	12
スライドコア	52, 143, 186
寸法公差	147
成形加工費	196, 205
成形サイクル	73, 211, 253
製品肉厚	288
せん断応力	109, 290
せん断速度	131
反り	144, 287
ソレイドバルブ	251

●た行●

ダイス	21
タイバー間隔	170
多層押出成形	25
多層ブロー成形	28
多段保圧	292
段取り時間	237
チェックリング	49, 75, 84
チキソトロピー	103
中間材	241
注型	10
チラー	249
賃率	211
突出し	186
突出し工程	38
突出し装置	46
突出しピン	153
定額償却法	201
定率償却法	201
デーライト	173
転写不良	187
電動成形機	205
トランスファー成形	15
取り出し機	173

●な行●

肉厚部	266
肉盗み	301
ニュートン流体	130
抜き勾配	142
熱可塑性樹脂	114, 118
熱硬化性樹脂	114, 119
熱硬化性プラスチック	120
粘度	130
ノズル R	160
ノズル径	160
ノズル形状	309

●は行●

パージ	212
パージストローク	242
パージ速度	243
パーティング面	163, 272
背圧	52

索　引

配向……………………………………290
パウダースラッシュ成形………………19
白化……………………………………301
ばね常数………………………………272
バリ………………………………144, 272
バリ癖……………………………165, 272
パリソン…………………………………26
バルブゲート……………………… 52, 294
ハンチング……………………………66
ハンドレイアップ………………………12
反応射出成形…………………………11
汎用樹脂………………………………130
引き抜き成形…………………………12
ヒケ………………………… 144, 287, 303
ひずみ量………………………………273
必要型締め力…………………………272
非ニュートン流体…………………103, 130
ピンゲート……………………………150
ファウンティン・フロー………………106
フライト…………………………………80
プラスチック…………………………114
ブリード・オフ制御……………………62
フルフライトスクリュー………………80
ブレークアップ…………………………83
フローコントロール弁…………………59
ブロー成形……………………………25
フローマーク…………………… 101, 309
ブロワー………………………………245
噴水流れ………………………………106
ヘジテーション…………………………96
ペレット…………………………………21
保圧………………………………………94
保圧切換え位置………………………100
保圧時間………………………………190
ボイド………………………………287, 303
方向切換え弁…………………………53
ホットカット……………………………21
ホットプレス……………………………17
ホットランナー………………52, 151, 224
ホモポリマー…………………………126
ポリマー………………………………116
ポリマーアロイ………………………127

●ま行●

マスターバッチ…………………………83
磨き……………………………………159
メータ・アウト制御……………………61
メータ・イン制御………………………61
メルトフィルム…………………………81
メルトプール……………………………82
モノマー………………………………116

●や行●

溶融樹脂…………………………… 33, 52
予備温調………………………………251
予備加熱………………………………240

●ら行●

流動解析………………………………276
流量制御弁……………………………59
リリーフ弁………………………………54
冷却経路………………………………267
冷却時間………………………………190
冷却時間計算式………………………263
冷却水管路……………………………253
冷却配管………………………………159
冷却媒体………………………………269
ロケートリング径……………………160

●わ行●

割り面…………………………………155

●英数字●

3D成形…………………………………9
BMC……………………………………15
CAD……………………………………105
CAE……………………………………105
MD……………………………………291
MFR…………………………… 125, 133
PID制御……………………………66, 245
PvT……………………………………135
RIM……………………………………11
SMC……………………………………15
TD……………………………………291

319

◎**著者略歴**

有方 広洋（ありかた こうよう）
技術士（化学部門・高分子製品）
特級プラスチック技術士（射出成形）

経歴
慶應義塾大学工学部機械工学科卒業
特級プラスチック成形技能士
技術士（化学部門、高分子製品）
大手機械メーカーにて射出成形機の開発、設計に携わる。
大手成形加工会社出向後、現場責任者としてコストダウンと生産性向上を達成。
その後、外資系企業の技術トップ5のシニアテクニカルフェローとしてアジアを始め欧米、南米にて海外技術指導を行う。
国内外の数多くの成形加工業の現場の不良率低減、成形サイクル短縮などの改善、およびコストダウン達成の経験を持つ。

技術大全シリーズ
射出成形大全　　　　　　　　　　　　　NDC 578.46

2016年3月25日　初版1刷発行　　　　定価はカバーに
2024年9月30日　初版11刷発行　　　　表示してあります

Ⓒ　著　者　有方 広洋
　　発行者　井水 治博
　　発行所　日刊工業新聞社
　　　　　　〒103-8548　東京都中央区日本橋小網町 14-1
　　電　話　書籍編集部　03（5644）7490
　　　　　　販売・管理部　03（5644）7403
　　FAX　　 03（5644）7400
　　振替口座　00190-2-186076
　　URL　　https://pub.nikkan.co.jp/
　　e-mail　info_shuppan@nikkan.tech
　　印刷・製本　新日本印刷（POD10）

落丁・乱丁本はお取り替えいたします。
2016 Printed in Japan
ISBN 978-4-526-07543-8

本書の無断複写は、著作権法上の例外を除き、禁じられています。